Sebastian Arnold

Bauaufträge erfolgreich akquirieren

Aus dem Programm
Bauwesen

Baubetriebslehre Projektmanagement
von P. Greiner, P. E. Mayer und Kh. Stark

**Baubetriebslehre – Kosten- und
Leistungsrechung – Bauverfahren**
von W. Brecheler, J. Friedrich, A. Hilmer und R. Weiß

Baukalkulation und Projektcontrolling
von E. Leimböck, U. R. Klaus und O. Hölkermann

Bauaufträge erfolgreich akquirieren
von S. Arnold

**Office Toolbox zur Honorarberechnung für
Architekten und Ingenieure**
von B. Werner

**Honorarpraxis für Architekten und Ingenieure:
Textsammlung**
von B. Werner

Ausschreibungshilfe Rohbau
von M. Mittag

Ausschreibungshilfe Ausbau
von M. Mittag

Ausschreibungshilfe Haustechnik
von M. Mittag

vieweg

Sebastian Arnold

Bauaufträge erfolgreich akquirieren

Leitfaden zur ertragsorientierten Auftragsbeschaffung

2., vollständig überarbeitete Auflage

Mit zahlreichen Abbildungen,
Tabellen und Checklisten

Bibliografische Information Der Deutschen Bibliothek
Die Deutsche Bibliothek verzeichnet diese Publikation in der Deutschen Nationalbibliografie;
detaillierte bibliografische Daten sind im Internet über <http://dnb.ddb.de> abrufbar.

Die 1. Auflage des Buches erschien unter dem selben Titel 1997 im Bauverlag Wiesbaden und Berlin
2., vollständig überarbeitete Auflage November 2002

Der Vieweg Verlag ist ein Unternehmen der Fachverlagsgruppe BertelsmannSpringer.
www.vieweg.de

Umschlaggestaltung: Ulrike Weigel, www.CorporateDesignGroup.de

Gedruckt auf säurefreiem und chlorfrei gebleichtem Papier.
ISBN-13: 978-3-528-11650-7   e-ISBN-13: 978-3-322-80319-1
DOI: 10.1007/978-3-322-80319-1

Inhaltsverzeichnis

1   Grundlagen der Akquisition nach Baumarketing-Regeln   9

1.1   Bedarfsträger, Kunde, Auftragsmittler: Akquisition heißt,
      mit Menschen umgehen   9

1.2   Die Bedarfspyramide der Auftraggeber   12

1.3   Akquise auf der Baustelle   15

1.4   Akquise bei Ausschreibung   20

2   Methodisch vorgehen: Akquise nach Plan und Ziel   33

2.1   Das Strategische Dreieck: Unternehmen – Bedarfsträger – Wettbewerb   33

2.2   An wen soll ich mich wenden?   39

     2.2.1   Direkte und indirekte Zielgruppe   40

     2.2.2   Aufbau einer Kundendatei   42

     2.2.3   Prioritäten setzen; Gewichten der Kundendaten   47

     2.2.4   Ermitteln „neuer" Bedarfsträger   52

2.3   Was macht der Wettbewerb?   54

     2.3.1   Die Wettbewerberdatei   54

     2.3.2   Der Wettbewerber kennenlernen: wichtigste Auswertungen ...   55

2.4   Das eigene Angebot: mit den Stärken gewinnen   60

3   Die Kernmaßnahmen: Persönlicher Kontakt und optimale Rahmenbedingungen   63

3.1   Kontakt planen   63

     3.1.1   Die Säulen erfolgreicher Akquisition: das „Maßnahmenhaus"   55

     3.1.2   Direkte und indirekte Akquisition   67

     3.1.3   Kooperation   68

     3.1.4   Interne Allianzen und Interne Bedarfsträgernetzwerke   72

3.2   Planung von Ressourcen und Infrastrukturen   73

     3.2.1   Zeit- und Personalplanung   74

     3.2.2   Lieferantenauswahl   78

3.3   Leitlinien: Selbstbild und Ziele des Unternehmens   82

     3.3.1   Unternehmensziele   84

     3.3.2   Arbeitskreise: Wege zum Ziel   90

3.4   Die Motivation der Mitarbeiter   91

     3.4.1   Gratifikationen   92

	3.4.2	Information: Gründe und Wege	94
	3.4.3	Gemeinschaftsbildung: Soziale und emotionale Motivation	97
3.5		Einheitlicher Auftritt: Firmenzeichen, Geschäftsausstattung und Baustellenauftritt	99
3.6		Interne Dokumentation: Selbstdarstellung	118
	3.6.1	Inhalte	118
	3.6.2	Entwicklung	121
	3.6.3	Visualisierung	123
3.7		Externe Dokumentation: Referenzunterlagen	127
	3.7.1	Referenzdatenbank	127
	3.7.2	Auswahl und Inhalte	129
	3.7.3	Dokumentationsmittel	132
4		**Kommunikation nach außen**	**135**
4.1		Das Akquisitionsgespräch	135
	4.1.1	Vorbereitung	135
	4.1.2	Gesprächssteuerung	140
	4.1.3	Nachbereitung: Der Besprechungsrapport	147
4.2		Internet – Chancen	148
	4.2.1	Inhalts-Entwicklung	148
	4.2.2	Internet als Basiswerkzeug der Kommunikation	154
4.3		Direktmarketing	157
	4.3.1	Serienbriefe und e-Mail	158
	4.3.2	Telefonmarketing	164
4.4		Öffentlichkeitsarbeit	167
	4.4.1	Presse	171
	4.4.2	VIP-Betreuung	189
	4.4.3	Verbands-/Vereinsarbeit	191
	4.4.4	Schüler- und Studentenarbeit	191
	4.4.5	Kundenzeitschrift	193
4.5		Werbung	197
	4.5.1	Mediaplanung	197
	4.5.2	Anzeigen	206
4.6		Weitere akquisitionsunterstützende Maßnahmen	211
	4.6.1	Sponsoring	211
	4.6.2	Nachwuchswerbung/Personalwerbung	215
	4.6.3	Gemeinschaftswerbung	218

4.7   Messen/Veranstaltungen 220

    4.7.1   Messeplanung und Realisation 220

    4.7.2   Preiswerte Präsentationssysteme 235

    4.7.3   Baustellenveranstaltungen 236

    4.7.4   Kongresse 242

    4.7.5   Hausmessen/Seminare 245

5   Planung und Controlling der Maßnahmen 247

5.1   Kostenplanung 247

5.2   Planung von Projekten 253

5.3   Rechtliche Einschränkungen 257

5.4   Lieferantenbriefing 263

6   Literatur und Dienstleister 265

6.1   Weiterführende Literatur 265

6.2   Marketing- Dienstleister für die Baubranche 268

Sachwortverzeichnis 269

Übersicht über die Grafiken und Checklisten

Abb. Einleitung 1: Organisatorische Arbeitsbereiche von Bauunternehmen aus Markting-Sicht

Abb. Einleitung 2: Akquisition/Auftragsbeschaffung/Baumarketing

Abb. 1.1   Bedarfspyramide der Auftraggeber

Abb. 1.2   Formblatt Vergütung von zusätzlichen Leistungen

Abb. 2.1   Das Strategische Dreieck

Abb. 2.2   Wesentliche Kriterien zur Angebotsbeurteilung

Abb. 2.3   Wirklichkeit und Abbild: selektive Wahrnehmung von Gesprächen, Vorträgen und Anzeigen

Abb. 2.4   Dimensionen eines Kommunikationsnetzwerkes, die Entscheidungen beeinflussen

Abb. 2.5   Direkte und indirekte Zielgruppen

Abb. 2.6   Datenmaske Bedarfsträger

Abb. 2.7   Bedarfsträger-Rangliste und Erfolgsbewertung des eigenen Unternehmens nach Leistungsarten

Abb. 2.8   Datenmaske Wettbewerber

Abb. 2.9   Stärken/Schwächen Matrix Wettbewerb

Abb. 2.10   Wettbewerbervergleich

Abb. 2.11   Zentrale Stärken als Wettbewerbsvorteile

Abb. 2.12   Selbstanalyse Stärken/ Schwächen

Abb. 3.1   Das Maßnahmenhaus der Akquisition

Abb. 3.2   Beispiele von Beziehungsnetzwerken bei Baukooperationen

Abb. 3.3   Beispiele interner Akquise – Strukturen

Abb. 3.4   Zeit- und Personal-Kapazitätsprüfung

Abb. 3.5   Outsourcingplanung

Abb. 3.6   Lieferantenvergleich

Abb. 3.7   Entwicklungsschritte von Leitlinien

Abb. 3.8   Themenraster Leitlinien

Abb. 3.9   Checkliste Firmenauftritt (Corporate Design)

Abb. 3.10   Bewährte Logo-Raster

Abb. 3.11   Beispiel eines Folienrasters

Abb. 3.12   Positionierung

Abb. 3.13   Muster für Raumaufteilung von Titelseiten/Anzeigen/Technischen Blättern

Abb. 3.14   Muster für Raumaufteilung von Innen-/Rückseiten

Abb. 3.15   Referenzliste

Abb. 3.16   Datenblatt Referenzdatei

Abb. 4.1   Checkliste Gesprächsvorbereitung

Abb. 4.2   Rasterblatt Redetext

Abb. 4.3   Muster Gesprächsnotiz

Abb. 4.4   Konzeptgliederung eines Internetauftrittes

Abb. 4.5   Muster einer Webseiten-Gliederung

Abb. 4.6   Kontrollschleife zur Sicherung der Inhalts-Qualität

Abb. 4.7   Internet als Basismedium

Abb. 4.8   Versandplan

Abb. 4.9   Checkliste Serienbrief

Abb. 4.10   Muster Gesprächsnotiz Telefonmarketing

Abb. 4.11   Indirekter Kommunikationsweg Öffentlichkeitsarbeit

Abb. 4.12   Musterdatenmasken Multiplikatoren und VIP-Datenbank

Abb. 4.13   Journalistische Informationsfilter

Abb. 4.14   Checkliste Pressekonferenz

Abb. 4.15   Checkliste Krisen-Öffentlichkeitsarbeit

Abb. 4.16   Checkliste Redaktionsplan Kundenzeitschrift

Abb. 4.17   Involvement

Abb. 4.18   Relative Reichweiten eines Mediums

Abb. 4.19   Medianutzung

Abb. 4.20   Media-Rahmenplan

Abb. 4.21   Planung Anzeigeninhalt

Abb. 4.22   Beispiele von Anzeigenformaten

Abb. 4.23   Wertpyramide der Maßnahmengruppen

Abb. 4.24   Checkliste Messebeteiligung, Vorplanung

Abb. 4.25   Checkliste Messeplanung

Abb. 4.26   Checkliste Baustellenveranstaltung

Abb. 4.27   Checkliste Kongressteilnahme

Abb. 5.1   Musterkontenrahmen für Sachkosten Akquisition

Abb. 5.2   Projektplanung

Abb. 5.3   Briefing-Vorblatt

Vorbemerkungen

Diese Buch ist als Leitfaden für die tägliche Arbeit zur Auftragsbeschaffung für Bau- und Bauhandwerksunternehmen konzipiert – praxisorientiert und nur mit den notwendigsten theoretischen Erläuterungen. (Ganz ohne Theorie geht es aber nicht. Richtig umgesetzt, helfen theoretische Darstellungen als Merkhilfen und Gedächtnisstützen, im Tagesgeschäft Fehler zu vermeiden.)

Praxisorientiert heißt für diesen Leitfaden, zunächst einmal als Nachschlagewerk für die tägliche Arbeit bei der Auftragsbeschaffung dienen zu können, dann aber auch Hilfen zu geben, um die notwendigen strategischen Konzepte und Planungen durchführen zu können.

Welcher mittelständische Bauunternehmer oder Bauhandwerker hat Zeit, zuerst eine fundierte Markt- oder Stärken-/Schwächenanalyse durchzuführen, daraus eine Strategie abzuleiten und dann konkrete Maßnahmen vorzubereiten und umzusetzen? Zunächst einmal muss die vorliegende Ausschreibung bearbeitet und das nächste Bauherrengespräch vorbereitet werden... Im Selbstverständnis der „Leute vom Bau" steht die Kompetenz für's Bauen im Mittelpunkt, Kompetenz in der Akquisition an zweiter Stelle. Der Chef kümmert sich um die Aufträge, die Mitarbeiter um die Ausführung, irgendjemand um die Reklamationen. „Auftragsbeschaffung beim Bau hat doch mit Marketing nichts zu tun."

Weit gefehlt. Diese alte Sichtweise ergibt sich aus den Besonderheiten des Baumarktes, bei denen Instrumente des klassischen Konsumgütermarketings in der Regel versagen (was sollen schließlich Fernsehwerbung oder ganzseitige Anzeigen bringen?) und gleichzeitig der Begriff „Marketing" mit Werbung gleichgesetzt wird.

Tatsächlich folgt „Baumarketing" eigenen Gesetzen. Die Regeln unterscheiden sich sogar innerhalb der Baubranchen deutlich: Planer wie Architekten, Ingenieurbüros oder Bauabteilungen etc., Bauträger- oder Immobilienfirmen müssen jeweils unterschiedliche Schwerpunkte bei Ihren Zielgruppen setzen und deshalb bei der Wahl der Marketing-Werkzeuge andere Kriterien zugrunde legen.

Bauunternehmen und Bauhandwerker finden wiederum andere Marktsituationen vor. In der Gesamtwirtschaft sind diese am ehesten mit denen des Industrie-Anlagenmarktes zu vergleichen: relativ wenige Aufträge mit vergleichsweise hohen Auftragsvolumina. Das geographische Gebiet, in denen Aufträge bearbeitet werden können, ist durch hohe Transport- und Bereitstellungskosten begrenzt. Man kennt mögliche Auftraggeber und auch die meisten Architekten und Ingenieure in der Region, darüber hinaus „wird's dünn". Die Möglichkeiten, Aufträge überhaupt bearbeiten zu können, sind wesentlich durch die Personalstärke und das vorhandene technische Equipment des eigenen Unternehmens begrenzt: „Wenn es sich abzeichnet, dass ich freie Kapazitäten habe, dann akquiriere ich Aufträge; wenn sich mein Planziel erfüllt, dann ist ja alles in Ordnung" erläuterte ein Niederlassungsleiter sein Akquisitionskonzept.

Wie immer steckt in der Erfahrung der Praktiker viel Wahrheit. Auf der anderen Seite steht so mancher Praktiker plötzlich am Rand des Abgrunds. In der derzeitigen Situation der Bauwirtschaft zeigt sich der Effekt, dass sich die Unternehmen leicht „zu Tode arbeiten": Angebote annehmen um Mitarbeiter und Geräte zu beschäftigen, aber ohne Rücksicht auf den Ertrag. Kein Wunder, dass die Baupreise bis unter den Selbstkostenpreis sinken. Dazu ist auf absehbare Zeit kaum eine Verbesserung der Zahlungsmoral der Bauherren zu erwarten oder gar eine Erhöhung der Bereitschaft, für Mehrungsleistungen zu zahlen.

Es ist interessant zu beobachten, wie die Unternehmer sich – unbewusst – Marketingmethoden bedienen, um der drohenden Gefahr zu entgehen. Allerdings sind es oft die falschen Methoden, wie die hohe Zahl der Insolvenzen zeigt.

In diesem Umfeld will der vorliegende Leitfaden helfen. Er berichtet nicht über die Theorie des Marketings, sondern konzentriert sich auf wenige, anschauliche Modelle, die leicht im Hinterkopf zu behalten sind und so als Orientierungshilfen in der täglichen Arbeit dienen können. Weiter werden die letztendlich doch nötigen strategischen Arbeiten nicht vorab gefordert, sondern auf der Basis des Tagesgeschäftes unter Verwendung einiger einfacher – und billiger – Werkzeuge quasi nebenher entwickelt. Auf Marketing-Fachsprache und die damit verbundene Begriffsdiskussion wird dabei soweit als möglich verzichtet. Wo notwendig, sind die wichtigsten Fachbegriffe erläutert.

Der Leitfaden fußt auf der Beobachtung, dass die übliche Akquisitionsmethode nicht erfolglos ist. Im Gegenteil – die Praxis der intuitiven Akquisition ist sehr erfolgreich. Aber erstens ist nicht jeder Unternehmer ein begnadeter Akquiseur, zweitens verändert sich der Baumarkt immer schneller: weiter fortschreitende Automatisierung, erstarken der „Billiganbieter" bei gleichzeitigem Aufweichen der rechtlichen Schranken gegen Auslandsunternehmen oder bei den Rechten der eingetragenen Handwerksunternehmen. Von den Konsequenzen der Schwarzarbeit ganz zu schweigen...

Mit dem veränderten Marktregeln ist die bisher übliche Akquisitionstechnik weiterhin wichtig und notwendig, aber eben nicht mehr ausreichend. Die Akquise aus dem Bauch bleibt nur dann erfolgreich und wird modernen Qualitätsansprüchen gerecht, wenn sie durch einige ergänzende Maßnahmen begleitet wird:

Ganzheitliches Vorgehen in der Auftragsbeschaffung :

strukturierende Instrumente ergänzen die intuitive Akquise

Das ist nichts anderes als Marketing.

Der Leitfaden beschreibt deshalb im wesentlichen die strukturierenden Akquisitionswerkzeuge. Im Gegensatz zur ersten Auflage wird die Internet-Nutzung als ein Basismedium deutlich mehr Raum gegeben. Andere, ebenso wichtige Aspekte – wie Kalkulation und Vertragswesen – sind lediglich an den inhaltlichen Schnittstellen angesprochen.

Ein Sonderthema ist inzwischen das Qualitätsmanagement. Mit der Reform der ISO 9000-2000 wird der strukturierte Kundenkontakt zu einem zentralen Organisationsziel. Deshalb sind viele Checklisten und Vorlagen dieses Leitfadens als Formulare gemäß der ISO einsetzbar.

Die einzelnen Werkzeuge werden auf der Basis kopierfähiger Listen dargestellt. Zum einen sind dies Karteikartenvordrucke als Kopiervorlagen, die sich auch als Maske einer Datenbank verwenden lassen. Entsprechende Auswertungsbogen können mit den üblichen Büro-Software-Produkten auf dem PC zeitsparend als Routineauswertungen hinterlegt werden. Viele handelsübliche Kundeninformationssysteme können zudem leicht auf die Masken angepasst werden.

Die Checklisten dienen dazu, bei einzelnen Maßnahmen und Aktionen nichts zu vergessen – und nicht alles auf den letzten Drücker in Angriff zu nehmen. Diese beiden Aspekte sind in der Baubranche eine Quelle größter Verschwendung von Arbeitszeit – und damit Verschwendung von Geld.

Alle Werkzeuge gelten zunächst für alle Unternehmen in der Bau- und Bauhandwerksunternehmen – ein Handwerker kann genauso erfolgreich damit arbeiten wie ein Großunternehmen. Erst die Anpassung der Werkzeuge an die jeweilige Unternehmensstruktur und –Größe erfordert einen unterschiedlichen Aufwand: So kann ein Handwerker mit einer einfachen Sammelmappe im Büro kostensparend einen – einheitlichen Auftritt sicherstellen; ein Großunternehmen muss diese Mappe jedem einzelnen Büro zur Verfügung stellen und darüber hinaus noch Strukturen entwickeln, die sicherstellen, dass die inhaltlichen und gestalterischen Vorgaben auch eingehalten werden. Trotzdem bleibt die Mappe zentrales Werkzeug für einen einheitlichen Auftritt.

Zwei Voraussetzungen ist unabdingbar für den Erfolg:

Erfolge mit Marketing hat nur, wer

den Willen hat, die bisherige Arbeit zu verbessern, leistungsfähiger zu machen

und

die Durchhaltekraft zeigt, um die Werkzeuge trotz allem Aufwand und Unlust konsequent über einen langen Zeitraum zu nutzen und zu entwickeln

Der Prozess erfordert zudem Investitionen – nicht unbedingt in Form von Geräteanschaffungen, sondern vor allem durch den erhöhten Arbeitsaufwand in der Installationsphase. Außerdem erfordert er ein Umdenken der Mitarbeiter – und des Unternehmers.

Noch eine Anmerkung für Marketing-Spezialisten: Dieser Leitfaden beschränkt sich auf das Teilgebiet Vertriebsplanung und vertriebsunterstützende Kommunikation in Investitions- und Anlagenbaumärkten und stellt deshalb lediglich einen Einstieg dar. In der Baubranche ist es notwendig, zuerst die kurzfristig wirksamen Maßnahmen zu entwickeln. Die Defizite in der Marktbearbeitung und -orientierung werden in der praktischen Arbeit schnell deutlich und können in einem zweiten Schritt gelöst werden.

Einleitung:
Mit den Legenden zur neuen Auftragsbeschaffung

Beim Bau ist alles anders

Auftragsbeschaffung in der Baubranche heißt nicht, Joghurt zu verkaufen. Hat Marketing deshalb keinen Platz in der Baubranche?

Wer Marketing und Werbung lediglich mit Konsum- und Investitionsgütern in Verbindung bringt, aus dessen Sicht ist die Aussage korrekt. Wer ein Hinweisschild am Unternehmensbüro als „Marketingmaßnahme" bezeichnet, für den ist Werbung wirklich sinnlos.

Baumarketing bedeutet jedoch nichts anderes als die Grundhaltung, die von der ISO 9000/2000 gefordert wird.
Einfach definiert:

Marketing ist kundenorientiertes Denken.

Aus dem Denken folgt konsequentes Ausrichten allen Handelns an Bauherren

und Auftragsmittlern

In der Betrachtung der herkömmlichen Aktivitäten von Bauunternehmen wird das Spannungsfeld verschiedener Arbeitsbereiche deutlich:

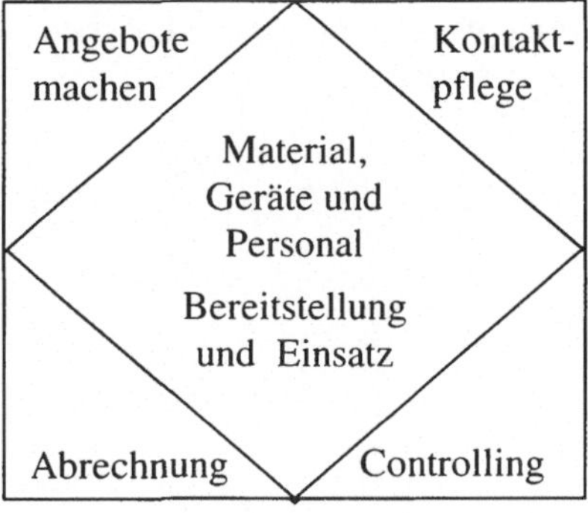

Abb. Einleitung 1: Organisatorische Arbeitsbereiche von Bauunternehmen aus Marketing-Sicht

Bei der Kontaktpflege und manchmal bei den Angeboten arbeitet auch ein Bauunternehmen mit Marketinginstrumenten. Die meisten entwickeln im Laufe der Jahre ein Akquisitionssystem, dass sich in der Regel erstreckt über

– Angebot nach Ausschreibung,

– persönliche Kontakte und

– kontaktbegleitende Maßnahmen

erstreckt.

Diese Maßnahmen sind übrigensauch im Konsumgüter-Marketing Kernthemen des modernen Akquisitionsgeschäfts: Kein Joghurt hat eine Chance am Markt, wenn ihn die Zentraleinkäufer der großen Handelsketten nicht in ihr Sortiment aufnehmen – die Einkäufer müssen vom Markterfolg des Produktes überzeugt werden, so wie die Bauherren an die Leistungsfähigkeit und Zuverlässigkeit des Unternehmens glauben müssen.

Aber Marketing ist in de Baubranche noch immer „anrüchig". Schon der Bergriff „Akquisition" hat einen minderen Charakter. Dabei sind die Begriffe eng verbunden.
Die folgende Definition zeigt dies deutlich:

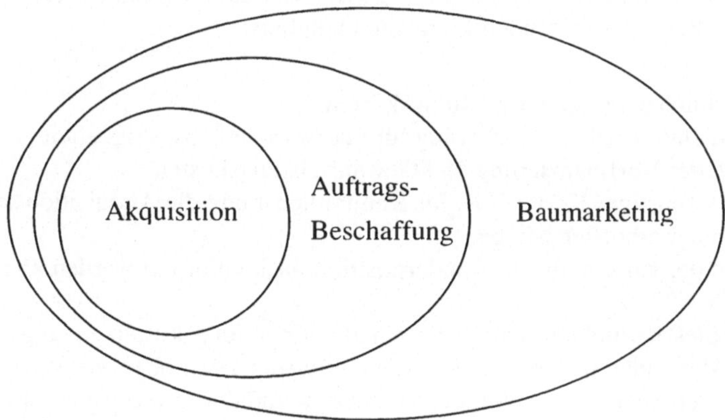

Abb. Einleitung 2: Akquisition/Auftragsbeschaffung/Baumarketing

Aus der Praxis heraus werden die Begriffe hier definiert als:

Akquisition:
Pflege der persönlichen Kontakte mit dem Ziel, Aufträge für das eigene Unternehmen zu erzielen.

Auftragsbeschaffung:
Akquisition, ergänzt durch die Bereitstellung der erforderlichen Unterlagen, inkl. der Erstellung von Angeboten.

Baumarketing:
Akquisition und Auftragsbeschaffung, ergänzt durch verarbeitbare Informationen über Kunden und Wettbewerber sowie durch kommunikative Maßnahmen zur Kundenermittlung und -Betreuung.

Damit ist Baumarketing der umfassendste Ansatz zur Sicherung der Zukunft eines Bauunternehmens. Warum ist dann Baumarketing kein etabliertes Tätigkeitsfeld in der Baubranche?

In Gesprächen mit Bauunternehmen und Niederlassungsleitern fallen immer wieder die gleichen, folgenden Aussagen zur Bauakquisition. Wie immer zeigen solche Schlagwörter einen gewissen Wahrheitsgehalt. Das macht sie zu beliebten Argumenten, die letztlich doch nur zur Vertuschung von Akquisitionssünden dienen.

Die beliebtesten Ausreden bei Mängeln in der Auftragsbeschaffung:

"Am Anfang steht die Ausschreibung."
Bei – fast – jeder Auftragsvergabe wird über Ausschreibung der preiswerteste Anbieter ermittelt, der dann in der Regel den Auftrag erhält.
Aber – wie entsteht denn der Preis?
Ohne jetzt auf Kalkulationsthemen einzugehen oder auf Vollständigkeit zu pochen – wesentlich wird auf der Basis der folgenden Elemente kalkuliert:

– die tatsächlich erwarteten Erstellungskosten,
– zuzüglich einer Risiko-Absicherung für unerwartete Schwierigkeiten,
– zuzüglich der Vorfinanzierung und Gewährleistungskosten,
– zuzüglich sonstiger Kosten z.B. für Kapitaldienst und die Akquisition selbst,
– zuzüglich der erhofften Marge,
– abzüglich der Kosten, die als Sonderposition nach gefordert werden können.

Von allen diesen Punkten sind lediglich die Erstellungskosten im eigenen Unternehmen zu ermitteln. Alle anderen Positionen werden entweder „von oben vorgegeben" oder danach kalkuliert, wie der Angebotsersteller den Bauherren und den Auftragsmittler einschätzt.

Je mehr der Akquisiteur nun über Informationen zum Kunden verfügt, um so besser kann die Kalkulation den Eigenarten des Kunden angepasst werden.

Der Anbieter mit den besten Informationen hat auch die besten Chancen.

Die entscheidenden Informationen erhält aber nur, wer die besten Beziehungen zum Verantwortlichen für Ausschreibung hat. Diese Beziehungen werden in der Regel in eher langfristigen Prozessen und Kontakten aufgebaut. Tatsächlich ist die erste Ausschreibung an einen neuen Kunden lediglich der Beginn eines Akquisitionsprozesses.

Die Ergebnisse der nachfolgenden Ausschreibungen zeigen, wie gut die langjährige Akquisitionsarbeit bei dem jeweiligen Projektverantwortlichen gewirkt hat.

"Der Preis bestimmt die Vergabe. "
Mit der bereits vorab erfolgten Relativierung der Bedeutung einer Ausschreibung wird der Preis endgültig zur Scheinvariablen, die sich aus unterschiedlichen, nur teilweise bauleistungsbezogenen Faktoren ergibt. Der Preis ist ein Zwischenergebnis der Akquisition, an dem erkennbar wird, wie gut die Beziehung zum Auftraggeber – und wie gut die Informationen und Einschätzungen bezüglich des Wettbewerbers wirklich ist. Natürlich wird nur selten ein anderer als der Anbieter mit dem niedrigsten Angebot den Zuschlag erhalten. Aber regelmäßig zeigt die

Analyse des niedrigsten Angebotes, dass Preisvorteile nicht bei den Personal-, Geräte- und Materialkosten entstanden, sondern die anderen Bereichen mit spitzer Feder kalkuliert wurden. Zu knapp kalkuliert, wird das Projekt keinen Ertrag abwerfen; sind zu große Sicherheiten eingebaut, gewinnt der Wettbewerb.

Deshalb gilt: Nur mit genauester Information über den Kunden und den Wettbewerb kann eine Kalkulation erfolgreich sein. Und das bedeutet: Strukturiertes Marketing bestimmt den besten Preis und damit die Vergabe.

"Ich kenne meine Kunden."

dieser Satz kennzeichnet einen schlechten Akquisiteur, denn er behauptet, stets im vollen Umfang die möglichen Auftraggeber im Griff zu haben. Das aber gibt es nicht. Es würde bedeuten, entweder keine neuen Auftraggeber mehr haben zu wollen oder sich nur auf sich Auftraggeber zu beschränken. Eine derartige Strategie bringt langfristig den Bankrott des Unternehmens. Eine alte Definition lautet: Kunden finden – Kunden bieten. Akquisition besteht deshalb immer sowohl in Bestandspflege und Neukunden-Kontakt.

"Mit Werbung erhält man beim Bau keine Aufträge."

Dieser Satz trifft mit zwei Einschränkungen tatsächlich zu. Erstens erhält man nur mit Werbung tatsächlich keine Aufträge, zweitens wird Werbung hier unvollständig definiert: Anzeigen schalten, Broschüren drucken, Messen und Ausstellungen organisieren und Werbegeschenke verteilen. Werbung ist in der allgemeinen Einschätzung Manipulation und damit tendenziell verwerfliches.

Tatsächlich ist Werbung zunächst Information, dann erst Verhaltensbeeinflussung. Werbung durch Bauunternehmen ist Kommunikation mit möglichen Bauherren und Bauleistungsvermittlern, die das Unternehmen teilweise nicht kennen und die dem Unternehmen selbst unbekannt sind. Werbung, verknüpft mit anderen Maßnahmen, bedeutet mehr und bessere Auftragschancen für das Unternehmen – nicht mehr und nicht weniger.

"Nur die Baustelle zählt."

Die Aussage würde zutreffen, wenn das Wörtchen " nur " fehlen würde. Die Baustelle ist einer der entscheidenden Orte, an denen Akquisition wirkt und beeinflusst wird. Aber auch die Baustelle ist nur ein Mosaikstein, der in Verbindung mit den anderen Faktoren den Erfolg bestimmt.

Die genannten Legenden sind in der Regel nicht sachlicher Natur, sondern in den persönlichen Erfahrungen und emotionalen Befindlichkeiten der Auftragsbeschaffer begründet.

So fragt sich ein Niederlassungsleiter, der Jahrzehnte auf die intuitiven Art und Weise Akquisition betreibt, warum jetzt neue, ihm unbekannte Methoden eingesetzt werden sollen. Schließlich hat er in den vergangenen Jahren mit seinen Methoden Erfolg gehabt. (Dabei sind viele seiner Kollegen mit den gleichen Methoden gerade in den letzten Jahren gescheitert).

Neben der sachlichen Frage ist natürlich mit der Einführung neuer Methoden „von außen" auch die emotionale Seite der betroffenen Personen berührt: Persönliche Kompetenzen werden vermeintlich in Frage gestellt und als persönliche Kritik empfunden. Argumentative Abwehr ist dann ein ganz normales Mittel, um der empfundenen Bedrohung der eigenen Position zu entgegnen.

Dabei sind die Erfahrungen in der intuitiven Auftragsbeschaffung wichtig für die erfolgreiche Akquisition.

In der Zusammenfassung der „wahren" Bestandteile der Legenden findet sich ein erfolgreicher Ansatz für die Marketingplanung wieder:

Die richtigen Maßnahmen

zum richtigen Zeitpunkt

in der wirkungsvollsten Verknüpfungen zu ergreifen,

bringt optimalen Akquisitionserfolg.

Um diesen Ideal näher zu kommen, bedarf es bei Bauunternehmen häufig nur einiger zusätzlicher Werkzeuge – und vielleicht eine etwas andere Organisation – der Auftragsbeschaffung. Schließlich werden viele Baumarketing-Methoden in den Unternehmen bereits praktiziert.

Das Problem liegt in der ausschließlich intuitiven Anwendung: Die Entscheidung zu einer Maßnahme folgt aus dem Bauch, beeinflusst durch eine momentane aktuelle Situation – und damit immer gestückelt.

Es ist erstaunlich, wenn bei Menschen, die gelernt haben, mit Bauplänen umzugehen, Akquisition rein intuitiv erfolgt.

Das ist, als würde der Plan für einen Rohbau anlässlich des ersten Spatenstiches auf der Baustelle erstellt, indem der Architekt den Grundriss des Gebäudes abschreitet. (Welch ein Glück, das bislang Qualitätsmanagement bei der Akquisition kaum ein Thema war. Wer jedoch in der Zukunft weiter das Qualitätslabel "zertifiziert nach DIN ISO 9000:2000" auf seinen Briefen verwenden möchte, muss sich auf eine neue Akquisitions-Technik umstellen.)

Auf der anderen Seite ist Akquisition immer ein Spiel mit vielen Unbekannten. Ohne die richtige Nase funktioniert das Geschäft nicht.

Im Zusammenspiel beider Stile – intuitiv und strukturiert – liegt das Optimum und damit der maximale Ertrag der Investitionen, die in die Akquisition eingebracht wurden.

Die Verknüpfung ist einfach: Akquisition wird strukturiert aufgebaut – mit Plan und Ziel. In der Planumsetzung bestimmt dann die Fähigkeit zu intuitiven Akquisition wesentlich den Erfolg.

1 Grundlagen der Akquisition nach Baumarketing-Regeln

Intuitive Akquisition ist die klassische Methode in der Baubranche. Sie entwickelte sich zum einen aus dem praktischen Umgang mit den Vorgaben der Verdingungsordnung für Bauleistungen (VOB), die Ausschreibungen formal festlegt und für den Ausschreibenden viele Hilfestellungen gibt. Zum anderen ergibt sie sich aus Selbstverständnis der Bauunternehmen als „Bereitstellungsindustrie": Personal und Material wird bereitgestellt und im Auftragsfall eingesetzt. So ergeben sich Einschränkungen sowohl in der geographischen Reichweite wie in der technologischen Kompetenz des einzelnen Unternehmens: Ein zu weit entfernter Bauhof bedeutet hohe Logistikkosten und damit Preisnachteile im Wettbewerb, freie Kapazitäten zwingen zu geringen Margen usw.

Dieser Vielzahl von Variablen stehen – im Vergleich zu anderen Branchen – wenige mögliche Aufträge gegenüber. Bereitstellungsorientiert werden Aufträge akquiriert, die mit den verfügbaren Ressourcen an Gerät und Material in der geforderten Zeit realisiert werden können. Die Kapazitäten bestimmen die Akquisition und so genügen die wenigen Erfolge, die ein intelligenter Auftragsbeschaffer erzielt.

Erst der Zusammenbruch des Bereitstellungskonzeptes – konsequentes Zukaufen der Standardleistungen von Subunternehmern und damit die Veränderung des Marktgleichgewichtes durch den Wettbewerb – zwingt zum Ausschöpfen weiterer Akquisitionspotentiale.

Die intuitive Akquisition kann nicht erschöpfend behandelt werden: Diese Form erfordert jahrelange Erfahrung, Werkzeuge sind psychologisches Geschick und Menschenkenntnis. (In den vergangenen Jahren wurde immer wieder für diesen Bereich der Begriff „emotionale Intelligenz" geprägt). Die folgenden „Merkposten" und Anknüpfungspunkte zur strukturierten Akquisition sind einmal Hilfestellungen, um die Partner im Submissionsprozess besser zu verstehen. Zum anderen werden einige Bereiche beleuchtet, in denen die Partner emotional besonders beeinflusst werden, so dass durch entsprechende „Vorsorge-Maßnahmen" die Akquisition seltener durch einen „schlechten Eindruck" erschwert wird.

1.1 Bedarfsträger, Kunde, Auftragsmittler: Akquisition heißt, mit Menschen umgehen

Akquisition heißt, mit Menschen umgehen. Ob private Bauherren, Unternehmen oder öffentlichen Verwaltungen: Immer beeinflussen oder entscheiden einzelne Menschen, an wen Aufträge vergeben werden. Jede dieser Personen wird in unterschiedlicher Art und Intensität zum Zielobjekt der Bauakquisition – zur Zielperson.

Intuitive Akquisition bedeutet, diese Zielpersonen individuell und optimal zu „bedienen" und dadurch Aufträge zu erhalten.

Obwohl intuitive Maßnahmen auch ohne detaillierte Planung erfolgreich sein können, sollten einige Grundregeln beachtet werden. Die zentrale Grundregel lautet:

> **Der potentielle Auftraggeber steht im Mittelpunkt aller Aktivitäten.**

Der Baumarkt kennt eine wesentliche Ergänzung:

> **Der Auftragsmittler ist genauso wichtig wie der Auftraggeber.**

Konsequent umgesetzt, führen diese Regeln zu einer neuen Denkhaltung im Unternehmen. Sie gipfelt in dem Grundsatz:

> Bei allen Vorhaben – ob Großinvestition oder dem nächsten Telefonanruf – orientiere ich mich an der Frage:
> **„Ist der Kunde bereit, mir für das, was ich tue, sein Geld zu geben?"**

Dieser Ansatz birgt die Chance, die eigene Befindlichkeit in den Hintergrund zu stellen. Alle Tätigkeiten, bei der die obige Frage mit „nein" beantwortet werden muss, sind quasi eine Privatentnahme verfügbarer Mittel und schmälern die Menge der verfügbaren Ressourcen, mit der Geld erwirtschaftet oder Gewinn erzielt werden kann.

Um die Frage aber richtig beantworten zu können, heißt es, einiges an Vorarbeit zu leisten:

> **Lerne deine Kunden kennen.**

In der intuitiven Methode heißt, dies, die Bauherren und Auftragsmittler richtig einschätzen zu können.

In der strukturierten Methode heißt die Vorgehensweise:

Beobachten $\Longrightarrow$ definieren $\Longrightarrow$ strukturieren $\Longrightarrow$ Regeln ableiten $\Longrightarrow$ anwenden

In dieser Methodik sind dementsprechend zunächst die „Kunden" zu betrachten.

Die Zielpersonen können in drei „Hauptzielgruppen" zusammengefasst werden, die jeweils ein ähnliches Einstellungsmuster zum anbietenden Unternehmen bzw. ähnliche berufliche Interessenstrukturen erkennen lassen.

Bedarfsträger

Alle Personen, die in Zukunft Bauaufträge direkt oder im Auftrag vergeben, werden als Bedarfsträger bezeichnet.

Sie sind die weitreichendste Zielgruppe. Wie der Begriff schon aussagt, schließt sie alle Personen aus, die in absehbarer Zeit keine Bauaufträge vergeben werden, also auch Personen, die in der Vergangenheit Kunden waren.

Der Begriff ist im Neugeschäft wichtig: Soll in neuen Regionen oder in neuen Branchen akquiriert werden, muss sich ein Überblick über die Bedarfsträger verschafft und dann die wichtigsten Personen intensiv bearbeitet werden.

In der strukturierten Akquisition werden die Bedarfsträger insgesamt noch als A-, B- oder C-Bedarfsträger bewertet.

Bei der intuitiven Verfahrensweise entscheidet dagegen nur der zufällige Kontakt über die weitere Betreuung des jeweiligen Bedarfsträgers.

Kunden

Kunden sind die Bedarfsträger, die in der Vergangenheit bereits Bauleistung vom eigenen Unternehmen bezogen haben und in Zukunft weitere Aufträge vergeben werden.

Neben den Auftragsmittlern sind hier vor allem Projektleiter in Bauträgergesellschaften und Industrieunternehmen sowie kapitalstarke Privatpersonen („Bauherren") zu betrachten.

Wichtig ist, dass bei Kunden – im Gegensatz zu den übrigen Bedarfsträgern – durch die bereits erbrachten Leistungen Erfahrungen mit der Leistungsfähigkeit des ausführenden Unternehmens vorhanden sind. Während andere Bedarfsträger die Leistungsfähigkeit nur „einschätzen" und höchstens auf die Erfahrung anderer vertrauen können, werden Kunden die „Erfahrungen am eigenen Leib" als wesentliche Entscheidungshilfe in neue Vergaben einfließen lassen.

In der VOB wird ausdrücklich erwähnt, dass der Preiswerteste im Vergabeprozess den Auftrag nicht erhalten muss. Das bedeutet, dass zufriedene Kunden durch ihre Empfehlung während des Ausschreibungsverfahrens einen Vorteil bringen können. Umgekehrt bestehen wenig Chancen, Aufträge von anderen Bedarfsträgern zu erhalten, wenn ein unzufriedener Kunde diesen seine Meinung vermittelt.

Beispielsweise hat ein Mitarbeiter einer regionalen Bauabteilung eines Automobilunternehmens ein Bauunternehmen praktisch von der gesamten Bauvergabe des Konzerns ausgeschlossen, weil er seinen Kollegen von angeblich unkulantem Verhalten berichtete. Auch mit Dumpingpreisen war kein Auftrag mehr zu bekommen. Erst als der neue Niederlassungsleiter diesen Mitarbeiter intensiv betreute und mit ihm ein kleiner Auftrag zur allgemeinen Zufriedenheit verwirklicht wurde, hatten die Niederlassungsleiter bei den anderen Standorten des Konzerns wieder eine Chance.

Absatzmittler

Diese Untergruppe der Bedarfsträger fasst alle Personen zusammen, die nicht Bauherr sind, sondern für den Bauherren – sprich den Kapitalgeber, der die Bauleistung bezahlt – den Auftrag vergibt bzw. anderen Bedarfsträgern eine Lieferantenempfehlung gibt. Im wesentlichen sind Absatzmittler Mitarbeiter von Ingenieur- bzw. Architekturbüros, von Bauabteilungen in

Industrieunternehmen wie auch in öffentlichen Verwaltungen. Da sich die Bauherren in der Regel auf die Empfehlung der Absatzmittler verlassen, sind für Bauunternehmen diese Mitarbeiter eine zentrale Zielgruppe. Erst bei komplexen Vergaben – im Schlüsselfertigbau, wenn Finanzdienstleistungen mit gefordert werden bis hin zu Projektentwicklungen – oder bei Folgeaufträgen werden die Bauherren die Vergabe wesentlich beeinflussen. Allerdings begehen einige Bauunternehmer immer wieder den Fehler, Absatzmittler als einzige Zielgruppe zu betrachten – tatsächlich ist es aber der Bauherr, dessen Wünsche von beiden umgesetzt werden müssen.

Die Interessenlage der Absatzmittler unterscheidet sich wesentlich von der eines Bauherren. Absatzmittler arbeiten mit dem Geld von anderen bzw. wollen mit ihren Informationen das Interesse anderer an der eigenen Arbeit wecken. Ihr Nutzen in der Lieferantenwahl ist weniger monetär, sondern mit Anerkennung der eigenen Leistung, Zufriedenheit des Kunden oder wenig eigenem Aufwand in der Projektrealisierung eher auf immateriellen Nutzen angelegt. Der große Vorteil der intuitiven Akquisition liegt darin, die Bedeutung und die Interessen der jeweiligen Zielperson zu erkennen und die akquisitorischen Maßnahmen entsprechend zu gestalten.

1.2 Die Bedarfspyramide der Auftraggeber

„Die Auftragsvergabe orientiert sich am Preis" lautet eine der klassischen Legenden der Auftragsbeschaffung.

Tatsächlich nur am Preis? Es sind noch andere Aspekte zu beachten, wenn man einen Auftrag hereinnehmen will.

In der Praxis ergibt sich eine Art gestufte Interessensfolge, nach der ein Bauherr – oder dessen Beauftragter – einen Auftrag vergibt. Die einzelnen Stufen bauen aufeinander auf, überschneiden sich teilweise, führen jedoch letztendlich immer zu einer Spitze, die mit Geld eigentlich nichts mehr zu tun hat. Je schmäler die Pyramide nach oben wird, um so weniger Wettbewerber sind noch im Rennen.

Das Pyramidenmodell geht davon aus, dass die Grundlage eines Vergabeprozesses die Ausschreibung ist. Wenn die Ausschreibung so formuliert ist, das sie auf die Leistung eines anbietenden Unternehmens zugeschnitten ist, bedeutet dies Vorteile gegenüber dem Wettbewerb.

Im Anlagenbau ist es übliche Praxis der Systemanbieter, den Ingenieurbüros Ausschreibungstexte zur Verfügung zu stellen. Mit diesen Texten wird die exakte Ausarbeitung der Ausschreibungen wesentlich vereinfacht. Auf der anderen Seite kann so die einzelne Ausschreibung schon in Richtung des eigenen Angebots „gefärbt" werden. Überzeugt beispielsweise ein im Ingenieurholzbau kompetentes Unternehmen den Bauherren, die gewünschte Brücke soll in Holzbauweise erstellt werden, ist es gegenüber dem Wettbewerb bereits im Vorteil, bevor überhaupt eine Ausschreibung erfolgt.

Aber dieser Vorteil führt laut Bedarfspyramide noch lange nicht zum Auftrag.

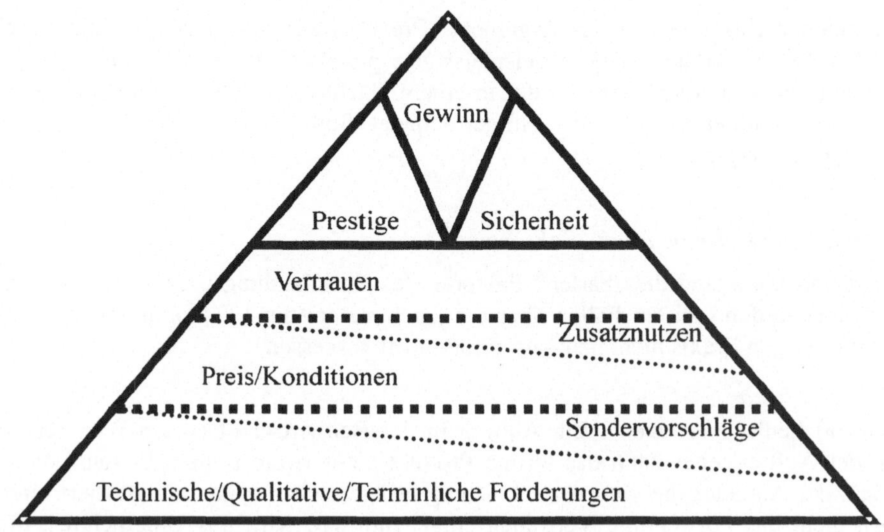

Abb. 1.1: Bedarfspyramide der Auftraggeber

Die Leistung muss stimmen

Basis jedes Angebots ist die technische und personelle Kompetenz des anbietenden Unternehmens, die in der Ausschreibung geforderten Leistungen in entsprechender Qualität und termingerecht fertig zu stellen. Unternehmen, die diese Leistungen nicht erbringen können, werden entweder erst gar kein Angebot abgeben – oder sie werden in der Präqualifikation bereits aussortiert.

Ohne die geforderte technische Kompetenz ist also eine Akquisitionstätigkeit nicht erfolgreich. Andererseits kann ein Unternehmen mit entsprechenden Kompetenzen gegebenenfalls andere als die in der Ausschreibung geforderten Fertigstellungskonzepte anbieten, mit der die gleiche Leistung billiger oder kurzfristiger erbracht wird.

Beide Aspekte – preiswerter oder frühzeitiger – sind die wesentlichen Gründe, warum Bauunternehmen durch Sondervorschläge Wettbewerbsvorteile im einzelnen Vergabeprozess erzielen. Sondervorschläge sind damit ein Zwischenglied von erster und zweiter Pyramidenebene.

Der Preis muss stimmen

Die zweite Stufe erst ist der Preis. Wer billiger anbietet, hat gute Chancen, den Auftrag zu bekommen – sofern der Wettbewerb nicht andere Nutzen zusätzlich anbietet. Diese Zusatznutzen können unterschiedlichster Art sein. Auch private Zuwendungen zählen dazu. Im wesentlichen bestehen Zusatznutzen jedoch in zusätzlichen Serviceleistungen, die dem Auftraggeber die Projektrealisation erleichtern. So liefern heute Bauunternehmen neben der reinen Bauleistung auch Finanzleistungen mit. Vor allem bei Großprojekten, aber auch schon im Schlüsselfertigbau werden viele Aufträge nicht mehr auf der Basis der technischen Leistungen vergeben. Den Auftrag erhält das Unternehmen, das das günstigste Finanzierungskonzept mitliefert.

Letztlich weichen Zusatznutzen das Argument „Preis" soweit auf, dass ggf. nicht mehr der Billigste den Auftrag erhält, sondern beispielsweise plötzlich seitens des Auftraggebers eine Arbeitsgemeinschaft angeregt wird – oder in einem Nachtragsangebot ein anderer Anbieter – mit Insiderinformationen im Rücken – billiger anbietet. Somit ist der Preis nur noch scheinbar entscheidendes Kriterium.

Zuletzt entscheiden die weichen Faktoren

Kompetenz und Preis sind die „harten" Faktoren des Entscheidungsprozesses. Eine Entscheidung wird aber in den meisten Fällen über die „nichtmateriellen" Faktoren getroffen. Dies ist auch in der gängigen Praxis nicht neu – es wird nur oft vergessen.

Das Stichwort heißt „Vertrauen". Ein Auftrag in der Bauwirtschaft ist ein Werkvertrag. Das bedeutet, der Auftraggeber kann das fertige Produkt nicht vorab prüfen. Er muss darauf vertrauen, dass der Anbieter die geforderte Leistung bringen wird. Wenn ein Bauherr einem Unternehmen nicht das notwendige Vertrauen entgegenbringt, wird das Unternehmen die Ausschreibung verlieren – auch bei öffentlichen Auftraggebern gibt es entsprechende Mittel, den preiswertesten Anbieter auszuhebeln. Erfahrungen aus früheren Aufträgen bestimmen deshalb wesentlich das Vertrauen der Auftraggeber in das jeweilige Angebot.

Sofern allerdings noch kein Auftrag an den Anbieter vergeben wurde oder schlechte Erfahrungen auszugleichen sind, so sind in der Präqualifikation eine Reihe unterschiedlicher Maßnahmen möglich.

Die wichtigsten, vertrauensbildenden Maßnahmen in der Bauindustrie sind Referenzen und Empfehlungen. Im Ingenieurbau sind zudem ingenieurwissenschaftliche Arbeit und Innovationskraft von Bedeutung. Der Nachweis eines Qualitätsmanagementsystems nach DIN ISO 9000:2000 ist eine ähnlich vertrauensbildende Maßnahme.

Ebenfalls eine wirksame vertrauensbildende Maßnahme ist der Eindruck, den ein potentieller Auftraggeber von der Arbeit eines Unternehmens auf der Baustelle erhält. Kompetente und engagierte Mitarbeiter, Ordnung auf der Baustelle und ein herzlicher Umgangston hinterlassen den Eindruck, dass das Unternehmen die angebotene Leistung auch wirklich erfüllen kann und will.

Welche weiteren weichen Faktoren die Auswahl beeinflussen, ergibt sich aus der Psyche und den persönlichen Interessen des Auftraggebers. Ein Bauherr, der sich ein Privathaus baut, verfolgt andere Ziele als ein Architekt. In der Akquisition ist es wichtig zu wissen, welche Ziele sowohl der Auftraggeber als auch der Auftragsmittler bzw. Planer verfolgt.

Bei der Zielpersonen-Beobachtung im Marketing finden sich immer wieder die gleichen wesentlichen Kunden-Bedürfnisse, die grundsätzlich vom Objekt unabhängig sind:

– Geld machen

– Geld sparen

– imponieren

- persönliche Sympathie/Antipathie zu den Kontaktpersonen

- Zeit/Mühe sparen

- Vergnügen haben

- Selbstentfaltung

- Sicher sein

- Der „Familie" helfen

- Mit sich zufrieden sein

- Zugehörigkeit

Eine oder mehrere dieser Bedürfnisse beeinflussen die Entscheidung für oder gegen einen Anbieter entscheidend. Welche dies sind, ist „leider" individuell. Die Gewichtung kann sich von Projekt zu Projekt, von Zeitpunkt zu Zeitpunkt ändern. (Dieser Tatsache ist der Punkt, warum auf die intuitive Akquise nicht verzichtet werden kann)

Allerdings lässt sich im Baumarketing diese Beliebigkeit deutlich einschränken. Im wesentlichen sind in diesem Spezialgebiet drei Dimensionen der weichen Ziele erkennbar, die sich aus den oben genannten Bedürfnissen ableiten lassen.

Zum einen kann ein Auftraggeber mit dem Projekt Prestige gewinnen wollen. In diesem Fall ist ggf. der Angebotspreis sehr niedrig und bringt Prestige durch günstigen Einkauf, kann aber durch zahlreiche Mehrungen während der Bauphase in einen profitable Zone gebracht werden. Ein Architekt erzielt demgegenüber Prestige durch termingerechte und hochwertige Ausführung seiner Ideen. Er wird also vor allem auf Sicherheit aus sein. Auch öffentliche Bauherren sind in der Bauausführung im wesentlichen auf Sicherheit bedacht.

Die dritte Gruppe der weichen Faktoren ist zentral: Der persönliche Gewinn durch Geld – oder durch geldwerte Gratifikationen. Ein Architekt will in erster Linie ohne großen Aufwand sein Honorar erwirtschaften, ein Bauherr ist an Sonderzuwendungen oder Vorabrabatte und ähnlichen Zuwendungen interessiert, bei denen er unter der Hand Geldwerte Vorteile erhält.

Das Problem der weichen Faktoren ist, dass sie von Person zu Person unterschiedlich gewichtet sind. Die Kunst in der Akquisition ist es nun, mit den weichen Faktoren so zu arbeiten, dass sie im Auftragsfall für das eigene Unternehmen sprechen. In der strukturierten Akquisition werden die weichen Faktoren deshalb systematisch bearbeitet und führen so in der Praxis zu höheren Erfolgsquoten als in der intuitiven Akquisition, bei der zu viele Faktoren schlichtweg vergessen werden und deshalb immer „Akquisiteur Zufall" wichtigster Mitarbeiter ist. Dementsprechend ist die Bearbeitung dieser weichen Faktoren ein immer wieder auftauchendes Thema der folgenden Kapitel.

1.3 Akquise auf der Baustelle

Bedarfsträger bilden Vertrauen in die Leistungsfähigkeit eines Unternehmens durch verschiedenste Maßnahmen aus. Ein sehr wichtiges Mittel ist der Besuch auf einer Baustelle des Anbieters. Die Einladung zu einer Baustellenbesichtigung gibt dem Akquisiteur die Möglichkeit, die Baustelle vorzubereiten, Ordnung schaffen zu lassen, einen geeigneten Führer zu bestimmen, Verpflegung zu organisieren etc. Vor allem Bauleistungsvermittler sind geübt darin, durch unverhoffte Besuche die tatsächliche Baustellensituation zu erfahren. Eine ordentliche, gut strukturierte Baustelle mit immer wieder auftauchenden Erkennungszeichen des eigenen Unternehmens wird so zum wichtigen Mittel der Akquisition. Leider ist der Akquisiteur hier auf die Mitarbeit aller angewiesen. Bauleiter, Polier, eigene Mitarbeiter und Fremdarbeiter bestimmen den Eindruck, den das Unternehmen auf der Baustelle bei den Bedarfsträgern hinterlässt. In den Gesprächen auf der Baustelle müssen die positiven Aspekte besonders herausgestellt und die negativen Beobachtungen relativiert bzw. positiv beurteilt werden. Intuitive Akquisiteure zeigen ein Gespür dafür, welche Punkte dem Besucher aufgefallen sind und wie er sie bewertet. In den Recherchen zu diesem Buch sind dabei von den Akquisiteuren interessanterweise weniger die „technischen" Aspekte der Baustelle als kritische Punkte genannt worden. Offensichtlich wird beispielsweise die technische Leistungsfähigkeit von den Besuchern für die anstehenden Projekte als ausreichend eingestuft. Auch wenn die meisten Fragen sich auf technische, logistische oder architektonische Fragen beziehen: „Die nicht ausgesprochenen Fragen entscheiden den Erfolg des Besuchs", wie mir ein Bauleiter in Leipzig berichtete. Und diese Fragen beziehen sich fast immer auf Ordnung und Verhalten der Mitarbeiter.

Offensichtlich genügt die Forderung der VOB nach „Schaffen und Aufrechterhalten von geordneten Verhältnissen" auf der Baustelle (u.a. § 4 Abs.1 Satz1 VB/B) nicht zur Motivation. Vor allem: Für die Akquise reicht diese Forderung nicht aus.

Trotzdem sind die geforderten Maßnahmen Teil des Gesamtpakets „Ordnung auf der Baustelle" und wertvolle Hilfen für die Umsetzung.

So sollten die folgenden Faktoren grundsätzlich in der Baustellenvorbereitung abgearbeitet werden:

- Benennung eines Verantwortlichen gegenüber Mitarbeitern, anderen Unternehmen auf der Baustelle sowie Bauüberwachern und Bauherren.
- Baustellenordnungsplan mit Angabe von
  - dem eigentlichen Arbeitsbereich
  - örtliche Begrenzung der Baustelle selbst
  - Lager- und Reserveplätze
  - Bereich der Arbeitsvorbereitung
  - Anfuhrwege
  - Büros
  - Sozialbereiche: Pausenräume, Toiletten etc.
  - Stellplätze für Firmen- und Privatfahrzeuge, Arbeitsgeräte und Maschinen
  - Standorte von Stromanschlüssen, Wasser etc.
  - Plätze der Einrichtungen zur „ersten Hilfe"
  - Maßnahmen und Einrichtungen zur Verkehrssicherung und zum Schutz dritter (z. B.Baustellenzäune)
- Liste der über Plan bzw. Planänderung zu informierenden Personen

Bei manchen Aufträgen wird ein entsprechender Plan bereits im Auftrag gefordert. Außerdem kann eine Baustellordnung gefordert sein, bei der das verhalten der Personen, die sich auf der Baustelle befinden, geregelt wird. Hier kann entsprechend der „Verpflichtung zur Zusammenarbeit" auch eine regelmäßige Abstimmung zwischen den einzelnen Verantwortlichen der Unternehmen vorgeschrieben werden. Solche Treffen machen Sinn, da das Ansehen der eigenen Firma durch den Müll anderer gestört wird: Schließlich kann ein Besucher selten erkennen, wer den Müll verursacht hat.

Elemente einer Baustellenordnung können sein:

- Die Vorgaben des Baustellenplans

- Zu beachtende Nachbarschaftsverhältnisse

- Verhalten zum Schutz vor Unfällen der Mitarbeiter

- Verhalten bei Unfällen

- Verhalten bei Betreten der Baustelle durch Unbefugte bzw. zum Schutz Dritter

- Verhalten der Bauherren bzw. Bauaufsichtspersonen

- Allgemeines Verhalten zur Sicherung der Ordnung (Regelmäßigens Aufräumen etc.)

- Verhalten im Baustellenverkehr

- Benennung der Verantwortlichen zur Ordnung sowie Angaben, wie dieser zu erreichen ist.

Diese Baustellenordnung kann vom Auftraggeber selbst erstellt werden. Aber gerade bei kleineren Projekten werden Bauherren positiv beeindruckt, wenn vom Akquisiteur in einem Vorgespräch eine allgemeine Bauordnung präsentiert wird, die im Gespräch – meist genügt eine handschriftliche Ergänzung – zur spezifischen Baustellenordnung ergänzt wird. Damit sind Verhaltensregeln bereits im Vorfeld klargestellt und Professionalität bewiesen. Eine Kopie der Ordnung an den Bauherren und Architekten (jeweils gegen Empfangsbestätigung) schafft darüber hinaus rechtliche Sicherheit.

Bei größeren Projekten kann die Ausfertigung der Bauordnung als zusätzliche Leistung separat angeboten und berechnet werden.

Bei kleineren Projekten genügt oftmals, wenn der Verantwortlich bei der Baustelleneinrichtung die entsprechenden Plätze markiert und die Mitarbeiter einweist. Aber auch hier sollte Bauordnung und Baustellenplan-Skizze schriftlich ausgefertigt und den Auftraggebern ausgehändigt werden. Außerdem schadet ein Aushang an geeigneter Stelle nicht – auch wenn es nicht ausdrücklich gefordert ist.

Die ursprüngliche Planung kann sich im Laufe des Baufortschrittes ändern. In diesem Fall sollte von vornherein ein Bauzeitenplan mit erstellt bzw. entsprechende Änderungen in den bestehenden Plan eingearbeitet werden.

Neben diesen „harten" Faktoren treten eine Reihe zusätzlicher Aspekte, wenn die Betrachtungsweise aus Sicht der Akquisition erfolgt.

Dann erfolgt die Betrachtung aus subjektiver Sichtweise.

> **Professionalität und damit Glaubwürdigkeit eines Angebotes erfolgt nach Erfahrung oder Beobachtung des Ausschreibenden hinsichtlich Verhalten und Auftritt der Mitarbeiter des Anbieters.**
>
> **Dabei werden neben**
>
> **dem „freundlichen und kompetenten" Auftreten der Mitarbeiter im Baustellenablauf (auch bei der Entgegennahme von Beschwerden und Reklamationen)**
>
> **in gleicher Weise**
>
> **das äußere Erscheinungsbild wie auch der**
>
> **Zustand von Werkzeug und Gerät bewertet.**

Konsequenzen aus dieser weitgehenden Betrachtung können nur durch strukturierte Akquisitionsmaßnahmen beeinflusst werden. Da die Situation auf der Baustelle in der Regel bekannt ist, kann der Kundenbetreuer seine Argumentation bereits im Vorfeld auf die wesentlichen Punkte einstellen. Immer gilt die Regel:

> **Positives betonen – Negatives selbstkritisch mit Lösungsansatz erläutern**

Ordnung und Disziplin

In den „Qualitätssicherungssystemen" wird bei dem Thema „Ordnung auf der Baustelle" vor allem auf die Unfallvermeidung und Kosteneinsparung hingewiesen, die Bedeutung für die Akquisition aber regelmäßig unterschätzt. Die Wirkung einer unordentlichen Baustelle, ungepflegter Geräte oder schlampig auftretender Mitarbeiter auf die Einschätzung der Leistungsfähigkeit des jeweiligen Unternehmens durch die Bedarfsträger kann die Auftragsvergabe entscheiden: Jedes dieser Merkmale kostet Geld, kann Terminverzögerung bringen oder die Qualität der Bauleistung schmälern.

Disziplin ist in diesem Zusammenhang die „Ordnung" der Mitarbeiter in Kleidung und Verhalten. Sicher erwartet niemand auf der Baustelle durchgängig saubere Kleidung. Schmutz ist normal. Nicht normal ist allerdings zerrissene Kleidung oder Kleidung, die den Sicherheitsbestimmungen nicht gerecht wird. Solche Mängel erwecken bei Bedarfsträgern den Eindruck einer unprofessionellen Baustellenleitung. Einen solchen Eindruck kann auch ein gewiefter Akquiseur nicht mehr revidieren.

Ordnung auf der Baustelle ist eine Aufgabe der Poliere und Bauleiter. Sie sind der Dreh- und Angelpunkt in der Verwirklichung. Ihre Aufgabe ist es, auch die Mitarbeiter der Subunternehmer entsprechend zu führen. Im optimalen Fall verhalten sich die Subunternehmer genauso wie die eigenen Mitarbeiter.

Damit die Poliere sich aber auch an bestimmten Regeln orientieren können, ist Qualitätsmanagement nach DIN ISO 9000:2000 für die Akquisition wesentlich wichtiger als in der Regel angenommen. Wenn sich Niederlassungsleiter über die zu häufigen Nachaudits beschweren – „Wir haben doch das Zertifikat für die Präqualifikation" – dann übersehen sie, dass über ein angewendetes Qualitätsmanagement auch der Wert der Baustelle in der Akquisition wesentlich gehoben wird – und Qualitätsbewusstsein entwickelt und nicht verordnet werden muss.

Sinnvoll ist ein Ordner „Baustelle", in dem alle verwendeten Formulare, Ablaufroutinen, Sicherheits- und Einrichtungsvorgaben gesammelt sind. Dieser Ordner muss auf jede Baustelle vorhanden sein, jeder Bauleiter, Polier und Vorarbeiter muss eine Einweisung in den Ordner erhalten.

Mitarbeiter

Neben dem „Outfit" der Mitarbeiter bestimmt deren Verhalten wesentlich den Eindruck, den ein Baustellenbetrieb macht. Glücklicherweise ist Alkohol auf der Baustelle kaum noch zu finden. Aber auch herumliegende Wasserflaschen oder Glasscherben im Boden machen keinen guten Eindruck.

Ein Problem ist noch immer die Sprache. Eine Baustelle ohne Flüche ist illusorisch, trotzdem sollten die noch immer häufig gebrauchten Kraftausdrücke auf ein Minimum reduziert werden. Interessanterweise gaben die ausländischen Mitarbeiter hier immer ein gutes Beispiel. Die Poliere und Vorarbeiter sollten hier ein besonderes Augenmerk haben – auch auf die eigene Ausdrucksweise. Flüche sind ein Zeichen für Bauabläufe, die über den üblichen Improvisationsgrad hinaus Unregelmäßigkeiten aufweisen. So verschlechtert sich der Eindruck der Baustelle auf Besucher. In diesem Zusammenhang berichtete eine Bauleiterin, wie sich auf Baustellen, bei denen Sie mitarbeitete, der Sprachgebrauch wesentlich besserte. Offensichtlich ist es also bei geeigneter Motivation hier eine Änderung möglich.

Weitere Aspekte seien nur beispielhaft genannt: Natürlich dürfen in den Sozialeinrichtungen und Büros keine Pin-Up-Fotos hängen, die Pausen sind pünktlich zu beginnen und einzuhalten. Bereits „herumstehende" Mitarbeiter fallen unangenehm auf.

Wiedererkennung

Bei einer „schmuddeligen" Baustelle versteckt man am besten alle Hinweise auf das eigene Unternehmen. Im Umkehrschluss gilt: Tue Gutes und rede darüber. Dieser Spruch gilt auch auf der Baustelle. Wenn Mitarbeiter für Ordnung sorgen, sollen die Besucher erkennen, dass das auch eigenen Mitarbeiter sind. Die „Arbeiterheraldik" auf der Baustelle bietet hier einen guten Ansatz. Die Arbeiter zeigen Ihre Zugehörigkeit zu einem Unternehmen – auf das sie stolz sein wollen – durch gute Platzierung des Firmenzeichen. Klassisch sind die Aufkleber auf Fahrzeugen, Geräten und Helmen.

Aber auch hier ist all zu viel ungesund. Ein mit Signetaufkleber vollbepackter Verteilerschrank sieht aus wie ein Flickenteppich.

Signets auf Regenjacken und Arbeitskleidung sind eine sinnvolle Ergänzung, wenn die Kleidung gepflegt wird. Der gezielte Einsatz von Logoschildern hilft, das Unternehmen auf der Baustelle zu finden. Hier ist ein klares Wegweisersystem wichtig. Ein Besucher soll sich auf der Baustelle nicht verirren, sondern auf dem kürzesten Weg zu den relevanten Stellen gelangen: Hinweisschilder für Baubüro, Gerätelager, Baustofflager, Toiletten etc. müssen eindeutig gestaltet und leicht erkennbar aufgestellt werden.

Am zentralen Baustellenschild soll das Unternehmen so dargestellt sein, dass ein Besucher oder Passant auch mit dem Unternehmen Kontakt aufnehmen kann: Adresse, Telefonnummer sind anzugeben. Im Baubüros sollten Unternehmensdarstellungen bereitliegen, so dass auch zufällige Besucher Informationen mit nach Hause nehmen können.

Die Bauleiter müssen wissen, wie sie mit unverhofft ankommenden Bedarfsträgern umgehen sollen. Ein Ingenieur, der kurz abgefertigt wurde, lässt den zugehörigen Akquisiteur in der Vergabe vielleicht gerade deshalb unberücksichtigt. Hier ist Schulungsarbeit für die Mitarbeiter notwendig, insbesondere, da entsprechende Regeln nicht in der Baustellenordnung dargestellt werden können. Eine Lösung kann in einer Baustelleneinführungsbesprechung mit allen Mitarbeitern erfolgen – oder aber diese Maßnamen sind gleich in entsprechenden Unternehmens-Leitlinien dargestellt.

1.4 Akquise bei Ausschreibung

Grundsätzlich gilt: die Verdingungsordnung für Bauleistungen (VOB) ist kein Gesetz, sondern muss ausdrücklich vereinbart werden. In der freien Wirtschaft können jederzeit Aufträge außerhalb der VOB vereinbart werden. Die VOB ist nur verbindlich für öffentliche Auftraggeber, aber auch hier nur intern. Letztlich gilt auch hier die jeweilige Haushaltsordnung.

Leider setzen unterlegene Bieter auch immer mehr juristische Methoden ein, um ein Ausschreibungsergebnis zu kippen. Die beauftragten Juristen berufen sich dabei auf Passagen aus dem Gesetz gegen Wettbewerbsbeschränkungen (GWB), mit dem der Gesetzgeber viele Aspekte der VOB juristisch relevant macht.

Details zu den Ausschreibungsmodalitäten sind in der VOB / A beschrieben. Dort ist auch festgelegt, wann überhaupt ausgeschrieben werden muss. Mit weiteren Abstufungen der Vergabearten nach VOB können so bereits eine Reihe von Wettbewerbern ausgeschlossen werden. Unterschieden wird in:

Öffentliches Verfahren

Förmliches Verfahren mit öffentlicher Aufforderung zur Angebotsabgabe; die Bieterzahl ist unbeschränkt.

Beschränkte Ausschreibung

Förmliches Verfahren mit beschränkter Zahl von Unternehmen, die zum Gebot aufgefordert werden.

Freihändige Vergabe

Vergabe auf der Basis des Angebotes eines einzigen Bieters.

Öffentliche Auftraggeber unterliegen einem Begründungszwang, wenn keine öffentliche Ausschreibung erfolgt.

Freihändige Vergabe ist auch bei öffentlichen Projekten möglich,

– wenn dadurch ein unverhältnismäßig hoher Aufwand vermeiden wird,

– unverhältnismäßig hohe Entschädigungen für nicht berücksichtigte Bieter zu leisten wären,

– eine vorangehende öffentliche Ausschreibung kein Erfolg brachte,

– die Ausschreibung keinen Erfolg erwarten lässt,

– Dringlichkeit bzw. Geheimhaltung eine Ausschreibung verbieten,

– die Auftragssumme gering ist und der Ausschreibungsaufwand unverhältnismäßig hoch wäre,

– nur ein bestimmter Unternehmer wegen Patentrechten, Ausstattung,, besonderen Erfahrun gen, etc. in Betracht kommt,

– Leistung nicht eindeutig festgelegt werden können,

– kleine Zusatzleistungen (Nachträge) vergeben werden, die sich vom laufenden Auftrag nicht wirtschaftlich trennen lässt.

Ziel einer Akquisitionstätigkeit im Vorfeld eines Projektes sollte aus Sicht der Akquisition immer die freihändige Vergabe sein.

Das übliche Verhandlungsverfahren sieht keine Wettbewerbsausschreibung vor, wenn die Arbeiten aus technischen oder künstlerischen Gründen oder aufgrund des Schutzes von Ausschließlichkeitsrechten nur von einem bestimmten Unternehmer ausgeführt werden können. Darauf berufen sich beispielsweise Unternehmen, die Gebäude schlüsselfertig inklusive Architekturleistung anbieten.

Mit der aktuellen Fassung der VOB sind dem Ausschreibenden wesentlich mehr Möglichkeiten gegeben, nicht das billigste Angebot anzunehmen. Durch gesetzliche Regelungen wurde dies noch weiter festgelegt. In der Regel wurden bisher bis zu 90 % aller Ausschreibungen an den billigsten Anbieter vergeben. Inzwischen ist dieses Merkmal, das bereits in früheren Versionen der VOB durch Verfahren zur eingeschränkten oder freien Vergabe relativiert wurde, neu definiert: § 97 Abs. 5 GWB fordert den Zuschlag auf das „wirtschaftlichste Angebot aus Sicht des Auftraggebers zum Zeitpunkt der Vergabeentscheidung ". Damit wurde die frühere Darstellung als „das Annehmbarste" und damit in der Regel billigste näher konkretisiert.

Die VOB ist unmissverständlich:

In die engere Wahl kommen nur solche Angebote, die

- unter Berücksichtigung rationellen Baubetriebs und

- sparsamer Wirtschaftführung

- eine einwandfreie Ausführung einschließlich

- Gewährleistung erwarten lassen.

Unter diesen Angeboten soll der Zuschlag auf das Angebot erteilt werden, das

unter Berücksichtigung aller Gesichtspunkte wie zum Beispiel

- Preis,

- Ausführungsfrist,

- Betriebs- und Folgekosten,

- Vertragsgestaltung,

- Rentabilität oder auch

- Technischer Ausstattung als

das wirtschaftlichste erscheint.

Der Zuschlag erfolgt nach dem Kriterium des

„wirtschaftlich günstigsten Angebotes"

Tatsächlich hat ein Unternehmen auch in der Vergabe nach VOB nur dann eine Chance, wenn es ein Mindestmaß an Kompetenz vermittelt – und der Preis stimmt. Auch das billigste Angebot ist lediglich ein gutes Argument. Die VOB bietet dem Ausschreibenden genügend Schlupflöcher, um die bevorzugten Anbieter „zu bedienen". Die subjektive Einschätzung des Bauherren ist mit entscheidend. Die VOB fordert, daß nur solche Bauunternehmen in die engere Wahl kommen, die einwandfreie Ausführung und Gewährleistung erwarten lassen.

Insofern ist auch bei Vergabe nach VOB die Bedarfspyramide (Abb. 1.1) gültig.

Vorteile durch Ausschreibung und Vergabe per Internet

Im Rahmen der VOB spielen formale Aspekte des Ausschreibungsprozesses eine wichtige Rolle. Allerdings ist neben der „klassischen" Form auf Papier auch ein digitales Verfahren zulässig, wobei eine Ausschreibung auf „Papier" nicht mehr grundsätzlich notwendig ist. Damit ist die VOB auch auf dem aktuellen Stand der Kommunikationstechnik.

Sogar eine „Online-Vergabe" ist möglich, wenn die Bieter über Systeme verfügen, die eine „digitale Signatur", also quasi eine elektronische Unterschrift erlauben.

Onlineausschreibungen sind im effizienter und wirtschaftlicher. Sie vermeiden Postlaufzeiten, aufwendige Übernahmen vom Papier in die EDV, bieten kürzere Bearbeitungszeiten im Angebotsvergleich und viele Vorteile mehr.

Deshalb werden in wenigen Jahren digitale Ausschreibungen und dann auch digitale Vergaben zum Standardverfahren zählen.

Mehrere virtuelle Vergabe-Systeme sind bereits im Netz vorhanden und werden von den beteiligten ausschreibenden Stellen und Bietern in der Regel immer dem Papierverfahren vorgezogen.

Rechtlich besteht hier zwar noch eine Grauzone: Wieweit ist beispielsweise ein fehlendes technisches Equipment ein unzulässiger Ausschluss aus dem Verfahren? Aber die Tendenz ist deutlich: Verfahren auf Papier werden zukünftig lediglich die digitale Vergabe ergänzen.

Akquise – Schritte im Ausschreibungsprozess

Die Akquisitionsarbeit gliedert sich – aus Sicht des Bauunternehmens – in wenige Stufen:

- Vorkontakt
- Orientierungsphase
- Präqualifikation
- Ausschreibung/Vergabe
- Vertragsverhandlungen
- Nachbetreuung

Vorkontakt

Suchen und Halten von Kontakten mit möglichen Bauherrn und Architekten/Bauingenieuren.

In vielen Fällen erfährt ein Bieter von einem Projekt erst durch die Veröffentlichung der Ausschreibung in einem der Pflichtblätter: Deshalb gehört die Lektüre von Tageszeitungen, Amtsblättern und Fachzeitschriften zur Pflicht. Gegebenenfalls – wenn sich ein Unternehmen überregional orientiert und auch für größere Projekte anbietet – zählt auch das Supplement des Amtsblattes der Europäischen Gemeinschaften zur Lektüreliste.

Einige Verlage werten die öffentlichen Ausschreibungen aus und bieten die Ergebnisse mit den Adressen der entsprechenden Ansprechpartner auf dem freien Markt an. Diese „Bauinformationen" sind in der Regel für überregional tätige Unternehmen interessant, die kaum über informelle Kontakte im gesamten Einzugsbereichs nutzen können. Die hohen Kosten dieser Leistung steht häufig im Gegensatz zur mangelnden Nutzung der Informationen. Häufig werden die Informationen nur unzureichend ausgewertet und in der Akquise genutzt. Ausreden dazu gibt es genügend, insbesondere, da die gelieferten Informationen immer einen gewisse Fehlerquote haben: Das Projekt ist schon vergeben oder die Vergabe liegt noch in ferner Zukunft, die eigentlichen Ansprechpartner sind andere als die genannten etc.. Ohne ein entsprechendes elektronischen System, mit dem die Informationen verwaltet und bei Bedarf wieder erinnert werden, ist das Angebot durch die schwache Verwertung der Informationen zu teuer. Mit Geduld – die Informationen sind zum richtigen Zeitpunkt, der jedoch Monate in der Zukunft liegen kann, Gold wert – und bei der entsprechenden Nutzung der Daten werden eine Vielzahl neue Auftragschancen generiert, die den Aufwand lohnen.

Orientierungsphase

Die zukünftigen Bauherren informieren sich über die Möglichkeiten, die Bauwerke zu realisie-ren. Besteht ein persönlicher Kontakt von Akquisiteur und Auftraggeber, so werden in dieser Phase die Weichen gestellt: Die Ausschreibung kann deutlich beeinflusst werden durch „Hilfe bei der Erstellung von Ausschreibungstexten, bei informellen Gesprächen über die wirtschaft-lichste Realisierung.

Der Akquisiteur hat in dieser Phase die Aufgabe, den Ausschreibenden davon zu überzeugen,

– die eigenen Vorschläge für die Leistungsbeschreibung zu verwenden

– lediglich eine beschränkten Ausschreibung durchzuführen,

– oder gar den Auftrag freihändig an das eigene Unternehmen zu vergeben.

Damit sind die formalen Schritte der VOB bereits zugunsten des eigenen Unternehmens vorbe-reitet.

Präqualifikation

In der ersten VOB-orientierten Stufe werden die technisch wahrscheinlich nicht geeigneten Unternehmen „ausgefiltert".

Die VOB fordert einen Eignungsnachweis. Der Bieter muss

– Fachkunde,

– Leistungsfähigkeit und

– Zuverlässigkeit

nachweisen.

Der Bieter kann dies erbringen zum Beispiel durch

– Angabe des bevorrateten technischen Equipments,

– Beleg von abgeschlossenen, ähnlichen Projekten (Referenzen),

– Nachweis der Zughörigkeit zu Fachorganisationen, die entsprechende Leistungen als Vor-aussetzung zur Mitgliedschaft haben,

– Gegebenenfalls durch gültige Zertifizierung eines QM- Systems nach DIN ISO 9000:2000.

Auch die Bescheinigung der Freistellung vom Steuer-Einbehalt durch ein deutsches Finanzamt ist ein vertrauensbildender Nachweis.

Dagegen ist die Tariftreueerklärung zwar „nett", aber in der Akquise weniger von Nutzen, wenn sie nicht in der Ausschreibung gefordert wird. Zu oft wird die Erklärung in der subjekti-ven Einschätzung mit höheren Preisen in Beziehung gesetzt und in der Erwartung von durch-schnittlich günstigeren Angeboten in der Ausschreibung nicht explizit gefordert.

Neben den formalen Aspekten aus der VOB erleichtert die persönliche Beziehung bereits in dieser Phase entscheidend eine Bewerbung.

Akquisiteure, die von einer Ausschreibung überrascht wurden, werden die ausschreibende Stelle nicht kennen – und deren Mitarbeiter ihn nicht. Damit haben einige der Mitbewerber bessere Chancen. Um den Auftrag trotzdem noch hereinnehmen zu können, müssen die Mitarbeiter der ausschreibenden Stelle das Unternehmen des Akquisiteurs schnellstmöglich kennen lernen.

Der übliche Weg dabei ist, das Unternehmen mit den „formalen" Referenzdarstellungen und anderen Unterlagen zu präsentieren.

Aber in der jetzigen Phase ist die direkte, persönliche Kommunikation der entscheidende Faktor. Wird das, was mit den Unterlagen ausgedrückt werden soll, auch tatsächlich so verstanden? Sind weitere Informationen oder Erläuterungen notwendig? Was kann noch getan werden, um die Projektleiter vom eigenen Unternehmen zu überzeugen? Solche Fragen sind nur im engen, „privaten" Gespräch kurzfristig auszuloten.

Auch die technische Seite kann nur noch unter Zeitdruck entwickelt werden: Sondervorschläge als beliebteste Methode, um Preisvorteile zu erzielen und Kompetenz darzustellen, sind wesentlich besser zu entwickeln, wenn einige Zeit vor der Bekanntgabe der Ausschreibung Informationen über das Projekt ermitteln werden konnten. Im informellen Kontakt mit den Projektleitern wäre es zudem nicht das erste Mal, dass die Ausschreibung derart formuliert ist, dass neben dem eigenen Unternehmen nur noch wenige andere eine Chance zum Auftrag haben.

Ausschreibungsphase

Mit der Veröffentlichung der Ausschreibung wird es zeitlich eng zur Entwicklung guter, erfolgversprechender Vorschläge. Hier hilft nur noch die gute Kalkulation mit wenig Risikozuschlägen. In diesem Fall empfiehlt sich der Rückgriff auf die unterschiedlichen, statistisch orientierten Preiskalkulationsmethoden und die Preisstellung nach den durchschnittlichen Marktpreisen der ausgeschriebenen Bauleistung. Mit etwas Glück ist die aktuelle Ausschreibung nicht „gefärbt" und es kommt tatsächlich der preiswerteste Anbieter zum Zug.

Obwohl gerade die Kalkulation eine der am besten dokumentierten Bereiche der Baubetriebswirtschaft ist, unterlaufen hier immer wieder gravierende Fehler, die das Unternehmen aus dem Rennen werfen.

Auf der anderen Seite helfen dem Kalkulator Informationen, die der Akquisiteur auf informellen Wege beschaffen kann: Je mehr Information, um so weniger Unwägbarkeiten und um so weniger Sicherheiten, die in die Kalkulation einfließen müssen und den Preis in die Höhe treiben.

In dieser Phase ist es vor allem wichtig, nicht vom Verfahren ausgeschlossen zu werden. Als formal orientiertes system mit dem Ziel, den Auftraggeber zu schützen und den Wettbewerb fair zugestalten , ist vor allem die VOB noch immer gespickt mit formalen Vorgaben.

Keine Chance haben beispielsweise „wackelige" Anbieter:

§ 8 Ziffer 5 Abs.1 VOB/A 2000 stellt klar: „Von der Teilnahme am Wettbewerb dürfen Unternehmer ausgeschlossen werden, über deren Vermögen das Insolvenzverfahren oder ein vergleichbares gesetzlich geregeltes Verfahren eröffnen oder die Eröffnung beantragt worden ist oder der Antrag mangels Masse abgelehnt wurde."

Besonders zu beachten ist die Gefahr, wegen Formfehlern vom Verfahren ausgeschlossen zu werden.

So lautet beispielsweise die deutliche Regelung in § 9 Ziffer 1 VOB/A Satz 2,3.

„Bedarfspositionen (Eventualpositionen) dürfen nur ausnahmsweise in die Leistungsbeschreibung aufgenommen werden. Angehängte Stundenlohnarbeiten dürfen nur in dem unbedingt erforderlichen Umfang in die Leistungsbeschreibung aufgenommen werden."

Auch Leichtsinnsfehler rächen sich:

So müssen Angebote verschlossen, digitale Angebote verschlüsselt übergeben bzw. zugestellt werden oder der Bieter „ist draußen".

Der Ausschluss erfolgt gegebenenfalls schon dann, wenn Nebenangebote und Änderungsvorschlage nicht auf gesonderter Anlage deutlich gekennzeichnet sind.

Außerdem können Angebote aus formalen Gründen aus der Wertung fallen.

So sind Preisnachlässe nicht zu werten, wenn sie nicht an der vom Auftraggeber nach § 21 Ziffer 4 bezeichneten Stelle des Angebotes aufgeführt sind.

Ein anderes Beispiel: Änderungsvorschläge, Bedarfspositionen und Preisnachlässe ohne Bedingungen sind wie bisher ausdrücklich möglich, müssen aber auch wie bisher in der Ausschreibung zugelassen werden, sonst fallen sie aus der Wertung. Darüber hinaus müssen sie als Änderungsvorschläge deutlich abgegrenzt werden.

Für weitere Details zu formalen Vorgaben sei auf die umfangreiche Literatur zu diesem Thema verwiesen.

Mit der Abgabe des schriftlichen Angebotes hat der Akquisiteur im Sinne der VOB zunächst einmal „Pause". In der Prüfung des Angebotes besteht kaum eine Chance, in den Prozess einzugreifen.

Die VOB regelt unter anderem, dass nach Öffnung der Angebote keine Ergänzung mehr erfolgen kann. Änderungsverhandlungen sind dann praktisch nicht mehr möglich – ausgenommen sind lediglich „Randthemen" wie Nebenangebote oder vorliegende Änderungsvorschläge.

Dabei dürfen technische Aufklärungsgespräche keine Angebotsergänzung beinhalten, fehlende Erklärungen dürfen nur dann nachgeholt werden, wenn sie weder die Vergütung noch die Vertragsbedingungen noch die Beschaffenheit der Leistung verändern.

Vergabe: Faire „Verlierer" gewinnen

Die Entscheidung, welches Unternehmen beauftragt wird, ist in der Schlussphase nicht mehr aus eigener Kraft zu beeinflussen. Nur wenn der Favorit abspringt – oder das eigene Unternehmen als Subunternehmen mit einbringt – besteht eine Chance auf ein Stück vom Kuchen.

Natürlich wird immer wieder von nicht berücksichtigten Anbietern versucht, das Submissionsergebnis durch juristische Mittel nachträglich zu kippen. Da hier im Streitfall oft Ermessensentscheidungen hinterfragt werden, sind juristische Auseinandersetzungen mehr und mehr auf der Tagesordnung. Das mag in Einzelfällen klappen, insbesondere, wenn eine fehlerhafte oder ungenügende Prüfung nachgewiesen werden kann.

Aber auch hier schützt die VOB den Auftraggeber. So ist er beispielsweise nicht zur Klärung von Unklarheiten in einem abgegebenen Angebot verpflichtet. Demgegenüber hat der Bieter die Pflicht, Ausschreibungen zu überprüfen und ggf. auf Unstimmigkeiten hinzuweisen (§ 4 Ziffer 2 VOB/B), Bedenken gegenüber dem Inhalt der Leistungsbeschreibung muss er vor der Angebotseröffnung mitteilen.

Er kann sich deshalb später im Rechtsstreit nicht auf entsprechende Ausschreibungsfehler berufen.

Dann muss der Auftragggeber zwar über das Ausschreibungsergebnis informieren, ist jedoch nicht verpflichtet, Details bekannt zu geben. Lediglich im Falle einer Ablehnung des Anbieters vor Zuschlagserteilung muss er die Entscheidung begründen und der Unterlegene kann rechtliche Schritte einleiten.

In der Regel schießen die klagenden, unterlegenen Bieter damit ein Eigentor.

Auch wenn sie den Streit vor Gericht oder durch Schiedsspruch gewinnen: Welcher Auftraggeber vertraut dem klagenden Bieter für die Zukunft noch? Erhält ein Bieter auf diese Weise den Zuschlag, wird er darüber hinaus im Bauablauf sicher mit keinerlei Kulanz seitens des Auftraggebers rechnen können.

Tatsächlich findet sich kaum ein Projekt, das die streitenden Parteien ohne Folgeprozesse abwickeln konnten, sofern die beteiligten Personen nach dem Schiedsspruch oder Gerichtsurteil weiter in das Projekt eingebunden waren.

Letztlich hat der Bieter in solchen Fällen immer das Nachsehen. Mit einer solchen Vorgehensweise schafft das Unternehmen keine Empfehlungen – es schafft sich Feinde und vernichtet zukünftige Auftragschancen.

Besser ist, mit dem Ausschreibenden einen „lockeren" Kontakt zu halten. Schließlich kann er im Laufe des Projektes wertvolle Informationen über das ausführende Unternehmen liefern und ist bei einer vernünftigen Betreuung ein wichtiger Partner in der Vorbereitung eines späteren Projektes.

Vertragsverhandlungen

In den meisten Fällen orientieren sich Verträge nach den Vorgaben der VOB.

Diese präferiert, Bauleistungen grundsätzlich auf der Basis von Leistungsverträgen zu vergeben. In den Verhandlungen lässt die VOB Spielräume bei der Wahl des Entlohnungssystems. In der Regel werden die Verträge jedoch entsprechend den Ausschreibungstexten formuliert.

Dabei empfiehlt sich ein:

– Stundenlohnvertrag

mit Berechnung der tatsächlich erbrachten Arbeitsstunden zzgl. dem Materialaufwand besonders für kleinere Aufträge, bei denen der Gesamtaufwand vorab nicht abschätzbar ist.

– Pauschalvertrag

bei dem die Gesamtleistung inkl. aller Unwägbarkeiten in der Ausführung in einem Festbetrag entlohnt wird nur, wenn Änderungen des Leistungsumfangs nicht in Betracht kommen.

– Selbstkostenerstattungsvertrag

nur, wenn ein Leistungsvertrag später abgeschlossen werden kann.

– Einheitspreisvertrag

bei dem Maß- und Gewichts- und Stückeinheiten verpreist werden. Multipliziert mit der Menge ergibt sich der Positionspreis, die Summe der Positionspreise dann die Netto-Angebotsendsumme. Diese Angebotsform ermöglicht eine einfach Prüfung und Vergleichbarkeit sowohl der Angebote untereinander wie auch des einzelnen Angebotes mit den Ausschreibungspositionen und hat sich deshalb als Standardbewährt.

Daneben gibt es Mischformen von Verträgen, beispielsweise wenn ein Maximalpreis für die Gesamtleistung vereinbart wird – der nach Möglichkeit trotz zusätzlicher Leistungen nicht erreicht werden darf.

Für die Ausfertigung der Vertragsbedingungen sind grundsätzliche Regelungen notwendig, die nicht einzeln formuliert werden müssen: In den meisten Fällen wird die unter anderem zu diesem Zwecke entwickelte VOB / B als Grundlage, als Allgemeine Geschäftsbedingungen (AGB) des Vertrages genutzt. Deren Gültigkeit wie auch Abweichungen davon müssen im individuellen Vertragstext vereinbart werden.

Darüber hinaus sollte nicht nur Art und Umfang, sondern auch Termin der Fertigstellung bzw. Teilfertigstellung grundsätzlicher Bestandteil eines jeden Vertrages über die Erbringung von Bauleistungen sein

Genauso können die entsprechenden Konventionalstrafen bei Terminüberschreitung vereinbart werden.

Übrigens erhöht die Vereinbarung von Zuschlägen (die teilweise als Prämie an die Mitarbeiter weitergegeben werden) bei mängelfreier Abnahme vor dem Termin regelmäßig die Arbeitsqualität und -geschwindigkeit.

Neben den „Harten Faktoren" muss der Akquisiteur auch hier auf die „Schwingungen" achten: Bei Vertragsverhandlungen ist Fingerspitzengefühl gefragt.

Schließlich hat der Auftraggeber durch die Ankündigung des Vertragspartners bereits ein Stück Freiheit aufgegeben und erwartet dafür ein gewisses Entgegenkommen und subjektiv eine Bestätigung, dass die Entscheidung richtig war.

Ziel muss es deshalb zum Einen sein, dass der Auftraggeber bereits in der Vertragsformulierung die persönlichen, subjektiven Interessen berücksichtigt sieht.

Darüber hinaus darf sich der Auftraggeber nicht durch unliebsame Passagen, die er „schlucken muss", verärgert fühlen.

Auf der anderen Seite muss der Vertrag auch Klarheit über die zukünftige Zusammenarbeit geben. Verschleierungen und offene Punkte führen im Projekt regelmäßig zu Ärger. Im Streitfall verliert grundsätzlich der Auftragnehmer – spätestens beim nächsten Projekt.

Nachbetreuung

Auch nach einer Niederlage sollte trotzdem mit den Bedarfsträgern Kontakt gehalten werden. Oft zahlen sich die Gespräche und Beziehungen im nächsten Projekt aus.

Dann kann aus dem Projekt ein Nutzen gezogen werden: Neue Kontakte sind geschaffen und neue Informationen über den Wettbewerb liegen vor. In einer späteren Vergabe werden die Kontakte und Informationen helfen – sei es für Akquisitions-, Kalkulations- und Vergabeprozesse selbst oder auch für die Bildung von Arbeitsgemeinschaften.

Für den „siegreichen" Akquisiteur ist mit dem Vertragsabschluss die Arbeit natürlich erst recht nicht beendet. Zwei Aspekte sollen noch betont werden: Nachträge und Verhalten bei Gewährleistungsanzeigen.

Nachträge

In Zeiten des harten Preiskampfes – der auch in der aktuellen Fassung der VOB weiterhin gefordert wird – sind Nachträge ein beliebtes Mittel, um das Projekt trotz Kampfpreis in die Gewinnzone zu bringen.

Die VOB / B lässt Nachträge zu als

– Vergütung von Leistungen, die im Vertrag nicht vorgesehen waren (§ 1 Ziffer 4) oder

– Leistungsänderungen (§ 1 Ziffer 3).

Angebote auf Ausschreibungen werden teilweise bis zu 20 % unter Selbstkostenpreis abgegeben. Auch wenn dies nicht zulässig ist – die Nachprüfbarkeit seitens der ausschreibenden Stelle ist schwer, insbesondere, wenn Subunternehmer eingeschaltet werden.

Die Konsequenz: Mehrungen werden nicht mehr einfach akzeptiert und zusätzliche Leistungen schnell als „Inklusivleistungen" betrachtet. Mit dem Widerstand des Auftraggebers gegen Mehrungen gerieten eine Vielzahl von Projekten – auch im öffentlichen Bereich – in die Verlustzone. Verbunden mit zusätzlichem Forderungsausfall auch im öffentlichen Sektor über längere Zeiträume hin ist der Konkurs einer großen Zahl traditionsreicher Unternehmen nicht verwunderlich.

Für die Zukunft ist dabei keineswegs eine Entschärfung zu erwarten. Auch bei den öffentlichen Auftraggebern hat ein Umdenken stattgefunden. Im Vordergrund steht nicht mehr die reibungslose und wenig Aufwand verursachende Realisation, sondern zusätzlich auch das Finden und Nutzen von Einsparungspotentialen:

Kostenüberschreitungen sind auch für öffentliche Auftraggeber gefährlich, da die Öffentlichkeit dies schnell erfasst und gleichsetzt mit Inkompetenz.

– Optimal ist eine geringe Unterschreitung der Gesamtprojektkosten.

– Mehrungen gefährden dieses Ziel.

Sie werden somit für den Auftagnehmer zum gefährlichen Instrument. Wichtig ist deshalb die fundierte Begründung eines Nachtragsangebotes.

Als begründete Ursachen können dabei insbesondere Fehler in der Ausschreibung und deren Auswirkungen auf den Projektablauf sein, beispielsweise:

– Umplanung und konstruktive Änderungen kurz vor oder während der Bauarbeiten

– Unvollständige Ausführungsplanung

– Verzögerte Planbereitstellung

– Unzureichende Regelung des Zusammenwirkens der beteiligten Unternehmen

– Nicht entsprechende Berücksichtigung anderer Gewerke

– Bauseitige Änderung des geplanten Bauablaufs

– Falsche Mengenangaben und unzureichende (unklare) Beschreibungen in

– Leistungsverzeichnissen (Mengenänderungen von weniger als + / – 10 % gelten als korrekt)

– Abändernde Anordnungen der Baubehörden

Nur bei unverhältnismäßig hohem Aufwand können Nebenleistungen gemäß VOB / C auch in Nachtragsangeboten geltend gemacht werden. Sie werden üblicherweise als regelmäßige Auftragsbestandteile gesehen, auch wenn sie nicht explizit ausgewiesen sind. Dazu zählen unter anderem:

– Betreiben und Vorhalten von Aufenthalträumen

– Befördern und Rückbefördern von Material und Gerät

– Schutzmaßnahmen gegen Niederschlag

– Abfall- und Bauschuttbeseitigung

Ein Nachtragsangebot mit diesen Positionen erweckt sofort den Eindruck, das hier im Angebot zugunsten eines Preisvorteils im Wettbewerb Kosten herausgerechnet wurden, obwohl sie auf jeden Fall anfallen. Damit wird der Eindruck eines Verhaltens des Anbieters nahe am Betrug erzeugt. Auch wenn solche Leistungen dann als Nachtrag akzeptiert werden – bei späteren Vergaben durch ihn selbst oder ihm bekannten, weiteren Auftraggebern erinnert sich der Bauherr mit Sicherheit sofort an diesen Vorfall.

Im Ablauf der Nachtragsakquise ist der juristisch korrekte Ablauf wesentlich. Ein nur mündlich erteilter Auftrag hat im Streitfall wenig Beweiskraft. Der Auftragnehmer hat dabei die Beweispflicht, dass er den Auftraggeber vor Beginn der entsprechenden Leistungen über die Mehrkosten informiert hat (Ankündigungspflicht). Außerdem sollte er die Höhe der Vergütung vor Beginn der Ausführung vereinbaren.

Deshalb gilt der Grundsatz:

Alle Nachträge sind wie Angebote zu formulieren und vom Auftraggeber oder dessen Bevollmächtigten schriftlich als Auftrag zu bestätigen.

Das folgende, vereinfachte Musterformular ist eine Möglichkeit, sich direkt auf der Baustelle beim Gespräch abzusichern (es empfiehlt sich, eine Kopie des ausgefüllten Formulars dem Auftraggeber rechtzeitig zu übergeben).

<table>
<tr><td colspan="2">Vergütung von zusätzlichen Leistungen gemäß VOB / B</td></tr>
<tr><td colspan="2">Auftraggeber</td></tr>
<tr><td colspan="2">Bauvorhaben</td></tr>
<tr><td colspan="2">Auftragnehmer
Vertreten durch:</td></tr>
<tr><td colspan="2">Wunsch / Anordnung durch:</td></tr>
<tr><td colspan="2">Im Auftrag gemäß Vertrag vom _________________ nicht vorgesehene Leistung:

____
____
____
____
____
____</td></tr>
<tr><td>Vergütung der Leistung inkl. Material in Höhe von maximal € netto:</td><td></td></tr>
<tr><td colspan="2">O Die obigen Angaben gelten als Angebot.

O Dem Auftraggeber liegt bis spätestens ____________ ein schriftliches Angebot vor.

Wird ein entsprechender Auftrag nicht bis zum _________________ erteilt,
kann die Leistung nicht mehr ausgeführt werden.</td></tr>
<tr><td colspan="2">Auftrag hiermit erteilt:</td></tr>
<tr><td>Datum, Unterschrift
Auftraggeber</td><td>Datum, Unterschrift
Bevollmächtigter des Auftragnehmers</td></tr>
</table>

Abb. 1.2: Formblatt Vergütung von zusätzlichen Leistungen

Gewährleistung/Mängelbeseitigung

Auf Empfehlungsgeschäft und Folgeaufträge hat die korrekte Behandlung des Auftraggebers in der Beseitigung von Mängeln häufig mehr Einfluss als die eigentliche Bauleistung.

Umfragen des Autors bei Bauherren haben ergeben, dass festgestellte Mängel weniger die Qualitätseinschätzung beeinflussten als deren fachgerechte Beseitigung in möglichst kurzer Zeit.

In der Regel wird Mängelbearbeitung von den Mitarbeitern als unangenehme Pflicht, von den Verantwortlichen als ertragsmindernder Kostenfaktor gesehen.

Dabei sollte hier eine Chance gesehen werden: Mängelbeseitigung bedeutet neuen Kontakt mit dem Auftraggeber und die Möglichkeit, die Leistungsfähigkeit und Kompetenz des eigenen Unternehmens darzustellen.

Der Auftraggeber sieht seine „subjektiven" Wünsche durch die konsequente Umsetzung seiner Forderungen erfüllt. Die Konsequenz: er erinnert sich wieder an die Gründe, warum er sich für das Unternehmen entschieden hat und sieht sich bestätigt.

So wird er das Unternehmen auch gerne weiterempfehlen. Hat er selbst neue Projekte in Vorbereitung, so hilft der persönliche Kontakt aus Anlass der Mängelbeseitigung, die Akquisition voranzubringen.

Als Einwand für diese Sichtweise wird regelmäßig der Einwand gebracht, Mängelanzeigen seien vorgeschobene Gründe für den Einbehalt von Zahlungen. Natürlich tritt solches Verhalten der Auftraggeber immer wieder auf. Bei einer Gegenüberstellung der Reklamationen mit dem Ziel, Zahlungen einzubehalten auf der einen Seite und den berechtigten Mängelanzeigen auf der anderen zeigt sich jedoch immer wieder: unberechtigte Mängelanzeigen sind deutlich in der Unterzahl.

Bei ungerechtfertigten Mängelanzeigen ist herauszufinden, mit welchem Ziel sie gestellt wurden. Nicht immer sind es monetäre Ziele.

Im Mängelgespräch ist deshalb immer auf eine einvernehmliche Lösung hinzuarbeiten. Dann wird schnell deutlich, was die tatsächlichen Ansichten des Auftraggebers sind und die eigene Position kann entsprechend vertreten bzw. ein Kompromiss gefunden werden. In manchen Fällen bewirkte eine attraktive Entschädigung, beispielsweise ein Gutschein für ein gutes Essen oder einen Kurzurlaub wahre Wunder: Der Auftraggeber war plötzlich zufrieden und wich von seiner bisherige Position ab, deren Erfüllung einen weitaus höheren Betrag gekostet hätte.

Deshalb gilt die Regel:

Die Kunst ist, gegenüber vorgeschobenen Mängeln hart zu bleiben in der Suche nach einem Kompromiss, in allen anderen Fällen aber die Wünsche des Auftraggebers schnell, unkompliziert und professionell zu erfüllen.

---

2 Methodisch vorgehen: Akquise nach Plan und Ziel

So ausgefeilt und hochentwickelt die intuitive Akquisition in der Baubranche erscheint, so schwierig ist es, nun nicht mehr nur den persönlichen Dialog als Akquisitionsweg zu nutzen. Dass mit den Mitteln der modernen Kommunikation die klassische Methode nicht nur ergänzt, sondern auch erleichtert wird, ist den wenigsten bewusst. Dabei genügen einige Modelle und Verfahrenshilfen, um die Möglichkeiten sinnvoll und damit mit akquisitorischem Erfolg sinnvoll auszuschöpfen.

In der strukturierten Akquisition ist der Begriff Akquisiteur erweitert definiert:

Akquisiteur ist jeder Mitarbeiter:

vom Inhaber über den Niederlassungsleiter bis zum Gesellen , Auszubildenden und Hilfsarbeiter.

Sie unterscheiden sich lediglich in der akquisitorischen Funktion:

Steuern, aktiv Kontakte pflegen, kalkulieren, Imagewerte durch guten Auftritt und Arbeitsqualität steigern etc.

Alle Personen des Unternehmens, die irgendwann von Bedarfsträgeren beobachtet werden oder selbst mit ihnen in Kontakt treten, verkaufen Bauleistungen:

Sie sind Akquisiteure

2.1 Das Strategische Dreieck: Unternehmen – Bedarfsträger – Wettbewerb

So einfach es ist, so oft wird es vergessen:

In jeder Argumentation, in jedem Briefing, bei jeder Diskussion sollte das strategische Dreieck im Hinterkopf behalten werden.

Erfolgreiche Argumente beantworten immer die zentralen Fragen des Dreiecks:

Was ist bei dem eigenen Angebot für den Kunden wichtig und interessant?

Was hebt das Angebot des eigenen Unternehmens von dem des Wettbewerbs ab?

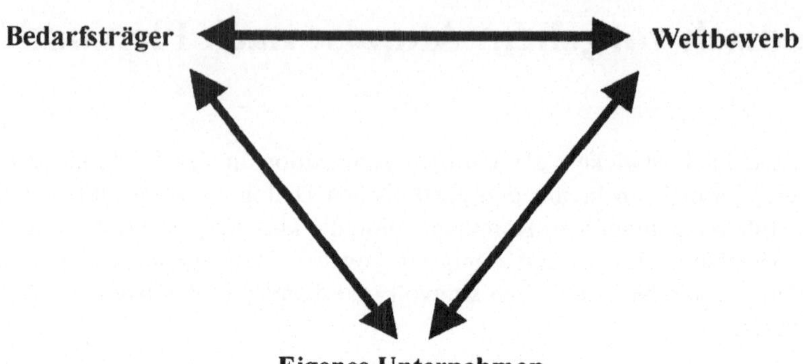

Abb. 2.1: Das Strategische Dreieck

Sehr häufig werden in Fachzeitschriften Anzeigen geschaltet, die nichts anderes sind als eine Darstellung des Leistungsspektrums:

Das können wir, das haben wir schon gemacht.

Nach der Überlegung: „Wenigstens haben viele Wettbewerber keine Anzeige geschaltet und werden somit nicht bekannt", können die Inserenten auf diesem Weg tatsächlich neue Kontakte finden:

Sobald aber mehrere Unternehmen mit ähnlichen Leistungsangeboten inserieren – welcher Bedarfsträger nimmt dann mit allen Kontakt auf?

Er wählt aus – und dann zählt, dass die eigene Anzeige den Bedarfsträger mehr anspricht.

Bei der Baustellengestaltung gilt ähnliches:

Wenn mehrere Bauunternehmen in einer Arbeitsgemeinschaft an der gleichen Baustelle arbeiten – wieso sollte sich ein Passant oder Besucher ausgerechnet für das eigene Unternehmen interessieren?

Die Antworten auf solche Fragen sind genau die Antworten, nach denen auch das strategische Dreieck fragt.

Dazu sind drei Bedingungen zu beachten, die von den Antworten in der Gesamtheit der Argumentation zu erfüllen sind:

Argumente finden, die für den Bedarfsträger interessant sind.

Dass ein Unternehmen schon Jahrzehnte besteht, ist für manchen Bedarfsträger eine interessante Information. Auch wenn besondere Leistungen erbracht wurden, zählen solche Referenzen in diese Rubrik.

Uninteressant ist es dagegen, wenn der Akquiseur dem Bedarfsträger erläutert, dass sein Unternehmen qualitativ hochwertige Bauleistung termingerecht erbringen kann. Das haben dem Bedarfsträger zuvor schon mehrere Akquiseure von deren Unternehmen in gleicher Weise erzählt.

Argumente müssen darüber hinaus für den Bedarfsträger wichtig sein.

Interessante Argumente machen aufmerksam, aber sie verkaufen nicht unbedingt.

Argumente müssen für den Bedarfsträger von Bedeutung sein: Löst das Angebot ein Problem, mit dem sich der Bedarfsträger gerade beschäftigt? Fühlt er sich durch irgendwelche privaten Aspekte mit dem Unternehmen verbunden? Bietet es besondere Technologien, mit denen der Bedarfsträger zum Beispiel Umweltschutzaspekten besonders gut gerecht werden kann? Kann ein gutes Finanzierungskonzept für den Bauherren geboten werden?

Welche Gratifikationen erwartet der Bedarfsträger im Auftragsfall? Welche können ihm tatsächlich gegeben werden?

Argumente müssen die Leistung des eigenen Unternehmens positiv vom Wettbewerb abheben.

Argumentationen, die der Wettbewerb gegenüber dem Bedarfsträger bereits benutzt hat, schwächen die eigene Position. Die Argumente müssen die Leistung des Wettbewerbs in der gleichen geforderten Weise anbieten – und darüber hinaus gehen.

Diese „Mehrleistung" kann sich im

- besonderen Service finden, in

- Zusatzleistungen, in der

- Loyalität der Mitarbeiter zum Unternehmen, in

- langfristigen Kundenbeziehungen und

in vielem mehr. Wie aus der Bedarfspyramide zu erwarten, finden sich die Argumente in der Regel in den Bereichen Technik, Preis oder subjektiv vertrauensbildenden Faktoren.

Abb. 2.2: Wesentliche Kriterien zur Angebotsbeurteilung

Gemeinhin wird das Gesamtangebot in den Kriterien Technik/Service, Konditionen und Unternehmensimage (vgl. auch 3.6.1) beurteilt. Das Angebot wird durch die Leistungsfähigkeit als Ergebnis von Motivation, Kompetenz und Auftritt der Mitarbeiter in der Auftragsbeschaffung, der eigentlichen Bauleistung oder in der optimalen kaufmännischen Bearbeitung bestimmt. Die Mitarbeiter müssen deshalb optimal auf das Unternehmen eingestellt sein – dann ist nicht nur die Akquisition wesentlich einfacher.

Notwendige und hinreichende Argumente

Bei der Wahl der Argumente hilft die Unterscheidung zwischen „notwendig" und „hinreichend".

Die Begriffe sind aus der Mathematik bekannt. Eigenschaften und Angebote sind in der Akquisition notwendige Argumente, wenn der Bedarfsträger sie beispielsweise als Bewerbungsvoraussetzung verlangt oder sie als branchenübliche Eigenschaften angesehen werden.

Hinreichende Argumente sind dann gegeben, wenn keiner der Wettbewerber diese Eigenschaften bietet und sie dem Bedarfsträger einen spürbaren Nutzen bringen.

Ein Argument, das alle vier Kriterien

- wichtig,

- interessant,

- positiv abgrenzend

- abgrenzend

erfüllt, wird in der Marketingkommunikation als „strategischer Wettbewerbsvorteil" bezeichnet.

> **Ein einziger, nachprüfbar vorhandener Wettbewerbsvorteil genügt, um eine komplette Akquisitions-Kampagne erfolgreich durchzuziehen.**

Wenn ein Unternehmen im Wettbewerbsumfeld als einziges ein Qualitätsmanagement-System nachweisen kann – dann ist dies, sofern bei den angesprochenen Zielgruppen mögliche Reklamationen als wichtiger Faktor eingeschätzt werden, ein hinreichendes Argument und damit ein strategischer Wettbewerbsvorteil. Wenn dieses Faktum bereits vom Wettbewerb angeführt wird, ist es ein notwendiges Argument und damit in der Rubrik „unter anderem" zu erwähnen.

Im Zusammenhang mit dem Strategischen Dreieck kommt noch ein weiterer Aspekt zum Tragen, der von Ingenieuren häufig nicht leicht akzeptiert wird:

> **Es kommt nicht darauf an, was man tatsächlich ist oder**
>
> **wie man sich selbst einschätzt.**
>
> **Wichtig ist nur, wie man gesehen wird.**

Deutlich wird das in der Art, wie Informationen in Gesprächen aufgenommen werden. Übrigens ist dies bei der „Verarbeitung" und Rezeption von Anzeigen durch den Leser nicht wesentlich anders.

Immer bestimmen „subjektive" Kriterien die Wirkung einer Information, gleich ob sie in einem Gespräch, einem Vortrag oder einer Anzeige übermittelt wird. Wie bei dem Kinderspiel „ins Ohr flüstern", bei dem am Ende ein völlig anderer Inhalt steht wie beim ersten Flüstern, werden – unbewusst und bewusst – Fakten in mehreren Schritten gefiltert und verändert.

Dabei ist „äußerlich" nur ein einziger Schritt erkennbar: Der Sender schickt eine Botschaft an den Empfänger. Tatsächlich sind wesentlich mehr Filter zwischengeschaltet.

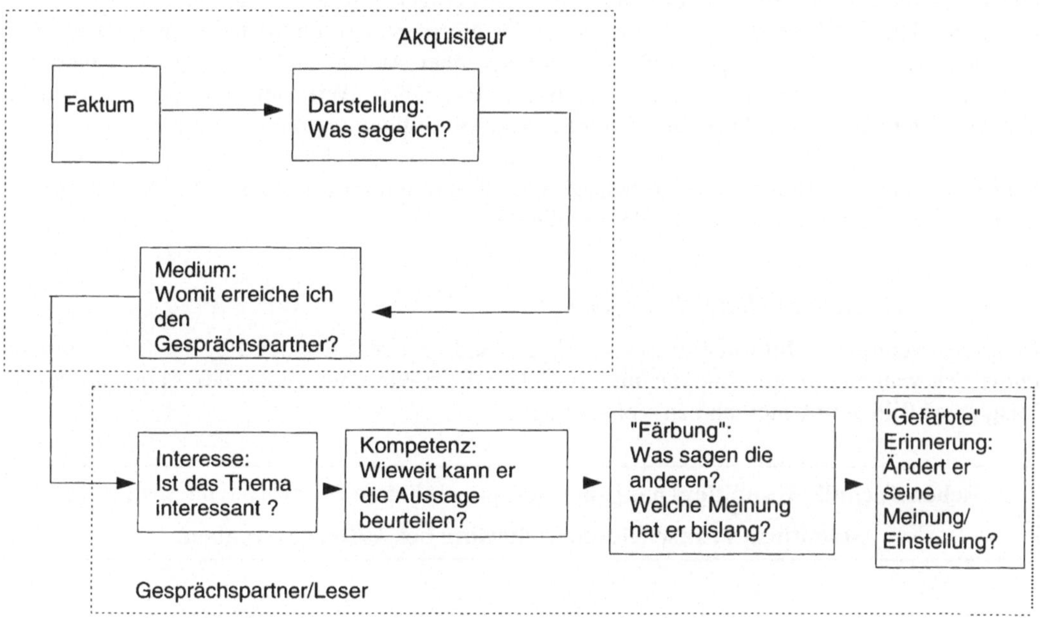

Abb. 2.3: Wirklichkeit und Abbild: selektive Wahrnehmung von Gesprächen, Vorträgen und Anzeigen

Schon das Faktum – also das, was tatsächlich ist, wird durch den Vortragenden selbst verfälscht: Der „Kommunikator" stellt die seiner Meinung nach wesentlichen Dinge heraus und vernachlässigt weniger bedeutende oder unangenehme Aspekte.

Im nächsten Schritt muss er ein entsprechendes Medium auswählen, das der Zuhörer, Gesprächspartner, Leser – allgemein „Rezipient" genannt – die Nachricht erreicht, dass zum Beispiel auch die Zuhörer in den hinteren Reihen die Dias lesen können oder der gewünschte Leser die Anzeige auch sieht und liest.

Hat der Rezipient die Botschaft des Kommunikators erhalten, beurteilt er die Information mehr oder weniger unbewusst:

- Ist die Information interessant? Dann höre ich weiter zu. Anderenfalls schalte ich ab oder wechsle das Thema.

- Kenne ich mich aus? Wenn ja: Stimmt das, was er sagt, oder will er mich manipulieren? Wenn nein: Kann ich der Aussage vertrauen?

- Die Botschaft wird mit themengleichen Botschaften des Wettbewerbs oder von Multiplikatoren sowie mit eigenen Erfahrungen bzw. Einschätzungen verglichen.

Der Zuhörer „färbt" die Botschaft neu ein. Dabei wirkt der Auftritt und die präsentierte Leistungsfähigkeit auf das Bild ein, das sich ein Bedarfsträger von dem Unternehmen bereits gemacht hat. Die Schlüsse aus der Beobachtung des Vortragenden und der Präsentation werden kommentiert durch Erfahrungen und Informationen über Auftritt und Leistung des Unternehmens aus der Vergangenheit, durch Zukunftsperspektiven – „Wie sieht das Unternehmen in einigen Jahren aus" – und durch Beurteilungen von Multiplikatoren oder Wettbewerber.

Schließlich wird der Rezipient seine bisherige Erfahrung mit dem Anbieter bestätigt sehen, sie mehr oder weniger in Frage stellen oder revidieren.

„Image": Wie sieht mich der Interessent?

Menschen verarbeiten Informationen nicht digital und nach statistischen Regeln. Ein Rezipient entwickelt während einiger direkter und indirekter Kontakte ohne Zutun des Akquisiteurs ein imaginäres Bild vom Unternehmen – ein „Image".

> **Neben Technik, Konditionenangebot und persönlichen Bindungen ist das Image wesentliches Entscheidungskriterium bei Auftragsvergaben.**

War das Unternehmen dem Bedarfsträger bislang unbekannt, ist die Akquisition doppelt schwer.

Gute Erfahrungen des Rezipienten sind die beste Ausgangssituation für Akquise-Tätigkeit, negative Erfahrungen kann der Kommunikator mit Argumenten für die Zukunft noch ausgleichen. Ist aber das akquirierende Unternehmen dem Bedarfsträger bislang unbekannt, hat der Akquisiteur die meiste Arbeit zu leisten: Er muss dem Bedarfsträger erst ein Bild des Unternehmens entwickeln. Dies ist nicht über die einfache Präsentation von Daten zu erreichen.

> **Image hat immer eine emotionale Komponente.**

Ist der Bedarfsträger nicht bereit, das bestehende Bild zu überprüfen und gegebenenfalls zu ändern, so bestehen bei den Bemühungen wenig Chancen, in Aufträge zu münden. Ist jedoch seine Neugier oder auf andere Art seine Bereitschaft geweckt, mehr über das Unternehmen zu wissen, kann der Akquisiteur im persönlichen Gespräch und mit guten Unterlagen und Informationen Image in seinem Sinn mitformen.

2.2 An wen soll ich mich wenden?

Der Bedarfsträger steht grundsätzlich im Mittelpunkt jeder Akquisition. Häufig wird aber vergessen, dass der Bedarfsträger seine Entscheidungen nie unabhängig trifft.

Jede Auftragsvergabe entscheidet sich in einem Geflecht von informellen und formalen Beziehungen der Bedarfsträger, einem „personalen Kommunikationsnetzwerk."

Die Kunst liegt nun darin, dieses Netzwerk im eigenen Sinn zu formen und zu nutzen.

In der Regel sind zwei Netzwerk-Sphären zu beobachten: Die private und die berufliche Sphäre.

Während die berufliche Sphäre vordergründig durch formale Netze bestimmt wird, zählen im privaten Bereich die informellen Netze.

Auf der einen Seite stehen so Berichts-, Zuständkeits- und Controlling-Regelungen, die durch informelle Kanäle ergänzt werden: „Man kennt Erfahrungsträger im beruflichen Umfeld". Auf der anderen, privaten Seite stehen im Wesentlichen informelle, aber nicht weniger wirksame Netze: Mitteilungen und Berichte von Familienmitgliedern, Diskussionen und „Tipps" von Bekannte aus Vereinen und Clubs, Informationen aus Zeitungen und Fernsehen, etc.

Ein emotional geprägtes Netzwerk verknüpft die beiden Sphären und verdient damit besondere Aufmerksamkeit: Persönliche Beziehungen wirken auf privater Basis in die beruflichen Prozesse hinein und beeinflussen somit auch die Entscheidungen vor der Auftragsvergabe.

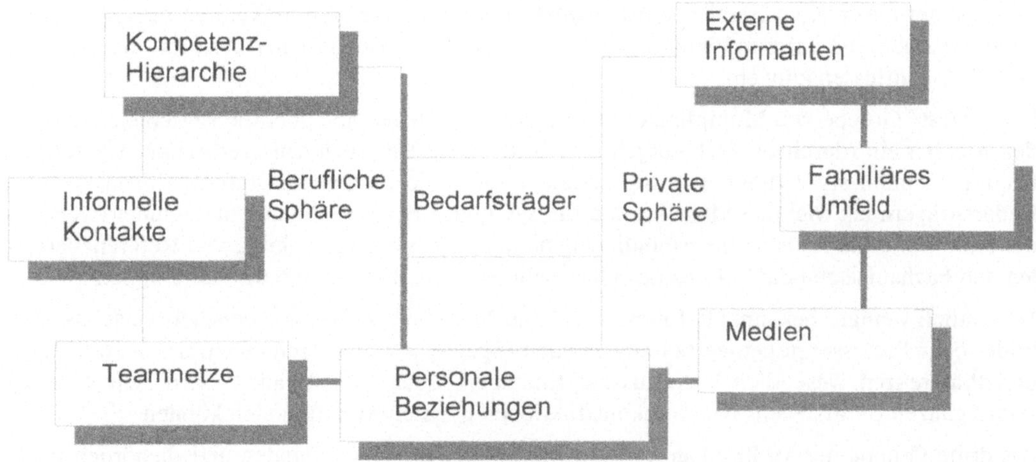

Abb. 2.4: Dimensionen eines Kommunikationsnetzwerkes, die Entscheidungen beeinflussen

In Netzwerken finden sich immer wieder die gleichen Typen von Bezugspersonen. Diese Beobachtung vereinfacht die Bearbeitung der Netzwerke:

Methoden der Massenkommunikation wie Werbung, Direktmarketing oder Öffentlichkeitsarbeit können auch bei beziehungsorientierter Akquisition wirksam eingesetzt werden.

2.2.1 Direkte und indirekte Zielgruppen

Direkte Zielgruppe ist die Summe der Personen, die im direkten Zusammenhang mit dem Prozess der Auftragsvergabe stehen. Klassisch sind dies Bauherren und auftragsvergebende Entscheider, also beispielweise Generalunternehmer, Bauleiter oder bauleitende Architekten.

Indirekt bedeutet dagegen, dass die so charakterisierten Zielgruppen das Image des anbietenden Unternehmens bei den Bedarfsträgern beeinflussen, ohne selbst Aufträge zu vergeben.

Im Wesentlichen bestehen indirekte Zielgruppen aus sogenannten Multiplikatoren und aus Gruppen, die mit dem Begriff „Öffentlichkeit" zusammengefasst werden.

Um die Bedarfsträger und die sie umgebenden Netzwerke optimal zu „bedienen" und damit für eine Akquisition die bestmöglichen Voraussetzungen zu schaffen, müssen die indirekten Zielgruppen mit anderen, geeigneten Maßnahmen gleichermaßen intensiv bearbeitet werden.

Die Angebotsauswahl wird von den Bedarfsträgern entschieden – den Entscheidern wie zum Beispiel Bauherren, Architekten, Projektleiter etc..

Entscheider nutzen jedoch immer Fachleute, die Entscheidungen vorbereiten und mittragen. Dies sind beispielsweise Projektmitarbeiter, die zu Rate gezogen oder mit der Bearbeitung von Teilbereichen beauftragt werden. Es können aber auch Sekretärinnen oder gar Ehepartner sein, die Informationen ausfiltern und ggf. nicht weiterleiten.

Personen, die in der informellen Phase eines Vergabeprozesses – also in der Regel vor der Ausschreibung – eine Vorauswahl möglicher Anbieter für die eigentlichen Entscheider treffen, nennt man „Torhüter": „Du darfst rein – und du nicht".

Prozesse im informellen Bereich werden wesentlich durch die Multiplikatoren beeinflusst, das heißt Personen, die aufgrund ihres Berufes oder ihrer gesellschaftlichen Position die Meinung anderer beeinflussen können.

Bekannteste Gruppe von Multiplikatoren sind die Journalisten, die über die Berichterstattung in den Medien ein (durchaus auch subjektives Bild) eines Unternehmens verbreiten. Da Journalisten gemeinhin als vertrauenswürdig gelten, werden die verbreiteten Informationen von den Bedarfsträgern als wichtige Mosaiksteine für das Image des jeweiligen Unternehmens verwendet (vgl. 4.2.). Als Redakteure ermöglichen sie über die Veröffentlichung von Referenzberichten und Fachaufsätzen die Präsenz des Unternehmens im „Bewusstsein der Zielgruppen".

Wesentlich weniger bekannt als Journalisten sind Meinungsbildner, die beispielsweise als Ausbilder oder Professoren gerade bei angehenden Ingenieuren und Architekten deren Neigungen und Präferenzen wesentlich beeinflussen: Ein überzeugter „Betonbauer" wird sich während seines ganzen Berufslebens mit Holzkonstruktionen nur schwer anfreunden können.

Als dritte Gruppe der Multiplikatoren sind Mitarbeiter in Fachverbänden und -behörden wichtig, die nicht unbedingt als Bedarfsträger auftreten: Über Verordnungen, Vorgaben, Normen bestimmen sie wesentlich die technische Seite der Bauleistung – und mit Empfehlungen können sie über informell geäußerte Beurteilungen die Akquisitionsarbeit wesentlich stützen oder hindern.

Mit der dritten Hauptgruppe – der Öffentlichkeit – rechnen die wenigsten Akquisiteure.

Betrachtet man aber die Netzwerke um die Entscheider herum, so wird augenfällig, dass die öffentliche Meinung Vergaben wesentlich beeinflussen kann.

Ein positives Image in der (Fach-) Öffentlichkeit verschafft

– bessere Konditionen sowohl in der Projektfinanzierung und wie durch das bessere Banken-Rating des Unternehmens ,

– erleichtert die Akquisition guter neuer Mitarbeiter,

– schafft ein positives Kommunikationsnetzwerk-Umfeld der Bedarfsträger und

– erhöht das Interesse an den Bedarfsträgern, sich mit dem anbietenden Unternehmen näher zu befassen.

Es ist interessanter, ein Unternehmen näher kennen zu lernen, von dem man schon etwas gehört hat. „Ein unbekanntes Unternehmen kann noch nicht soviel geleistet haben – man hätte doch schon etwas von diesem Unternehmen gehört."

Die folgend dargestellten Werkzeuge und Hilfsmittel verfolgen im Grund alle das gleiche Ziel: Die optimale Bearbeitung der Zielgruppen mit Blick auf Akquisitionserfolg.

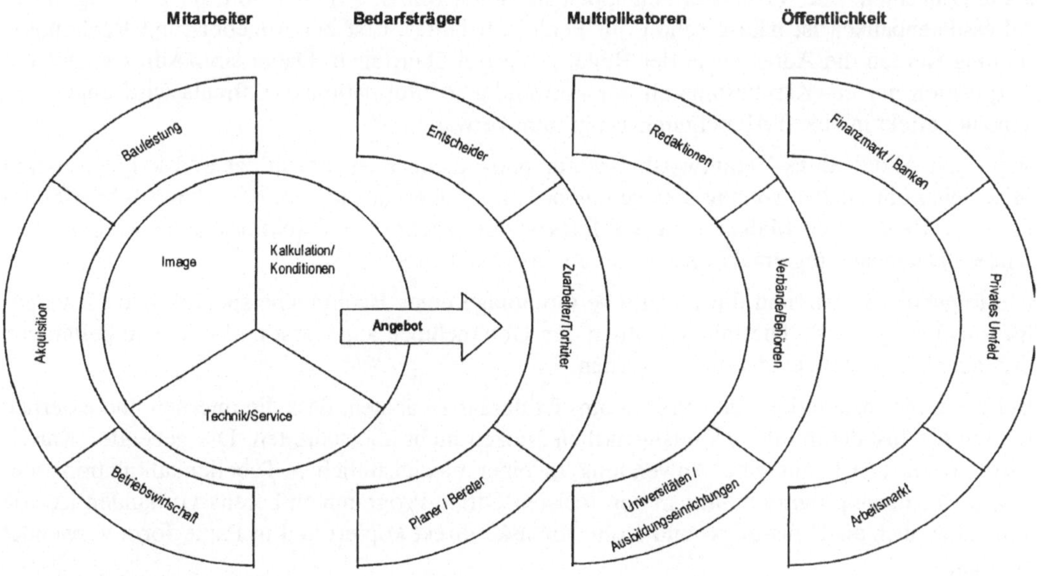

Abb. 2.5: Direkte und indirekte Zielgruppen

2.2.2 Aufbau einer Kundendatei

Die einzelnen Zielgruppen zeigen unterschiedliche Interessen und erfordern damit eine unterschiedliche Ansprache in

– Maßnahmen,

– Inhalt,

– Intensität und

– Aufwand.

Im Baubereich zählt die personale Kommunikation.

Deshalb steht die Bearbeitung der Bedarfsträger im Vordergrund. Sie zu kennen und auch langfristig Kontakt zu halten, ist entscheidend für den Erfolg.

Mit dem Werkzeug Kundendatei können die Bedarfsträger, aber auch Multiplikatoren und andere wichtige Personen – very important persons oder VIPs – kontinuierlich, umfassend und termingerecht bearbeitet werden. Deshalb ist die Kundendatei das wichtigste Hilfsmittel der Akquisition – leider in der Regel auch das am wenigsten gepflegte.

Die klassische Form einer Kundendatei ist der Karteikasten. Auch heute noch finden sich die Kartenschachteln und Visitenkartenmappen in vielen Büros. Allein schon die Übertragung in Adressdatenbanken ist häufig schon mit Fehlern behaftet. Erst bei Angebot- und Rechnungsstellung werden die Adressen in der Regel fehlerfrei übertragen. Dabei sind Adressen für die Akquisition nur ein Kernbestandteil der notwendigen Informationen. Oftmals wird eine Kundendatei direkt in einem Abrechnungsprogramm verwaltet.

Wenn ein Akquisitions-Verantwortlicher nur persönliche Kontakte pflegt und keine weiteren Mitarbeiter einschaltet, so mag dies genügen. Fällt er aber aus, kommt die Akquise-Arbeit zum Erliegen. Begleitende Maßnahmen wie Informationsbriefe oder Direktmarketing werden ohne saubere Datenbank regelmäßig zur ungeliebten „Großaktion".

Die folgenden Daten sind die inhaltliche Grundlage eines Baubranche-spezifischen „Kunden-Informationssystems". Die Inhalte sollten den Unternehmen angepasst und in einem beliebigen Datenbankprogramm eingearbeitet werden.

Bei Kauf und Installation eines Programms ist darauf zu achten, dass die internen und externen Kosten der Installation den akquisitorischen Nutzen nicht überschreiten. Die gezeigte „Karteikarte" bezieht sich auf eine Anwendung in einer handelsüblichen Tabellenkalkulation oder einem Datenbankprogramm, das in den meisten Office-Programmen bereits vorhanden ist. Sie kann aber auch als Erfassungs- und Kontrollmaske direkt kopiert und in Papierform verwendet werden.

Die „Strukturen", nach denen solche Karteien aufgebaut werden sollte, bleiben jedoch gleich. Die wichtigsten Inhalte einer Kundenkarte – sei es als Karteiblatt oder als Datensatz in einem geeigneten Datenbankprogramm – sind:

– Stamm-,

– Personen-,

– Betreuungs- und

– Selektionsdaten.

Fa.:		Kdnr.	Ort:

Plz	Postf.:	PLZ:	Straße/ Hnr:	Branche:

Tel.:	Fax.	homepage

Vorname:	Name:	Titel:	Grad:
Abt.	Position:	DW	DW-Fax:
Funk:	e-mail:	Tel. privat:	
Geb.tag: Geb.tag Partner	Geb.tag Kinder	Hobby:	
Besonderheiten:			

Betreuer:	Stellvertreter:	Abt.	Abt.Branche:
Ausschreibungen Vorjahr:	Summe T€:	Prognose lfd.jahr:	Summe T€:
Ausschreibungen:	Realisierte Marge in %:	Erwartete Marge in %:	
Leistungsart:	Volumen:	Vors. Eröffnungstermin:	
Leistungsart:	Volumen:	Vors. Eröffnungstermin:	
Leistungsart:	Volumen:	Vors. Eröffnungstermin:	
Bemerkung:			

Bewertung A / B / C /	Kontaktmittler j / n	Wettbewerbsbindung an:	Grad: H / M / N

Letzte Kontakte		
Am:	Mit:	Ergebnis:
Am:	Mit:	Ergebnis:
Am:	Mit:	Ergebnis:
Am:	Mit:	Ergebnis:
Verteiler:		

Abb. 2.6: Datenmaske Bedarfsträger

Stammdaten

beinhalten alle allgemeinen Informationen über Unternehmen und Abteilung der jeweiligen Person: Post-, Besuchs- und Rechnungsanschrift, Web-Adresse, zentrale Telefonnummer und andere Telekommunikationsanschlüsse sowie allgemeine Unternehmens- und Abteilungsinformationen. So können sich mehrere Personendaten auf die gleichen Stammdaten beziehen.

Personendaten

beschreiben den jeweiligen Ansprechpartner und archivieren relevante persönliche Daten:

Vollständiger Namen, Titel und Position, Durchwahl der Telekommunikationsanschlüsse, e-Mail – Adresse, Geburtstag, Privatanschrift, Mitgliedschaften in Vereinen und Verbänden, Hobbys und Vorlieben (damit im nächsten Jahr ein Antialkoholiker zu Weihnachten nicht gerade eine Flasche Weinbrand erhält). Bei besonders wichtigen Ansprechpartnern ergänzen Name und Geburtstag des Lebensgefährten die wesentlichsten Rubriken.

Ziel ist die umfassende Kenntnis der Personen, auch wenn der letzte Kontakt länger zurückliegt oder der betreuende Akquisiteur inzwischen das Unternehmen verlassen hat.

Betreuungsdaten

ergänzen die Personendaten mit internen Informationen: Im Wesentlichen sind dies Angaben über

– den Betreuer bzw. dessen Stellvertreter. Kein Akquisiteur darf seine Daten „mit ins Grab nehmen", ein zweiter Mitarbeiter muss eingeweiht sein,

– die anstehenden und gelaufenen Projekte, sowie

– die gelaufenen Akquisitionsmaßnahmen, insbesondere eine

– Kontakthistorie: Wann waren die letzten Kontakte und mit welchem Ergebnis.

Selektionsdaten

ergänzen die Betreuungsdaten mit Wiedervorlageterminen und Bewertungsklassen.

Bei den Wiedervorlageterminen sind zum einen die regelmäßigen Grußtermine von Bedeutung:

– Weihnachtsgruß,

– Ostergruß,

– Einladung zu regelmäßigen Veranstaltungen

– Messeeinladung etc.

– e-Mail-Verteiler für News oder Aktionen

Diese Daten dienen als Auswahlkriterium für Serienbriefe. So können Weihnachtsgrüße mit wesentlich geringerem Aufwand verschickt werden.

Spezifische Wiedervorlagetermine wie Geburtstag, Jubiläen, langfristige Rückrufbitten etc. vereinfachen die Arbeit und bieten gute Gelegenheiten zur Kontaktaufnahme. Bewertungsklassen schaffen weitere, Termin-unabhängige Auswahlmöglichkeiten. Hier bewähren sich vor allem Branchenzuordnungen und Aktualitätsbewertungen.

Das Datenblatt ist ein Vorschlag, bei dem die verschiedenen Angaben überprüft und an die jeweilige Unternehmenssituation angepasst werden sollen.

Nicht berücksichtigt sind die Zugriffsbeschränkungen und Meldepflichten: Wer darf die Daten lesen, wer sie bearbeiten, wer ist für die Pflege der Daten verantwortlich. Jedes Unternehmen hat irgendwo Adressenlisten und Unternehmensinformationen abgelegt: Eine Zusammenfassung vereinfacht die Bearbeitung der Daten und stellt sicher, dass bei einem Ausfall einzelner Mitarbeiter beispielsweise durch Krankheit oder Kündigung die Daten weiter vorhanden und nutzbar sind.

Die regelmäßig benötigten Daten werden im Datenblatt notiert. Zur Verwendung in Selektionen müssen die Daten auch bewertet werden. Da sich Akquisition auf Personen bezieht, sind die Personendaten das zentrale Ordnungselement der Datei. In einer Datenbankstruktur werden Unternehmens- und Personennamen als Ordnungskriterien parallel verwendet, in einer Tabelle zunächst die Personen- und untergeordnet die Unternehmensnamen.

Zielgruppen-/Branchenschlüssel

Die Strukturierung der Daten erfolgt in erster Dimension mindestens nach Branchenzuordnung des Unternehmens bzw. der Abteilung. Meist genügt ein einfacher Branchenschlüssel wie Folgender auf Basis des Leistungsverzeichnisses der VOB bzw. der amtlichen Statistik. Der Akquisitionsschlüssel selbst orientiert sich an der Leistungsart, die vom Unternehmen in der Regel in Auftrag gegeben werden.

Angegeben ist eine Beispielschlüsselzahl mit zugeordneter Leistungsgruppe:

Bauherr

0101 Roh- Hochbau

0102 Industrie-Hochbau

0103 Stahlbau

0104 Schlüsselfertigbau

0105 Schlüsselfertigbau mit Finanzierung

0106 Projektentwicklung

0107 Allgemeiner Tiefbau

0108 Bauwerkserhaltung

0109 Sonstige Bauleistungen

Ingenieur-/Architekturbüro

0201 Roh- Hochbau

0202 Industrie-Hochbau

0203 Stahlbau

0204 Schlüsselfertigbau

0205 Schlüsselfertigbau mit Finanzierung

0206 Projektentwicklung

0207 Bauwerkserhaltung

0208 Allgemeiner Tiefbau

0209 Wasserbau

Baubehörden / Öffentlicher Bau

0301 Roh- Hochbau

0302 Schlüsselfertigbau

0303 Schlüsselfertigbau mit Finanzierung

0304 Bauwerkserhaltung

0304 Projektentwicklung

0305 Allgemeiner Tiefbau

0305 Straßenbau

0306 Wasserbau

Multiplikatoren

0401 Fachjournalisten

0402 Allgemeine Journalisten

0403 Pressestellen-Mitarbeiter

0404 Lehrkräfte

0405 Verbandsfunktionäre

0406 Behördenmitarbeiter

Sonstige wichtige Personen

0501 Unternehmen

0502 Verbände

0503 Politik

0504 Personen des öffentlichen Lebens

0505 Mitarbeiter mit wichtigen Ehrenämtern

0506 Sonstige

Für andere Bauleistungen kann ein Schlüssel analog entworfen werden, zum Beispiel:

– Ausbauleistungen nach Innenputzarbeiten,

– Außenputzarbeiten, Trockenausbau,

– etc.

Sinnvoll sind als Gruppierungselemente die Hauptgruppen der VOB-Vergabelisten für die speziellen Leistungsarten.

Je nach Unternehmenszielsetzungen können auch eigene Gruppen definiert werden. Sollen aber nach dem amtlichen Schlüssel Leistungsdaten an die Verbände geliefert oder Kontenrahmen hier übertragen wollen, empfiehlt es sich, über eine entsprechende Anpassung der Schlüsselzahlen eine Verknüpfung der Datenbank mit den anderen Berichtswerkzeugen zu erstellen.

Der Branchenschlüssel ist die Grundlage für zielgruppenspezifische Ansprachen in Serienbriefen größeren Umfangs. So können fachspezifische Anschreiben mit personenorientierter Ansprache als Serienbriefe direkt aus der Datenbank erstellt werden.

Entsprechend kann mit der personenorientierten Gliederung der Daten der Schlüssel in der Funktion der Abteilung (Abteilungsbranche), in der der jeweilige Mitarbeiter tätig ist, vom Unternehmensschlüssel abweichen. In diesem Fall hat die „Abteilungsbranche" Vorrang, die Unternehmensbranche dient dann als zusätzliche Information. So kann die Bauabteilung eines Unternehmens beispielsweise als „Ingenieurbüro Hochbau" geführt werden, obwohl das Unternehmen selbst der Branche „Bauherr Hochbau" zuzuordnen ist.

Nachdem die Struktur steht, müssen die Kriterien zur Gewichtung und Eingrenzung der Daten definiert werden.

2.2.3 Prioritäten setzen: Gewichten der Kundendaten

Jede Akquisitionstätigkeit bindet Personalkapazitäten und verbraucht Kapital. Deshalb ist es wichtig, sich auf die „lukrativsten" Bedarfsträger zu konzentrieren. Die Erfahrung zeigt als Goldene Regel, die sich in praktisch jeder Nachprüfung bestätigt:

20 Prozent der Kunden bringen 80 Prozent des Umsatzes

Mit der Konzentration auf das lukrative Fünftel konzentrieren sich die Investitionen an Arbeitszeit und Geld auf die effizienten Kontakte. Die restlichen Kontakte werden dann abgestuft betreut. Sie zu vernachlässigen ist tödlich. Schließlich entwickeln sich aus den restlichen 80% in der Regel die lukrativen Kunden, genauso, wie sie als Empfehler und Mittler immer wieder wichtige Positionen einnehmen.

Die Bewertung der Kundendaten erfolgt zunächst über den Branchenschlüssel. Hier hat sich die ABC-Gewichtung bewährt, bei der zunächst „aus dem Gefühl heraus", später mit den Daten im Hintergrund jeder Bedarfsträger in eine Klasse eingestuft wird.

Kriterien für die Klassifizierung sind

- die Bedeutung der Person im möglichen Vergabeprozess,

- die Bedeutung der in den nächsten zwei Jahren zu vergebenden Projekte

- die Bedeutung der mit den Personen zur Zeit laufenden Projekte sowie

- Erfolg bzw. realisierte Marge der vergangenen Projekte

Die Klassen werden beispielsweise definiert mit:

A1:   Top-Bedarfsträger mit Topprojektchancen

A2:   Top-Bedarfsträger mit durchschnittlichen Projektchancen

A3:   Top-Bedarfsträger mit unterdurchschnittlichen Projektchancen

A4:   Top Multiplikator

A5:   Top-VIP

B1:   Mitentscheider bei Topprojekten

B2:   Mitentscheider bei durchschnittlichem Projektchancen

B3:   Mitentscheider bei unterdurchschnittlichen Projektchancen

B4:   Multiplikator, Freier Mitarbeiter etc.

B5:   VIP-Assistenten

C1:   Bedarfsträger zurückliegender Projekte mit guter Marge, aber ohne anstehende Vergaben in den nächsten Monaten

C2:   Bedarfsträger zurückliegender Projekte mit positiver Marge, aber ohne anstehende Vergaben in den nächsten Monaten

C3:   Bedarfsträger zurückliegender Projekte mit Verlust und ohne anstehende Vergaben

C4:   sonstige akquisitionsrelevante Personen

D: Personenarchiv: auch mittelfristig keine Relevanz, aber Informationen vorhanden

Die Projektchance definiert sich dabei über die

- Multiplikation von Projektvolumen und wahrscheinlichem Projektertrag,

- bei zur Vergabe anstehenden Projekten.

Mit dieser Gewichtung werden die Akquisitions-Investitionen gesteuert.

Zum Beispiel die Weihnachtsgeschenke: Personen mit

- A1 erhalten Topgeschenke,

- A2 etwas preiswerter, die

- C-Gruppe nur jeweils eine Weihnachtskarte

- etc.

Manche Adressaten, deren Einstufung weniger ertragreiche Arbeit bedeutet, werden regelmäßig mit unverhältnismäßig viel Aufwand betreut. Mit der aktuellen Einstufung kann dies korrigiert werden. Als Maßstab sollte gelten:

---

80 % der möglichen Projektchancen sollte über die Gruppe „1" erfasst sein.

In der Regel sind das 20% aller Adressaten

Branchen, die in der Kartei aufgeführt sind, tatsächlich aber mit dem nicht eigenen Leistungsspektrum (vgl. 2.4) übereinstimmen, werden in den Investitionen weniger berücksichtigt. Damit wird Geld gespart: Informationen an Branchenfremde empfinden diese als unwichtig und landen im Papierkorb.

Die Eingruppierung der Personen ist kontinuierlich zu prüfen und anzupassen. Weiterhin ist die tatsächliche Struktur der Entscheidungsnetzwerke zu ermitteln und zu prüfen, ob tatsächlich mit den relevanten Leuten Kontakt gehalten wird. Häufig besteht nur Kontakt mit einem Projektleiter. Dessen Kollegen, die ebenso Vergaben durchführen, werden nicht beachtet. Genauso kann es tödlich sein, sich auf eine einzige Person im Netzwerk zu stützen: Mitarbeiter können Entscheidungen wesentlich mitbestimmen.

Nicht für jede einzelne Person ist ein komplett ausgefülltes Datenblatt notwendig. Es muss sichergestellt sein, dass die Informationen zu den einzelnen Bedarfsträgern für die Betreuung auch tatsächlich ausreichen:

Vielleicht hätte man Herrn Ingenieur XY doch zum Geburtstag gratulieren sollen, wie es der Wettbewerb getan hat.

Vielleicht hat es sich doch bei der letzten Vergabe gerächt, dass Herr XYZ bei der letzten Weihnachtsaktion übersehen wurde.

Ist die Betreuung der Kunden korrekt nach dem „Vier-Augen-Prinzip" mit Betreuer und Stellvertreter geregelt oder haben sich einige Mitarbeiter „Privatkunden" reserviert, die sie bei einem Wechsel in ein anderes Unternehmen ungehindert mitnehmen?

Wurde in Bedarfsträger intensiv investiert, obwohl in absehbarer Zeit keine Vergabe ansteht, die einen Ausgleich der entstandenen Kosten erwarten lässt?

Wurden auf der anderen Seite Bedarfsträger zu wenig betreut?

Bei Bauunternehmen spielt die Geographie eine wichtige Rolle. Je näher ein Bedarfsträger dem Bauhof bzw. dem Akquisitionsbüro angesiedelt ist, um so einfacher ist die Akquisition sowohl durch geringere Logistikkosten in der Kalkulation wie auch durch geringeren Aufwand in der Akquisition.

Es gibt eine anschauliche Möglichkeit, die geographische Reichweite des Unternehmens innerhalb der Bundesrepublik Deutschland zu bestimmen:

„Kartographie der Bauakquisition"

Bei den Postämtern ist eine sogenannte „Postleitzonenkarte" zu erhalten: eine Deutschlandkarte mit den wichtigsten Städten, aufgeteilt nach den Postleitzonen.

Durch Markieren der eigenen Standorte, der Standorte der Kunden und der bislang realisierten Projekte entsteht eine Übersicht über das bisherige Verbreitungsgebiet.

Gleichzeitig stellt das entstandene Bild zwei akquisitorisch relevante Fragen:

In welchen Regionen gibt es „weiße Felder"? Warum?

Vor allem weiße Felder in der Nähe von Bauhöfen sind bedeutsam. Häufig liegt die Ursache lediglich darin, dass einige relevante Architektur- und Ingenieurbüros übersehen oder nicht ausreichend betreut wurden.

Dies ist mit der nächsten Frage zu bestätigen:

In welchen Regionen häufen bzw. fehlen ausreichend A,B, oder C-Kunden? Warum?

Viele Niederlassungsleiter konnten mit einem Blick auf die Karte „aus dem Stehgreif" notwendige Maßnahmen für die Akquisition formulieren.

Der nächste Schritt ist die Bearbeitung der weißen Felder.

Hilfreich ist dabei die Definition der Postleitzonen. Sie ist die Grundlage für die Ergänzung der Bedarfsträgerdatenbank.

Als Stichprobe dient der Telefonbuch-Test: Ein Vergleich der in den „Gelben Seiten" aufgeführten Büros einer Stadt mit der entsprechenden Liste aus der Bedarfsträger-Kartei. Die nicht erfassten Büros können gleich übertragen werden

Ranglistenbeurteilung

Der besseren Übersicht und Kontrolle etwaiger Veränderungen dient die Erstellung einer Rangliste der Bedarfsträger.

Zuvor müssen die eigenen Schwerpunkte regional differenziert werden. Die Bedeutung der Leistungsarten im Unternehmen wird in Relation zu dem jeweiligen Bedarfsträger in der Region gesetzt. In der Liste „Beurteilung der Leistungsarten" werden – bezogen auf eine Postleitzone und zwei Jahre – die Bedeutung einzelner Bausparten für das bisherige Geschäft eingetragen. Über den Index „Multiplikation der Faktoren Bauleistung (Volumen) und Marge" bildet sich die Rangliste.

Bedarfsträger-Rangliste Jahr:

Bedarfsträger	Postleit-zone	Schwerpunkt der ausgeschr. Leistungsarten (der letzten 24 Monate)	Durchschnittliche Marge (letzte 24 Monate) (Schätzwerte bei Nichtkunden: Roh-und Ausbau: 3 % SF-Bau: 8 % Sanierung 10 % Baumanagement: 15 %)	Gewichtung (Volumen der letzten 24 Monate sowie der zu erwartenden Aus-schreibungen der nächsten 12 Monate x Marge)	Akquisi-tions-rang

Beurteilung der Leistungsarten (Postleitzone _____) für Jahr _____ und _____:

Leistungsgruppe	Ausschreibungs-volumen in T €	Durchschn. Marge in %	Vol.x Marge	Rangliste Ertrags-chancen
Roh-Hochbau Industrie				
Roh-Hochbau Privat				
Roh-Hochbau Öffentlich				
SF-Bau Industrie				
SF-Bau allgemein				
Tiefbau Allgemein				
Sanierung/Restaurierung				
Ausbau				

Abb. 2.7: Bedarfsträger-Rangliste und Erfolgsbewertung des eigenen Unternehmens nach Leistungsarten

Die Bedarfsträger-Rangliste gliedert ein ähnlicher Index. Dort muss die Marge bei Nichtkunden geschätzt werden.

Die in der Tabelle angegeben Schätzwerte sollten nur dabei nur in Ausnahmefällen Verwendung finden. Besser ergibt sich der jeweilige Schätzwert für die Leistungsgruppen aus den durchschnittlichen Margen der bisherigen realisierten, eigenen Projekte.

Auch hier ist ein Index zu bilden, der die Rangplätze bestimmt. Sinnvollerweise werden hier mehrere Ränge gebildet, je für die in der eigenen Beurteilung benutzten Postleitzonen.

Mit den Ranglisten kann die Bedarfsträger-Klassifizierung nochmals überprüfen werden. Darüber hinaus wird mit den Ranglisten auch die Verwendung der Budgets über Addieren der Gesamtsumme der Indizes grob planbar:

Die ersten ca. 80 Prozent der Indexsumme müssen A1 klassifiziert sein – und rund 80 Prozent der Akquisitions-Investitionen sollten auf diese Gruppe aufgewendet werden.

2.2.4 Ermitteln „neuer" Bedarfsträger

Die Akquisition „nach dem Zufallsprinzip" über Ausschreibungskontakte und zufällige Bekanntschaften wird in der strukturierten Akquisition um die gezielte Suche erweitert.

Eine gute Quelle neuer Adressen sind Veröffentlichungen von Referenzen und von Ausschreibungen in

– Fachzeitschriften,

– Tageszeitungen,

– Ausschreibungsanzeiger,

– Amtsblättern.

Bei Veröffentlichungen von Ausschreibungen, die das Unternehmen realisieren könnte, aber vielleicht keine Kapazitäten frei sind oder andere Gründe eine Beteiligung nicht erfolgversprechend sein lassen, sollte die ausschreibende Stelle in der Bedarfsträgerkartei verzeichnet sein.

Ein Anruf genügt meist, um die wichtigsten Daten zu erhalten.

Die zweite wesentliche Quelle sind Adressverzeichnisse.

Architektenkammern, die Industrie- und Handelskammern sowie die entsprechenden Fachverbände geben in der Regel die Adressen an seriöse Interessenten weiter.

Um die Adressen dieser Stellen herauszufinden, kann man das Telefonbuch bemühen. Sehr bewährt haben sich allerdings Firmenverzeichnisse wie der Heinze-Infomationsdienst oder das Adressbuch „Behörden, Verbände und Institutionen" des Hoppenstedt Verlages, bei dem alle relevanten Adressen nach Branchen und Regionen gegliedert und teilweise mit Ansprechpartnern gelistet sind.

Sehr gute Qualität haben natürlich die Handelsregister-Eintragungen im Amtsgericht. Dort allerdings die richtigen Ansprechpartner heraus zu finden, ist eine mühselige Telefonarbeit.

Firmenspezifische Informationen und interne Adressen liefern Geschäftsberichte und Jahreberichte von Unternehmen. In der Regel sind dort mindestens die Adressen der jeweiligen örtlichen Büros gedruckt. Bei Recherchen in diese Richtung bieten die Firmen-websites eine schnelle Möglichkeit, an die verschiedenen Standort- und Abteilungsadressen zu gelangn.

Bei Fahrten durch die Vertriebsregion kommen Mitarbeiter immer wieder an fremden Baustellen vorbei. Die Daten auf dem Baustellenschild sollten von diesen notiert und in der Kartei gelistet werden. Außerdem sollten die Bauleiter und Poliere auf eigenen Baustellen von relevanten Baustellenbesuchern zumindest den Namen, Unternehmen und Sitz des Unternehmens festzuhalten. Bewährt hat sich dafür der Notizzettel „Kontaktbericht" oder die Blöcke „Kurzbrief", wie sie von verschiedenen Anbietern im Schreibwarenhandel zu beziehen sind.

Weniger zu empfehlen sind Zukäufe von Adressen von Adressbuchverlagen: Die Daten weisen regelmäßig relativ hohe Fehlerquoten durch Dopplungen und Veralterungen auf. Nur bei umfangreichend

Thema Gelbe Seiten: Von dort erhält man dort lediglich die Unternehmensanschrift, jedoch keine Daten über die Bedarfsträger selbst. Damit anzurufen und sich durchzufragen ist eine sehr mühselige Sache. Außerdem ist es nicht erlaubt, Adressen aus Telefonbüchern abzuschreiben.

Kleinserien können zudem recht einfach in den überall erhältlichen Telefon- CD- Rom selektiert werden. Aber Achtung: je älter das Veröffentlichungsdatum der CD, desto mehr sind alte, ungültige Adressen dabei.

Die direkte Bestellung, bei der Adressen fertig in Dateien geliefert werden. bietet den Vorteil der „frischesten Daten". Aber die Selektion und Lieferung lohnt sich nur bei großen Adressbeständen. Unter 1000 Adressen ist dieses Verfahren selten wirtschaftlich.

Messen und Kongresse gelten gemeinhin als Kontaktbörsen. Messekontakte sind gut und sehr teuer. Ein vorab bestellter Messe- oder Kongresskatalog hilft, vor dem Messebesuch einen zeitsparenden Terminplan abzustecken. Ein Anruf bei dem ausstellenden Unternehmen und die Vereinbarung eines Gesprächstermins auf dem Messestand vereinfacht die Kontaktaufnahme.

Eine eigene Messeteilnahme ist vor allem dann interessant, wenn die Messe in einer Region mit vielen weißen Flecken stattfindet.

Sehr effizient ist die Durchführung eigener Veranstaltungen, zu der über Zeitungen/Internet und Einladungsbriefe/e-Mails eingeladen wird:

- Baustellenbesichtigungen

- Technische bzw. Methodenpräsentationen auf der Baustelle

- Referate zu Bauthemen im Büro

- Spatenstich

- Richtfest

- Übergabe-Fest

- etc.

Mit solchen „Events" werden durch entsprechende Öffentlichkeitsarbeit bislang unbekannte Zielpersonen angesprochen, gleichzeitig können bestehende Kontakte durch Einladung und individuelle Betreuung hervorragend gepflegt werden.

Eine andere Quelle von Informationen sind Bebauungspläne und Zeitungsmeldungen über neue Gewerbe- und Wohngebiete. Wo werden Grundstücke verkauft, um Ansiedlung in Wohn- und Gewerbegebieten geworben etc. In diesen Regionen sollte man sich intensiv um die Architekten und Ingenieurbüros kümmern. Auch Anzeigen in Amtsblättern und in den Immobilienteilen der lokalen Tageszeitungen können Interessenten erreichen.

Bewährt haben sich oft Hausbanken bei der Vermittlung von Kontakten. Gute Firmenbetreuer bei den Kreditinstituten haben ein Interesse daran, ihre Kunden wirtschaftlich nach vorne zu bringen. Deshalb sind sie immer bereit, durch Vermittlung von Gesprächen zu unterstützen.

Auf Firmenbetreuung spezialisierte Versicherungsmakler können durch sehr umfangreiche Adressbestände ebenfalls als Mittler aktiviert werden. In der Regel sehen sich diese jedoch als Tippgeber – nennen also Ansprechpartner – und erwarten bei erfolgreicher Akquisition eine Provision.

Immer interessanter wird die Neukunden-Recherche über Suchmaschinen und Mitgliedsverzeichnisse in Internetseiten. Allerdings wird man bei regional begrenzter Suche selten und dann nur sehr selektiv fündig.

Man kann auch ganz marketinggerecht der Frage nachgehen: Welche Unternehmen steigerten den Umsatz in den letzten Jahren wesentlich? Diese Methode ist jedoch ziemlich aufwändig und die nötigen Daten nur über einen längeren Zeitraum zu ermitteln. Sehr effizient ist diese Methode, wenn die Kundendaten in der eigenen Datenbank regelmäßig gepflegt und somit auch statistisch auswertbar werden:

Erfolgreiche Unternehmen bauen um und erweitern. Regelmäßige Kontaktangebote mit solchen Bedarfsträgern bedeuten gute Auftragschancen für die Zukunft.

2.3 Was macht der Wettbewerb?

2.3.1 Die Wettbewerberdatei

Nachdem nun mit den Bedarfsträgern die erste „Ecke" des Strategischen Dreiecks etwas beleuchtet wurde, ist es Zeit, die Wettbewerber in die Arbeit mit einzubeziehen.

Der Wettbewerbsgedanke ist im Baugewerbe nicht in dem Maß ausgeprägt, wie es in anderen Branchen der Fall ist. Dies mag darin begründet sein, dass die Unternehmen bei größeren Projekten in Arbeitsgemeinschaften – ARGEN – zusammenarbeiten und ggf. in Bietergemeinschaften das ausgeschriebene Projekt auch gemeinsam anbieten.

Dank den Handwerkern gibt es wenigstens auf der Baustelle noch erkennbare Konkurrenz zwischen den Mitarbeitern der einzelnen Unternehmen. Vom Bauleiter aufwärts scheint das „Wir" – Gefühl und Standesdenken der Bauingenieure das für die Abgrenzung vom Wettbewerb wirkungsvolle „Feinbild Wettbewerb" häufig zu verdrängen.

Natürlich besteht Wettbewerb – sonst bräuchte man keine VOB. Aber gerade bei abgeschwächtem Wettbewerb mit Tendenz zur Zusammenarbeit ist es wichtig, seine Feinde genauso zu kennen seine Bedarfsträger. Je mehr Informationen über den Wettbewerb im eigenen Haus vorhanden, seine Leistungsfähigkeit und seine Schwächen bekannt sind, um so besser wird die Argumentation gegenüber dem Bedarfsträger. Außerdem sind Wettbewerber über ARGEn ggf. auch Absatzmittler.

So können eigene Leistungen evtl. Schwächen des Wettbewerbers ausfüllen und damit beiden die Chance zu neuen Aufträgen bringen.

So gilt auch für den Wettbewerb: Die entscheidenden Personen müssen bekannt sein. Die Wettbewerbsauswertung geht in der Regel leichter von der Hand – schließlich dürften die meisten regionalen Wettbewerber aus vergangenen Ausschreibungsprozessen bekannt sein. Aber auch hier gibt es keine 100%-Kenntnis.

Dabei stellen gerade unbekannte Wettbewerber das höchste Risiko dar, wie die Klagen vieler Schlüsselfertigbauer zu ausländischen Anbietern oder Dumping-Bietern belegen, die eine Ausschreibung mit ihrem Niedrigpreis-Niveau regelrecht sprengen können – und die „etablierten, ehrlichen" Unternehmen, die sich vielleicht sogar auf eine Tariftreue-Erklärung eingelassen haben, auf eine solche Situation einfach nicht vorbereitet sind.

Mit den genannten Gründen empfiehlt sich Aufbau und Pflege einer Wettbewerberdatei. Das dazu abgebildete Datenblatt ist dem der Kundendatei sehr ähnlich. Auch hier finden sich Daten zum Unternehmen und zum Ansprechpartner – allerdings im persönlichen Bereich weniger tiefgehend. Wichtig ist, die Leistungsfähigkeit beurteilen zu können, um zu wissen, wie der Wettbewerber kalkulieren und argumentieren kann und ob er sich als ARGE-Partner eignet.

2.3.2 Der Wettbewerber kennen lernen: wichtigste Auswertungen

Auch das Datenblatt „Wettbewerberdatei" ist nur ein Vorschlag, der auf die spezifische Struktur des Unternehmens angepasst werden kann und soll.

Aber bereits mit dieser Vorlage sind sowohl über die Einzelbetrachtung wie auch durch Zusammenfassung der Einzeldarstellung wichtige Informationen zu erhalten.

Hier ist eine Gesamtbewertung des jeweiligen Wettbewerbers nach Klassen in bezug auf die Auftragsvermittlereigenschaft für die eigene Akquisition sinnvoll:

A: Hohe Vermittlungschancen

B: Durchschnittliche Vermittlungschancen

C: Minimale oder keine Vermittlungschancen

Fa.:		Kdnr.	Ort:

Plz	Postf.:	PLZ:	Straße/ Hnr:	Branche:

Tel.:	Fax.	homepage

Vorname:	Name:	Titel:	Grad:
Abt.	Position:	DW	DW-Fax:
Funk:	e-mail:		
Vorname:	Name:	Titel:	Grad:
Abt.	Position:	DW	DW-Fax:
Funk:	e-mail:		

Leistungsschwerpunkte:			
Bauleistung Vorjahr:	Bauleistung lfd. Jahr:	Prognose 1 Jahr: Zunahme / Rückgang	
Objekt:	Auftr.geber:	Vol.T€	In ARGE mit:
Objekt:	Auftr.geber:	Vol.T€	In ARGE mit:
Objekt:	Auftr.geber:	Vol.T€	In ARGE mit:
Objekt:	Auftr.geber:	Vol.T€	In ARGE mit:
Objekt:	Auftr.geber:	Vol.T€	In ARGE mit:
Objekt:	Auftr.geber:	Vol.T€	In ARGE mit:

Bewertung A / B / C /	Kontaktmittler j / n	ARGE-fähig:	Grad: H / M / N

Letzte Kontakte		
Am:	Mit:	Ergebnis:
Am:	Mit:	Ergebnis:
Am:	Mit:	Ergebnis:
Am:	Mit:	Ergebnis:
Verteiler:		

Abb. 2.8: Datenmaske Wettbewerber

Wettbewerber der A-Kategorie sind fast nicht als Wettbewerber zu betrachten und müssen wie Partner behandelt werden. In diese Gruppe kommen z.Bsp. feste Kooperationspartner, regelmäßige und häufige ARGE-Partner und auch Unternehmen, die ggf. die gleiche Leistung, aber mit unterschiedlichen Zielgruppen anbieten: Ein Spezialist beispielsweise im öffentlichen Bau, das akquirierende Unternehmen bevorzugt als Subunternehmer mit ins Boot nimmt und dadurch die eigene Dienstleistungsbreite gegenüber dem Auftraggeber vergrößert. Mehr zu diesem Thema unter Abschnitt 2.5.3.

In der B-Kategorie zählt die Einzelbeurteilung: Hier sind die „Manchmal-Argepartner" und Gelegenheits-Kooperierenden klassifiziert.

In die C-Kategorie fallen die „Feinde", also nicht kooperationsgeeignete bzw. -fähige Wettbewerber bzw. Unternehmen, mit deren Vertreter Sie persönlich nicht auf ein Niveau kommen.

Diese Gruppe bietet Ihnen die Möglichkeit, Ihre Mitarbeiter auch emotional leichter „einzufangen". Da hier das Feindbild nicht von möglichen Kooperationen gestört werden wird, können in der internen Kommunikation Vergleiche mit Unternehmen der C-Gruppe motivierend eingesetzt werden.

Die „Matrix Starken/Schwächen Wettbewerb" dient dem Vergleich der strukturellen Eigenschaften des Wettbewerbs mit denen des eigenen Unternehmens. Eine regionale Differenzierung kann über die Postleitzonen erfolgen.

In der Einzelbeurteilung sollte die Bonität des Wettbewerbers eine wichtige Rolle spielen. Da die Finanzkraft im starken Preiskampf eine wesentliche Rolle spielt, können mit dieser Information im Hintergrund Argumentationen gegenüber Bedarfsträger entsprechend „gefärbt" und gestaltet werden.

Postleitzone: Datum:

Name	Führung/ Organisation	Geräte- zustand/ Leistungs- kraft	Personal- Kompe- tenz	Subunter- nehmer- struktur	Angebots- preise	Langfris- tige Kun- denbin- dungen	Kredit- würdig- keit

Eigene Position:

Abb. 2.9: Stärken/Schwächen Matrix Wettbewerb

Die Matrix kann in zwei Varianten genutzt werden: zum einen, indem pro Wettbewerber für jeden Bereich „Schulnoten" vergeben werden: 1 ist sehr gut, 6 ist sehr schlecht. In die einzelnen Zellen werden für jeden Wettbewerber. Im Vergleich mit der Bewertung des eigenen Unternehmens ergeben sich häufig deutliche Verbesserungspotentiale. Ein Ansatz ist dann die Frage, warum ist er in diesem Kriterium besser? Macht es Sinn, selbst dort besser zu werden? und, wenn ja, was kann übernommen werden.

Eine andere Möglichkeit besteht darin, die Wettbewerber in besser und schlechter als das eigene Unternehmen einzustufen: In fünf Klassen „++, +, 0 , -, --„ ergänzt bei jeder Bewertung durch „Tendenz + bzw. – „ wird die eigene Position und die Perspektiven im Wettbewerb deutlich.

Um den Überblick nicht zu verlieren, sollten einige Daten zu einem Vergleich genutzt werden. Damit fällt die Einstufung in die jeweilige Kategorie leichter. Das Datenblatt „Wettbewerbervergleich" ermöglicht den Überblick zu „Freund oder Feind".

Die Aufstellung orientiert sich zunächst wieder an der Postleitzone. Sind Informationen über regional unterschiedliche Stärken des Wettbewerbers verfügbar, sollten diese durchgängig zum geographisch getrennten Vergleich herangezogen und regionale Stärken und Schwächen des Wettbewerbs sichtbar werden.

Mit den ARGE-Kooperationen wird deutlich, welche Verbindungen der Wettbewerb untereinander hält. Bestehen enge Verknüpfungen ohne eigene Beteiligung, so kann dies eine regelrechte Ausschlusswirkung bedeuten: Innerhalb guter Beziehungen werden mögliche Aufträge leichter verschoben.

Vielleicht werden auch Verbindungen mit Auftraggebern erkennbar, bei der ggf. die bisherige Bedarfsträgereinstufung zu korrigieren ist.

Letztlich ist an der regionalen Abstufung der Bauleistung erkennbar, welche Bedeutung der betreffende Wettbewerber tatsächlich hat, so dass bei Auschreibungen in der Kalkulation entsprechend reagiert und kalkuliert werden kann.

Post-leit-zone	Unternehmen	Regelmäßige ARGE-Koo-peration mit	Leistungs-schwerpunkte (nach Referenzen der letzten fünf Jahre)	Regelmäßige Aufträge von (Name des Bauträgers/Büros/etc.)	Durchschnittl. Bauleistung (TDM/€ in den letzten drei Jahren)

Abb. 2.10: Wettbewerbervergleich

2.4 Das eigene Angebot: mit den Stärken gewinnen

„Erkenne dich selbst" – so könnte die Überschrift auch lauten. Die dritte Ecke des strategischen Dreiecks ist ein neuralgischer Punkt. Denn die Fragen des Dreiecks und alle Darstellungen beziehen sich immer auf die Leistungen und den Auftritt des eigenen Unternehmens. Stimmen die Leistungen nicht, sind die Preise zu hoch, der Auftritt ungenügend, dann bestehen wenig Chancen für den Erfolg. Zur Beurteilung der eigenen Position dient üblicherweise eine Stärken/Schwächen-Analyse. Dazu können Daten und Auswertungen der Kunden- und Wettbewerberdatei genutzt werden.

Wo liegen die eigenen Stärken, wo die Schwächen?

Zur Beantwortung der Frage hilft die Matrix Selbstanalyse. Dort werden die Faktoren abgefragt, die von den Bedarfsträgern immer wieder als wesentlich genannt werden.

Auf der Basis dieser Daten sind dann die Fragen zum strategischen Dreieck zu beantworten:

Was ist aus dem eigenen Angebot für den Kunden wichtig und interessant?

Welche dieser Angebote sind besser als die des Wettbewerbs bzw. heben das eigene Unternehmen vom Wettbewerb ab?

Die Antworten auf diese Fragen bedeuten in der Regel einen strategischen Wettbewerbsvorteil mit entsprechend vereinfachter Akquisition:

Folgende Eigenschaften des eigenen Unternehmens haben als Merkmale:
1. Es ist eine Stärke des eigenen Unternehmens
2. Es ist für Bedarfsträger interessant.
3. Es ist für Bedarfsträger wichtig
4. Der Wettbewerb kann die Eigenschaft nicht für sich in Anspruch nehmen
1.
2.
3.

Abb. 2.11: Zentrale Stärken als Wettbewerbsvorteile

Postleitzone: Datum:

Eigenschaft	sehr gut	gut	Durch-schnitt	schwach	sehr schwach	Potentiale worin
Standort Bauhof						
Angebotspreise						
Bedarfsträgerkenntnis						
Bekanntheitsgrad						
Kundenbindung						
Technische Leistungsfähigkeit						
Terminforderungen erfüllbar?						
Termintreue nachgewiesen						
Qualitätsforderungen regelmäßig erfüllt?						
Reklamationsgrad						
Personalkompetenz						
Personalauftritt						
Auftritt Subunternehmer						
Solvenz						
Baustellenpräsentation						
Entwicklung Bedarfsträgerbestand						
Besonderes Leistungs-Angebot						

Abb. 2.12: Selbstanalyse Stärken/ Schwächen

Technische Wettbewerbsvorteile sind immer das stichhaltigste Argument. Sie können gemäß VOB eine Ausschreibung zugunsten einer Freien Vergabe bedeuten.

Leider sind von den technischen Angeboten abgeleitete Argumente selten strategische Wettbewerbsvorteile. In der Regel können mehrere Wettbewerber die gleichen technischen Fakten bieten.

Was tun, wenn eine technische Abgrenzung nicht machbar ist?

Die Antwort findet sich in der Betrachtung der Bedarfspyramide:

Vielleicht besteht es im Angebot unschlagbarer Finanzierungskonditionen?

In der Regel führt jedoch letzteres – sofern ausschließlich legale Mittel eingesetzt werden – zum Ausverkauf des eigenen Unternehmens.

Warum nicht die emotionale Schiene nutzen?

In der beziehungsorientierten Akquisition ist das Fehlen technischer oder auch konditionenbasierender Wettbewerbsvorteile lediglich ein festzustellendes Faktum. Die Positionierung kann auch über „weiche Vorteile" erfolgen.

Dann muss die Entwicklung des Unternehmens durch die Positionierung als „Individuum" mit einer unverkennbaren Kombination von Merkmalen und Kundenvorteilen in den Vordergrund treten:

> **Die bedarfsträgerorientierte Individualität ist Wettbewerbsvorteil.**

Die Individualität des Unternehmens, dessen Kompetenz und Auftritt muss sich in dem Auftritt der Mitarbeiter spiegeln, allen voran dem des Akquisiteurs.

In den folgenden Kapiteln soll dieser Auftritt als Basis der Kernmaßnahmen der Akquisition erarbeitet werden. Vor der Darstellung konkreter Werkzeuge gibt ein Modell der strategischen Planung den Überblick: „Die Säulen im Akquisitionshaus".

3 Die Kernmaßnahmen: Persönlicher Kontakt und optimale Rahmenbedingungen

3.1 Kontakt planen

3.1.1 Die Säulen erfolgreicher Akquisition: das „Maßnahmenhaus"

Abb. 3.1: Das Maßnahmenhaus der Akquisition

Das „Maßnahmenhaus" zeigt die wesentlichen Mittel und Wege, die für eine langfristig erfolgreiche Akquisitionstätigkeit bearbeitet werden müssen. Es ist ein Gesamtbild.

In der Regel finden sich in den Unternehmen einzelne Bausteine des Maßnahmenhauses in mehr oder weniger guter Qualität: Viele Maßnahmen sind über die tägliche Arbeit zumindest ansatzweise bereits realisiert – wer dabei die Übersicht über die Maßnahmen behält, ist gegenüber neuen Wettbewerbern auch akquisitorisch gut gerüstet

Auch wenn viele Unternehmenschefs lieber gute Kontakte einkaufen, indem sie Bauleiter oder Niederlassungsleiter abwerben: Die Umsetzung des Maßnahmenhauses ist langfristig die zentrale Akquisitionsstrategie.

Die einzelnen Bausteine werden in den folgenden Kapiteln noch intensiv beleuchtet. Deshalb hier nur eine kurze Darstellung der Elemente.

Im Bau bleiben die persönlichen Kontakte und Gespräche zentrales Werkzeug der Akquisition. Sind diese Gespräche erfolgreich, hat die Akquisition Erfolg. Alle anderen Maßnahmen dienen dazu, die Gespräche in allen Facetten zu optimieren – in der Umfeldgestaltung, der Vorbereitung, der Gesprächs- und Gesprächsnachphase.

Nach den bisherigen Erläuterungen ist bekannt, dass der Gesprächserfolg in vielen Fällen von unbewussten „Black – Box"- Prozessen bestimmt wird.

Der Akquisiteur präsentiert die Leistungen des Unternehmens am besten, wenn er vom Unternehmen überzeugt ist und sich mit ihm identifiziert. Das gleiche gilt beispielsweise für die Mitarbeiter auf der Baustelle, für die Sekretärin oder den Büroboten.

Die Wirksamkeit des eigenen Auftritts lässt sich einfach testen, indem die Rolle des Gegenübers eingenommen wird. Das „Sitzen auf dem anderen Stuhl" schafft die Möglichkeit, sich selbst kritisch zu betrachten. Normalerweise geht jeder von der Ehrlichkeit und Fähigkeit zur Selbstkritik aus. Wenn sich aber bei dem Test das Gefühl einstellt, die Selbstkritik entspringt einer grundsätzlichen Unternehmenskritik oder mangelndem Vertrauen in die eigenen Fähigkeit, Kritik auch zur Verbesserung zu nutzen – dann ist davon auszugehen, dass dieses Gefühl auch in einem Akquisitionsgespräch bei dem Gesprächspartner erzeugt wird:

Der Bedarfsträger wird dann nicht bereit sein, dem Unternehmen das nötige Vertrauen zu schenken.

Mitarbeitermotivation

So wichtig die eigene Identität zum Unternehmen ist, genauso zählt die Identifikation der Mitarbeiter auf der Baustelle oder in den Büros.

Im Vergabeprozess dienen unterschiedlichste Informationsquellen zur Unterstützung der Auswahl. Motivierte Mitarbeiter, die auf der Baustelle auch motiviert erlebt werden, sind ein wichtiges Akquisitionsargument.

Bei der Mitarbeitermotivation sind die wesentlichen Arbeitsfelder – mit denen Identifikation und damit Motivation erzeugt werden – materielle und immaterielle „Vergütungen".

Die immateriellen Aspekte werden häufig vergessen. Entsprechende Fragen an die Mitarbeiter werden in der Regel mit „materiellen" Wünschen beantwortet. Materielle Gratifikationen sind immer notwendig: Eine überdurchschnittliche Bezahlung hilft immer. Aber sie sind nicht hinreichend. Gerade Mitarbeiter, die im Unternehmen nur den Geldgeber sehen, springen schnell ab oder arbeiten regelmäßig schwarz.

Sicher können nicht alle Mitarbeiter zu loyalen Mitstreitern gewandelt werden. Aber jeder loyale Mitarbeiter mehr wird sich positiv auf das Geschäftsergebnis auswirken.

Mitarbeiter werden zu Loyalität motiviert, wenn das Unternehmen die Werkzeuge

- Leitlinien,

- Kulturpflege,

- Information der Mitarbeiter,

- Bildung eines positiven Gemeinschaftsgefühls und die

- überdurchschnittliche, möglichst leistungsbezogene Gratifikation

mit unterschiedlichen Mitteln umsetzen.

So wirkt beispielsweise ein persönlichkeitsstarker Niederlassungsleiter als „Leitfigur" gemeinschaftsbildend und erzeugt gleichzeitig durch seine Vorbildfunktion eine immaterielle Leitlinie – nirgends dokumentiert, aber überall wirksam.

Kommunikation nach außen

Die wirksame Kommunikation nach außen ist die zweite Säule des Hauses:

Tue Gutes und rede darüber!

Der einheitliche positive Auftritt ist dabei „selbstwirkend": Loyale und überzeugte Mitarbeiter wirken in einer durchgängig einheitlichen, leitlinienorientierten Darstellung des Unternehmens auf Baustellen, mit „sauberen" Fahrzeugen etc. positiv nach außen.

Dass das Unternehmen die vom Bedarfsträger geforderten Leistungen in der Vergangenheit schon in gleicher oder ähnlicher Weise erbracht hat, muss der Akquisiteur „aus dem Stehgreif" vorweisen können.

Deshalb ist die Dokumentation realisierter Projekte ein wichtiges Werkzeug – ganz davon abgesehen, das es die Erstellung von Präqualifikationsunterlagen wesentlich erleichtert.

Aber auch die Leitlinien müssen dokumentiert sein: Der Bedarfsträger soll wissen, warum das Unternehmen im Vergleich zum Wettbewerb „so gut" ist. Und die Qualität der Unterlagen in Inhalt und Darstellung sind für den Bedarfsträger- häufig unbewusst – eine Abbild der Leistungsqualität des Anbieters.

Schließlich zählen zu dieser Säule noch die klassischen Kommunikationsinstrumente mit Öffentlichkeitsarbeit als umfangreichstes Maßnahmenpaket, Direktmarketing zur direkten Gesprächsunterstützung und Werbung für die Bereiche, in denen Direktmarketing mangels bekannter Bedarfsträger-Adressen zu teuer ist oder weil Bedarfsträger als Gefälligkeit Anzeigen wünschen.

Die Dritte Säule – Markt-/Zielgruppenkenntnis ist bereits dargestellt. Marktforschung ist dabei der Prozess, mit dem die Kenntnisse erworben werden.

Marktforschung ist nie abgeschlossen oder eine zeitlich begrenzte Maßnahme. Da sich auch der Baumarkt zukünftig immer wieder neu und weiter entwickelt, ist nach dem Aufbau der Karteien und deren Auswertung bzw. Anwendung die Weiterführung durch Pflege und regelmäßiger Neuauswertung wichtig. Häufig wird in einer Schwachstellenanalyse der Akquisitions- Organisation festgestellt, dass ein Beobachtungssystem aufgebaut – und dann vergessen wurde.

Neben der Anschaffung des reinen Werkzeugs zählt – wie bei einem Kran – auch der „Kranführer" zur Unternehmensausstattung.

Wieweit der Kranführer – oder Karteiverantwortlicher – seine Tätigkeit nebenher oder hauptsächlich erfüllt, ist eine Frage der Unternehmensgröße und Akquisitionsreichweite, die auch die Ressourcenausstattung bestimmt. Wichtig ist zunächst, dass ein Verantwortlicher für die Datenermittlung und –Pflege definiert wird, der auch über die nötigen Zeitressourcen verfügt.

Ein zentrales Mittel der Akquisitionsunterstützung sollte die Internetpräsentation sein. Mit einem dahingehend geplanten und realisierten Internetkonzept werden alle drei Maßnahmengruppen für die Akquisitionsunterstützung – den „Säulen" – wesentlich

– einfacher,

– zeitsparender und

– preiswerter

erstellt, gepflegt und weiterentwickelt.

Auch hier ist es notwendig neben dem reinen „Instrument" auch Zeit- und Personalressourcen für die Pflege bereitzustellen. Diese addieren sich jedoch nicht zum Aufwand für die Datenermittlung und pflege. Im korrekten Konzept erfolgt die Pflege der Inhalte und Informationen in den Werkzeugen, die für den Internetauftritt nötig sind. Mit den dort gepflegten Daten, Bildern und Informationen können einfach und unkompliziert alle anderen Maßnahmen umgesetzt werden.

Der Umkehrschluss klappt übrigens nicht: Die Umsetzung von anderen Maßnahmen in Internetdarstellungen bedeutet in der Regel, in vielen Bereichen ein völlig neues Konzept zu entwickeln.

Datenpflege und Internetkonzept sind Beispiele, warum die Ressourcen für die Akquisition das Fundament des Hauses sind:

Kompetente Akquisitions-Mitarbeiter mit einem entsprechenden Equipment,

eingebunden in „schlanke" materielle, formale und informelle

Unternehmensstrukturen,

sind schon der halbe Weg zum Erfolg.

3.1.2 Direkte und indirekte Akquisition

In der strategischen Akquisition wird die indirekte Akquisition durch Kooperation vor allem bei „Newcomern" häufig unterschätzt. Die bekanntere und in der intuitiven Akquisition die übliche Strategie ist die direkte Akquisition.

Die direkte Akquisition unterscheidet im Wesentlichen zwischen

- Beziehungs-,

- Informations- und

- Ausschreibungsakquisition.

Beziehungsakquisition

Mit Beziehungsakquisition oder indirekter Akquisition werden Bedarfsträger in ein Kommunikationsnetzwerk eingebunden, dessen Mittelpunkt der Akquisiteur ist.

Dabei verkauft er zunächst keine Bauleistung. In der Regel erfolgt Beziehungsakquisition bei „geschäftsfremden Gelegenheiten":

- Verbandssitzungen,

- offiziellen Veranstaltungen,

- Universitätstreffen,

- Parteisitzungen,

- Konzerten,

- Club- und Vereinsabenden,

- Messen und Kongresse

- und vieles mehr.

Über die entstandenen Kontakte finden sich zu einem späteren Zeitpunkt Gelegenheiten, Auftragskontakte zu bilden.

Vorfeldakquisition

Während die Beziehungsakquisition auf langfristige Wirkung angelegt ist, hofft die direkte, gezielte Akquisition auf möglichst kurzfristige Auftragsbeschaffung. Dazu nochmals eine Ableitung aus der Bedarfspyramide aus Abschnitt eins:

Der Preis muss entweder deutlich unter dem des Wettbewerbs liegen oder den privaten Gewinn deutlich erhöhen, um den Bedarfsträger zu bewegen, mit einem unbekannten Auftragnehmer ein erhöhtes Risiko einzugehen.

Längerer persönlicher Kontakt erhöht dagegen den Grad des Vertrauens.

Erste Stufe der direkten Akquisition ist immer eine Vorfeldakquisition: Das Präsentieren des Leistungsspektrums ohne direkten Ausschreibungsbezug.

Diese Akquisitionstätigkeit verspricht aber nur dann Erfolg, wenn die verwendeten Argumente aus dem Strategischen Dreieck abgeleitet und verständlich dargestellt werden. Treffen diese Bedingungen nicht zu, wirken die Maßnahmen nur mit einem einen Bruchteil des Möglichen und sind damit unverhältnismäßig teuer.

Zu beobachten sind in der Vorfeldakquisition vor allem

– Baustellenkontakte und nachfolgender Präsentation

– Telefonakquisition verbunden mit Werbebriefen bzw. e-Mail-Serien und

– Beteiligung an Ausschreibungen zum Zweck des „Bekannt werden", wobei von vorneherein eine geringe Chance auf den direkten Auftrag kalkuliert wird.

Letztlich muss sich Beziehungsakquisition und Vorfeldakquisition in der Bedarfsträgerkartei sichtbar niederschlagen:

Es entwickeln sich Kontakte, die teils zur direkten Akquisition, teils zur Akquisitionsunterstützung, teils zur Öffentlichkeitsarbeit nutzbar sind.

Ausschreibungsakquisition

Da die Ausschreibungsakquisition im Zusammenhang mit der VOB steht und bereits in Abschnitt 1.4 kommentiert wurde, sei hier lediglich vermerkt, dass sie erst als zweite Stufe der Akquisition zu Projekten mit guter Marge führt.

Ausschreibungen im Erstkontakt bedeuten in der aktuellen Marktsituation im Falle eines Zuschlags für den Bieter regelmäßig geringere Margen oder sind sogar als Verlustprojekte zu bewerten. Sinnvoll sind sie dann, wenn auf diese Weise Vertrauen für Folgeprojekte geschaffen werden soll.

3.1.3 Kooperationen

Akquisition erfolgt auf formaler und informeller Ebene:

In der Organisation der Akquisition über das eigene Unternehmen hinaus – als Kooperation – sind informelle Strukturen mindestens von gleicher Bedeutung wie formale nach VOB oder direkten Aufträgen in freihändiger Vergabe.

Unter diesem Ansatz relativieren sich klassischen Kooperationsformen für die Akquisitionsarbeit. Erst in Vergabe und Vertragsverhandlungen kehren sie wieder zu den bekannten, formal orientierten Formen zurück.

Unter dem Begriff Kooperationen verbirgt sich ein Grundgedanke, der die Bauwirtschaft von den meisten anderen Märkten unterscheidet. Gerade die übliche wie sinnvolle Vorgehensweise bei Großprojekten und umfangreichen oder komplexen Losen, mehrere Unternehmen in einer ARGE zusammenzufügen, ist eine akquisitorische Chance.

Auch hier zeigt die Betrachtung der Bedarfspyramide einige mögliche Erfolgsursachen:

- Die technische Kompetenz des eigenen Unternehmens reicht nicht aus – Gemeinsam mit anderen Anbietern werden die Defizite ausgeglichen.

- Mit hohem Kosten-„overhead" im eigenen Unternehmen – beispielsweise bei hohen Gemeinkostenanteilen in der eigenen Kalkulation – können bis zu einem bestimmten Grad Leistungen an Subunternehmer mit niedrigerer Kalkulationsbasis vergeben werden: das Angebot ist preiswerter.

- Mit angesehenen Partnern kann deren positives Image mit in die eigene Waagschale geworfen werden. Leider werden dabei auch Chancen vergeben: Da direkte Akquisition oftmals ein gehöriges Maß an Selbstüberwindung kostet – eigentlich ist es ja „Klinkenputzen" und eines „erfolgreichen Bauingenieurs" unwürdig – nutzt man lieber die akquisitorischen Ressourcen des Wettbewerbs und versucht, „unter der Hand" bei einem Projekt mitzumischen. Tatsächlich hätte man aber viele dieser Projekte mit einem höheren Eigenanteil – und höherer Marge – bearbeiten können, wenn man das Feld nicht vor einiger Zeit dem Wettbewerb überlassen hätte.

Kooperationsnetzwerke

Die ARGE-Struktur ist das Basismodell der Akquisition in Kooperationen.

In der Regel gilt das „zwei-Personen Prinzip":

Bedarfsträger wollen einen einzelnen Ansprechpartner für die gesamte Leistung haben.

Der Bedarfsträger bildet dabei ein Vertrauensverhältnis zum Betreuer aus.

Bei dem abgebildeten Beispiel „Partner – Akquise" akquiriert neben dem eigenen Betreuer auch ein späterer ARGE-Partner, während der weitere Partner noch als Subunternehmer mit in die Vergabe einbezogen wird.

Auf diese Weise kann der Bedarfsträger quasi von zwei Seiten bearbeitet werden, bis sich eine zentrale Vertrauensbasis mit einem Betreuer aufgebaut hat. Welcher Betreuer der Partner dann im Projektverlauf und danach die Kontaktpflege betreibt, ergibt sich aus der höchsten „Affinität" des Bedarfsträgers zu einem der möglichen Betreuer.

In der Solo-Akquise arbeiten die Partner mit Unterlagen und Kalkulationen dem Betreuer zu. Dieser hält jedoch den direkten Kontakt allein. Dies ist dann von Vorteil, wenn zwischen Betreuer und Bedarfsträger bereits eine Vertrauensbasis besteht.

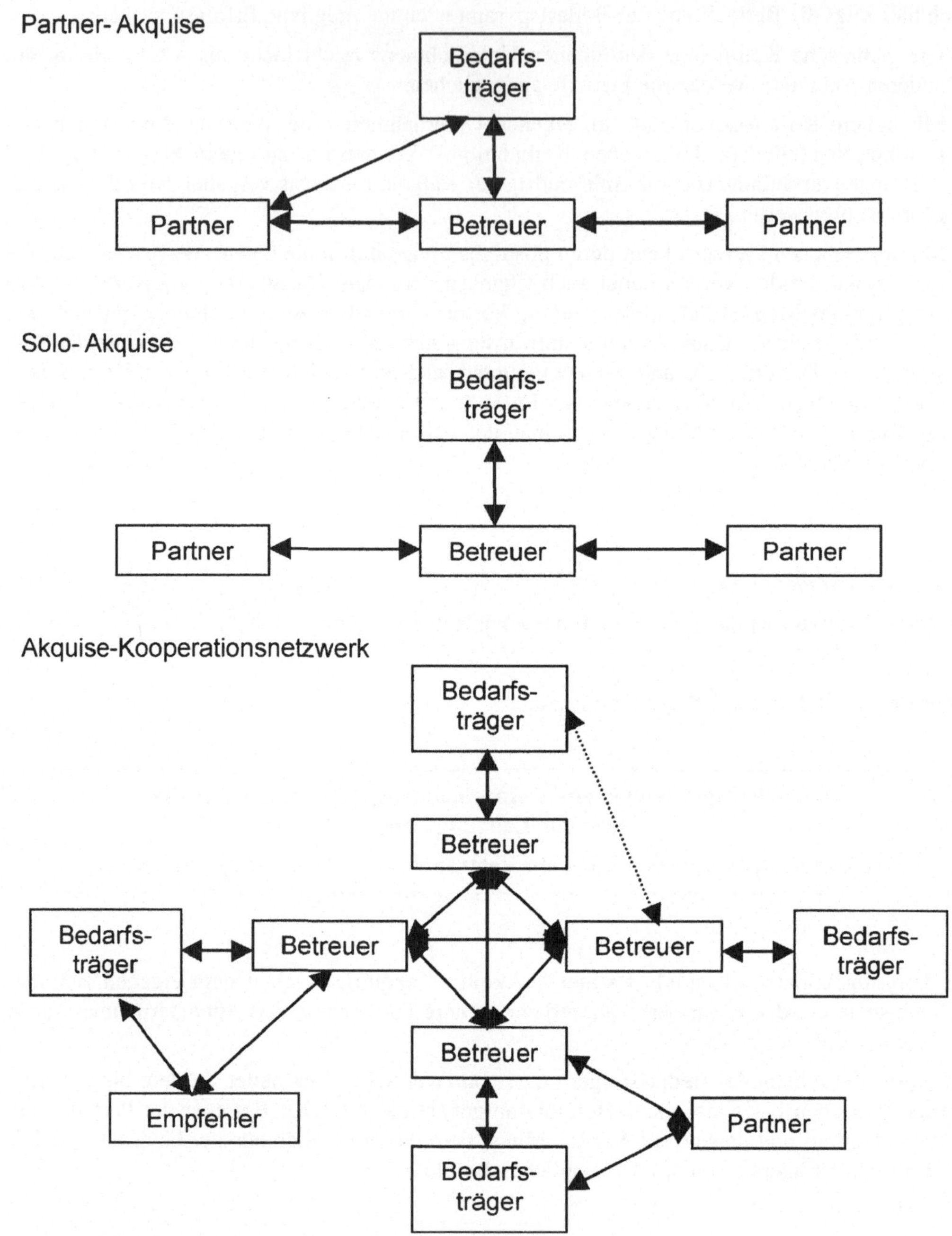

Abb. 3.2: **Beispiele von Beziehungsnetzwerken bei Baukooperationen**

Bietergemeinschaften sind ein Beispiel für dafür, wenn eine Kooperation „am gleichen Strang" akquiriert.

Neben der formalen Bietergemeinschaft ist eine solche Kooperation auch informell möglich.

Dann ist der Bedarfsträger informiert, dass die beiden anbietenden Unternehmen im Auftragsfall zusammenarbeiten werden, ohne dass es im Vorfeld zu formalen Vereinbarungen kommt. (Weiß allerdings der Bedarfsträger nichts von den Vereinbarungen kann es leicht als unzulässige Absprache gewertet werden.)

Subunternehmer müssen dem Bauherren nicht unbedingt bekannt sein. Eine Information an den Bedarfsträger über die entsprechenden Unternehmen und Kolonnen wirkt jedoch vertrauensbildend.

Im Kooperationsmodell definiert sich der Generalunternehmer als der Betreuer, der die angebotenen Leistungen in mehr oder weniger großenm Umfang über Subunternehmer realisiert. Es bleibt frei, ob er die Leistungen nur

–   vermittelt,

–   managed oder auch

–   für die Leistungen haftet.

Diese formalen Strukturen müssen im Einzelgespräch mit dem Bedarfsträger- sinnvoller weise im Vorfeld von formalen Ausschreibungen – festgelegt werden.

An dieser Stelle ist noch einen andere gebräuchliche Unterscheidung zu relativieren:

Die „kreativen" Planungsleistungen werden in den Ausschreibungen üblicherweise von den „Ausführungsleistungen" getrennt.

Was aus formalen und praktikablen Gründen wichtig ist, erweist sich in der Organisation von Akquisition häufig als Makulatur: Auch Planer haben in den Vergaben bestimmte Präferenzen, wem Sie Leistungen vergeben wollen. Sie sind daran interessiert, möglichst wenig Störungen in der Ausführung bearbeiten zu müssen.

Ist in einem Projekt ein „Macken", dann nützt es dem Planer nichts, wenn er sich in der Entscheidung für den Ausführenden auf die VOB beruft: Die „Fehlentscheidung" bleibt an ihm hängen. Er wird dementsprechend nach Möglichkeit Unternehmen präferieren, mit denen er bereits gute Erfahrungen gemacht hat.

Der Planer fungiert damit nicht mehr als „außenstehender" Berater, sondern als Betreuer.

Eine erfolgreiche Form der Kooperation findet sich in den Handwerkerkooperationen, wie sie gerade in den letzten Jahren verstärkt von jungen Kleinunternehmen gerne gebildet wurden. Bei diesen Kooperationsnetzwerken verstärken sich die Akquisitionspotentiale – teilweise addieren sie sich sogar:

Indem jeder Kooperationsbeteiligte seinen Bedarfsträgern die Leistungen der anderen optional mit anbietet, erzielt das Gesamtnetzwerk eine Reichweite und damit Auftragschancen, die ein Einzelunternehmen nur mit hohen Investitionen erreichen würde.

Solche Kooperationen sind allerdings nur dann realistisch, wenn sich die beteiligten Unternehmen im Leistungsspektrum qualitativ oder quantitativ unterscheiden: Entweder werden unterschiedliche Leistungen angeboten – oder die Bedarfsträger verlangen Leistungen, die erst über Zusammenlegen der Ressourcen erbracht werden können. Bei Überschneidungen von technischen Angeboten in einer Region tritt regelmäßig der Wettbewerbscharakter in den Vordergrund und die Akquise – Kooperation neutralisiert sich.

3.1.4 Interne Allianzen und Interne Bedarfsträgernetzwerke

Kooperationen bieten gegenüber Bedarfsträgern in

– größeren Unternehmen oder in

– Unternehmensgruppen

wichtige Vorteile für die Akquisition.

In solchen Organisationen wird die Planungsfunktion üblicherweise von einer Stabsstelle wahrgenommen.

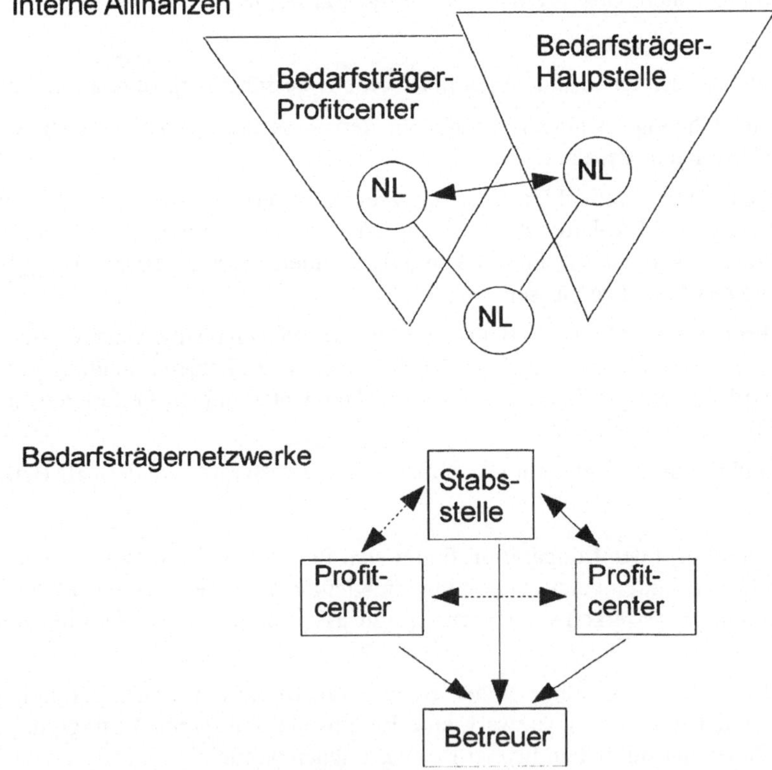

Abb. 3.3: Beispiele interner Akquise – Strukturen

Die Kompetenz dieser Stabsstelle ist unterschiedlich: Sie reicht vom reinen Beratungsbüro für die auftraggebenden Stellen (Profitcentern) bis zum Bauherren – je nachdem, welche Kostenverantwortlichkeit bei dem jeweiligen Profitcenter liegt.

Bei der Akquisition ist es also wichtig zu wissen, welche Bedarfsträger welche Positionen innerhalb des Entscheidungsprozesses besetzen.

Darüber hinaus sind üblicherweise informelle Netze zwischen den einzelnen Profitcentern gegeben: Der Bereichsleiter fragt bei seinem Kollegen an, welche Erfahrungen mit diesem oder jenem Lieferanten gemacht wurde.

In vielen Fällen sind die Profitcenter und die Hauptstelle mit der Stabsabteilung regional getrennt. Da ist es von Vorteil, wenn die eigenen, für die unterschiedlichen Regionen zuständigen Betreuer untereinander die Informationen austauschen und die Aktivitäten bezüglich bestimmter Bedarfsträger-Einheiten miteinander abstimmen.

Hier hat sich hier ein Key- Account- Management bewährt: Der Akquisiteur mit dem intensivsten Kontakt zum Unternehmen übernimmt die Koordinationsfunktion der Gesamtbetreuung – die anderen arbeiten zu. Ist die Akquisition über mehrere Niederlassungen des eigenen Unternehmens erfolgt, entsteht im Auftragsfall üblicherweise eine Inhouse- ARGE, über die die Akquisitionskosten innerhalb des Unternehmens wieder an die akquirierenden Stellen zurückfließen.

Teilweise werden in diese Inhouse- ARGEn auch eigene Niederlassungen als Subunternehmer eingebunden: Bieten Unternehmenseinheiten spezifische Kompetenzen an, mit denen Kollegen erfolgreich akquirieren können, profitiert das Gesamtunternehmen. Bestes Beispiel sind die technischen Büros in größeren Bauunternehmen, die Planungsleistungen intern zur Verfügung stellen.

Welche Bedeutung diese Inhouse- Akquisition hat, belegt folgendes Beispiel: Das technische Büro eines Bauunternehmens musste mangels Aufträgen Kurzarbeit anmelden. Nach Aussage des Leiters wurden die Planungsaufträge aus Kostengründen nach außen vergeben.

Die Anmeldung der Kurzarbeit führte plötzlich zu neuen Inhouse- Aufträgen.

Originalton eines Niederlassungsleiters: „Wenn ich gewusst hätte, dass es dort so schlecht steht, hätten wir natürlich nicht alle Aufträge nach außen vergeben – denn das Büro liefert ja gute Leistungen". Damit kann man davon ausgehen, dass der Leiter des Büros die Inhouse- Akquisition vernachlässigt und auch nicht delegiert hat.

3.2 Planung von Ressourcen und Infrastrukturen

Auf die Darstellung der Planung von bürotechnischen Ressourcen kann an dieser Stelle verzichtet werden. Für die effektive Verwaltung der akquisitionsrelevanten Daten genügt ein handelsüblicher Personal Computer mit einer Standard-Office-Software inkl. Textverarbeitung, Tabellenkalkulation bzw. Datenbank, sowie einem leistungsfähigen Internetanschluss an einen Provider, der ausreichend Speicherkapazitäten für die Verwaltung der öffentlich zugänglichen Daten zur Verfügung stellt.

3.2.1 Zeit- und Personalplanung

Akquisition ist Pflege der persönlichen Beziehungen. Nichts aber ist zeitintensiver als guter Kundenkontakt.

Immer wieder ist von Niederlassungsleitern zu hören, dass die laufenden Projekte im Vordergrund stehen und andere Themen dabei zurückstehen müssen. Dann halten irgendwann die Projekte zur Entschuldigung von Versäumnissen im Management her.

Der Verdacht liegt nahe, dass Akquisition im Grunde des Herzen eines Bauingenieurs oder Handwerksmeisters eine ungeliebte Tätigkeit ist und deshalb gerne nach hinten verschoben wird.

Im veränderten Baumarkt hat der folgende Satz für Bauunternehmen existenzielle Bedeutung:

Jeder Mitarbeiter muss sich als Akquisiteur fühlen.

Niederlassungsleiter bzw. Geschäftsführer und Inhaber müssen Akquisition delegieren und steuern. Gleichzeitig muss sich jeder Mitarbeiter als Vertreter des Unternehmens fühlen, also emotional voll mit dem Unternehmen verbunden sein.

Akquisition bedeutet Investition.

Bezogen auf den Personaleinsatz kann Akquisitionserfolg als Funktion der

– Investition in Personalzeit

– Investition in Personalkompetenz

– Investition in internen und externen Personalbeziehungen und

– Investition in Akquisitionsausstattung

betrachtet werden.

Akquisitionsplanung folgt in vielem den Regeln einer Investitionsplanung:

Natürlich müssen Leistungen und Kalkulationen marktgerecht sein. Deshalb sind in den Jahresbudgets grundsätzlich erheblichen Posten an Personal- und Materialaufwand für die Akquisition einzuplanen.

Bei erfolgreichen Unternehmen in Branchen mit ähnlichen Marktgegebenheiten hat sich ein Richtwert herausgebildet:

---

3 % des Jahresumsatzes müssen in die Akquisition investiert werden

---

Akquisitionskosten ergeben sich dabei als die Summe von

– Werbesachkosten inkl. Zuwendungen und Bewirtungen und

– Personalkosten inkl. Gehälter, Reisekosten etc.

Bei 100 Millionen Jahresbauleistung sollten dementsprechend 3 Millionen an Akquisitionskosten veranschlagt werden; bei zusätzlichen Geschäftsfeldern wie Immobilienvermarktung oder Projektentwicklungen erhöht sich der Faktor weiter.

Erster Schritt ist die Prüfung des Ist-Zustandes. Die Checkliste Zeitprüfung sollte für jeden Mitarbeiter bearbeitet werden, der mit Akquisition zu tun hat. Je höher die Verantwortung im Unternehmen, um so höher sollte der Anteil der Akquisition an der Gesamtarbeitszeit sein:

Richtwerte der Akquisitionszeitanteile sind für

– Geschäftsführer/Niederlassungsleiter 30 %,

– Oberbauleiter 15 %,

– Polier 5 %.

– Bei „hauptberuflichen" Akquisiteuren liegt der Wert bei ca. 70 %.

(Zeiten für die Erstellung von Kalkulationen, Werbeunterlagen etc. müssen noch zusätzlich kalkuliert werden.)

Eingetragen werden überschlagene Durchschnittswerte aus der Betrachtung eines längeren Zeitraumes – etwa sechs Monate.

In der Regel werden dabei erhebliche Abweichungen vom Soll erkennbar. Hier ist als Sofortmaßnahme zu prüfen, welche Arbeiten intern delegiert oder von anderen Mitarbeitern erledigt werden können. Dabei hat es keinen Sinn, an Mitarbeiter zu delegieren bzw. zu übertragen, die mit den bereits übertragenen Aufgaben voll ausgelastet sind. Der „EDA-Mitarbeiter" („Sie/er ist ja eh da") ist eine Quelle von Fehlern und unerledigten Aufgaben.

Persönliche Tätigkeit	Stunden am Tag	%-Ist der Arbeitszeit	%-Soll der Arbeitszeit	Interne Delegation möglich an (Zeit bzw. Kompetenz vorhanden):
Gespräche mit Bedarfsträgern				
Vor- und Nachbereitung				
Betreuung laufender Aufträge				
Unternehmens-Betriebswirtschaft				
Personalbetreuung				
Reine Reisezeit				

Abb. 3.4: Zeit- und Personal-Kapazitätsprüfung

Akquisitionsbeauftragter	Regionale Zuständigkeit	%-Soll der Arbeitszeit	Weiterbildungs-bedarf worin?	Gerätebedarf?
Akquisitionsassistenz	Zuarbeit zu welchen Ak-quisiteuren	%-Soll der Arbeitszeit	Weiterbildungs-bedarf worin?	Gerätebedarf?

Abb. 3.4: Zeit- und Personal-Kapazitätsprüfung (Fortsetzung)

Das Kontakt-Akquise sollte von der Akquisitionsunterstützung getrennt werden. Ein Akquisitions-Beauftragter soll bei den Bedarfsträgern präsent sein – nicht im Büro.

Die Büroarbeiten kann über Assistenz wesentlich preiswerter erledigt werden.

Bei der Bedarfsfeststellung im Personalbereich ist davon auszugehen, dass ein Kopf „Assistenz" zwei bis drei Akquisiteure betreuen kann.

Ein Kopf bedeutet, dass sich die Prozentanteile der Gesamtarbeitszeit in der Gesamtsumme zu den Leistungen eines Mitarbeiters summieren. Der Einkäufer steht zu 10 % zur Verfügung, die Assistentin zu 40 % die Schreibkraft zu 20 % etc.

All zu viel „Verteilung" sollte vermieden werden, da die einzelnen Beteiligten in ihrem Aktivitäten mit entsprechendem Zeitaufwand eingearbeitet und koordiniert werden müssen. Drei solcher „Teilmitarbeiter" kann ein Akquisiteur erfahrungsgemäß selbst steuern.

Zur Überprüfung des Sachverhaltes dient die Checkliste Personalprüfung. Hier wird für jeweils drei Akquisiteure die Zuständigkeit eingetragen. Es ist darauf zu achten, dass die eingeplanten Mitarbeiter über das notwendige Fachwissen und die entsprechende Ausstattung verfügen.

Planung der Kommunikationsmittel – Produktion

Ein Beispiel für die komplexe Planungsaufgabe, die hier angesprochen ist, stellt die Doppelfunktion des Einkäufers als „Werbeleiter" dar: Das wenige, was man an Werbung macht, soll der Einkauf erledigen.

Tatsächlich verfügen nur wenige Einkäufer das für diesen speziellen Bereich das nötige Fachwissen. Die Planung und Produktionssteuerung von akquisitionsunterstützenden Maßnahmen hat mit dem ureigensten Geschäft der Einkäufer – dem Beschaffen von Baumaterialien und Geräten – technisch nichts zu tun.

Deshalb wird diese Aufgabe in vielen Fällen im Sinne von „Das muss ich ja auch noch machen" erledigt. Überteuerte Einkäufe und kenntnisbedingte Einschränkungen der Maßnahmenliste sind damit vorprogrammiert

Häufig werden Aufgaben auch an die Sekretärinnen delegiert. Gerade bei der Organisation von Veranstaltungen hat eine Sekretärin ein gewisses Maß an Erfahrung. Aber auch hier gilt: Nicht jeder Mensch ist vom Charakter her für eine solche Arbeit geeignet. Sie erfordert ein hohes Maß an Durchsetzungsvermögen, Flexibilität, Kooperationsfähigkeit, Belastbarkeit und Gewissenhaftigkeit.

Deshalb ist die Möglichkeit, die Produktion quasi als „Schlüsselfertigauftrag" an entsprechende Agenturen zu vergeben, eine gute Chance für ein Outsourcing.

Die letztendliche Verantwortung liegt bei der Unternehmensleitung, den Schaden hat die Akquisition die durch Fehler immer geschwächt wird.

Die Checkliste „Outsourcingplanung" ist ein Beispiel für die Planung der Inhalte und Realisation von kommunikativen Maßnahmen. Ein interner Ansprechpartner ist auf jeden Fall notwendig. Je nach Zeitaufwand kann ein Teil der Leistungen nach außen vergeben werden.

Die Zusammenstellung der internen Informationen zur Weitergabe an Lieferanten und das Controlling der Leistungen ist bei Bauunternehmen grundsätzlich eine interne Aufgabe.

Leistung	Zuständig	Sollzeit in Wochen-stunden	Externe Unterstützung durch
Inhalte ermitteln			
Strategieplan festlegen			
Texte erstellen			
Texte redigieren			
Präsentationsunterlagen erstellen			
Datenbankbearbeitung Web-Pflege			
Kontaktpflege			
Serienbriefaussendung			
Werbemittelverwaltung			
Produktion/Controlling			

Abb. 3.5: Outsourcingplanung

3.2.2 Lieferantenauswahl

Für alle akquisitionsunterstützenden Maßnahmen gibt es externe Anbieter, die gegen entsprechendes Entgelt die Maßnahmen planen und realisieren. Outsourcing bedeutet Zeitgewinn für die Akquisition.

Wie in der Baubranche bieten Lieferanten von Marketingleistungen einen unterschiedlichen „Komplexitätsgrad der Leistungen" an: Sie übernehmen Projekte komplett, können aber auch nur für einzelne Projektlose beauftragt werden.

Das interne Zeitpotential und die vorhandene Kompetenz bestimmen, welche Maßnahmen nach außen vergeben werden. Ist das Fachwissen zur Beurteilung der Angebote im Haus, genügt intern die Plausibilitätsprüfung.

Im Agenturgeschäft sind in der Regel solche Leistungen kostenfreie Vorarbeiten. Nur bei komplexen Projekten wie komplette Marktauftritte wird die Agentur Planungsleistung in Rechnung stellen wollen. In der Regel sind solche Projekte aber bereits mit Text- und Grafikaufwand verbunden – schließlich muss geklärt sein, was produziert werden soll, bevor die Produktionskosten ermittelt werden können.

In Projekten mit 200 000 DM externen Kosten aufwärts lohnt es sich, drei Agenturen zur Wettbewerbspräsentation – in der Fachsprache „Pitch" genannt – aufzufordern. Eine der Agenturen wird dann mit der Realisation beauftragt, die beiden anderen erhalten eine Aufwandsentschädigung, etwa fünf Prozent des Auftragsvolumens pro Agentur. Die beauftragte Agentur hat für die Präsentation bereits wesentliche Leistungen erbracht, so dass sie die entstandenen Kosten über die Projekte selbst verrechnen kann.

Werbeproduktionen weisen einige Parallelen zum „Bau" auf. Auch hier sind Beratungs- und Gestaltungsleistungen sowie „Handwerk" gefordert.

Die Hauptgruppen sind:

–   Beratung / Erstellung der Planung („Kontakt")

–   Kontaktservice (Öffentlichkeitsarbeit)

–   Kreativleistungen (Texterstellung, Grafik, Multimedia)

–   Produktionssteuerung (Projektsteuerung)

–   Produktion:

–   Programmier- und Dateneingabeaufwand

–   Druckvorlagenerstellung,

–   Druck und

–   Werbegeschenkproduktion

–   Messe- und Präsentationstechnik

–   Verteilung:

–   Anzeigensteuerung (Media)

–   Postabwicklung (klassisches Direktmarketing)

–   Telefonmarketing bzw. e-Mail-Marketing

–   Veranstaltungsorganisation

Im Gegensatz zum Bau werden diese verschiedenen Leistungen nicht von vornherein getrennt. Die sogenannten Full- Service-Agenturen bieten neben den Leistungen aus dem eigenen Haus ein Projektmanagement an: Sie verknüpfen die eigenen Leistungen mit den Leistungen von Partnern/Subunternehmern zu einem Komplettangebot: Dabei werden die Leistungen, die Sie selbst oder Ihre Mitarbeiter erbringen oder einkaufen wollen, in die Planung des Produktionsnetzes eingebunden. Für Fremdleistungen berechnen die Agenturen üblicherweise 15 % des Netto-Rechnungsbetrages als „Handlingkostenerstattung" oder Provision, bei größeren Projektvolumen auch weniger.

Die Checkliste Lieferantenvergleich geht von der Annahme aus, dass die Projektsteuerung intern übernommen wird und erleichtert den Vergleich der Angebote mehrerer Agenturen.

Ausgehend von der (Teil-)Leistungsart werden jeweils drei Angebote eingeholt.

Das Angebot für Kreativleistungen ergibt mit der Division durch den angegebenen Stundensatz den veranschlagten Zeitaufwand. Viele Agenturen sind im Angebot teurer, weil Sie mehr Zeit einplanen. Während in der Ausschreibungsvergabe nach VOB eine Korrektur dieses Wertes bis zur Vergabe praktisch nicht mehr möglich ist, kann bei Agenturen an diesem Punkt noch vielfach nachverhandelt werden.

Weiter werden mit der Liste die Höhe des Anteils an Fremdleistungen und entsprechenden Agenturprovisionen, zusätzliche Rabattvereinbarungen, Skonti, Mengenrabatte bei Anzeigen transparent.

Üblicherweise werden wie beim Bau in den zwei Angebotsstufen Kreativ- und Produktionsleistungen geplant. Bei Wettbewerbspräsentationen der Agenturen werden die Leistungen „schlüsselfertig" angeboten. Die Agentur präsentiert ihre Gestaltungsentwürfe und Maßnahmenpläne zusammen mit den darauf aufbauenden Produktions- und Distributionsplänen und -kosten.

Nicht umhin kommt der Ausschreibende von Marketingleistungen, seine eigenen Überlegungen als „Bauherr", seine Ziele und Absichten sowie das eingeplante Budget vorab im „Briefing" den Agenturen zu präsentieren (Anmerkungen dazu in Abschnitt 5.5).

Lieferantenvergleich   Blatt Nr. _____Datum: _____________

Projektbezeichnung:		Projektnummer:	
Angefragte Leistungen:			

Anbieter Beratung/Kreation	Vom Briefing abweichende Vorschläge	Honorare (Kalkulatorischer Stundensatz)	Fremd-leistun-gen:	Provi-sions-satz	Rabatt-angebot	Gesamt-preis
Anbieter Produktion						
Anbieter Distribution						

Abb. 3.6: Lieferantenvergleich

3.3 Leitlinien: Selbstbild und Ziele des Unternehmens

Die Festlegung von Leitlinien ist ein wesentliches Werkzeug für die Darstellung des Unternehmens für die Mitarbeiter wie für die Bedarfsträger.

> **Gut formulierte Leitlinien sind Orientierungshilfen für die Mitarbeiter und wecken Vertrauen bei allen, die mit dem Unternehmen in Kontakt stehen.**

Die konsequente Umsetzung von Leitlinien bringt praktisch immer einen Zuwachs in Auftragseingängen, Bauleistung und Gewinn – jedoch nicht kurzfristig , sondern erst in den Folgejahren nach der Einführung.

Leitlinien sind grundsätzlicher Bestandteil eines qualifizierten Qualitätsmanagements – ob zertifiziert oder nicht – und in der Regel deren Grundlage. Damit wird auch der Einfluss auf den Unternehmenserfolg deutlich:

Die Umsetzung von unternehmens-spezifischen Leitlinien erhöht die Qualität von Leistung und Auftritt und stützt damit die beziehungs- und vertrauensorientierte Akquisition.

Als primär unternehmensinterne Maßnahme sind die Mitarbeiter erste Zielgruppe für die Leitlinien:

Erleben sie, dass die Leitlinien tatsächlich verfolgt werden und stehen sie hinter dem, was in den Leitlinien beschrieben ist, dann verfügt das Unternehmen über ein wirksames Werkzeug für Erfolg und Sicherung des Unternehmens.

Erste Anforderung ist deshalb: Die Mitarbeiter müssen die Leitlinien

– verstehen und

– akzeptieren.

Sie müssen erkennen, dass die Leitlinien von der Führungsspitze mitgetragen und realisiert werden. Stehen in den Leitlinien nur Phrasen oder wird in der täglichen Arbeit die Umsetzung der Leitlinien nicht erkennbar, dann sind Leitlinien Makulatur und der – in der Regel sehr hohe – Aufwand an Arbeitszeit und Kapital ist verschwendet.

Die Entwicklungsschritte für erfolgreiche Leitlinien sind in der Praxis immer wieder gleich (siehe Abb. 3.8).

Leitlinien sind zugleich Ergebnis wie Grundlage eines unternehmensinternen Prozesses. Ein „Umlauf" benötigt mindestens drei Jahre, wobei die Zeit bis zur Präsentation nicht unter sechs Monaten betragen sollte.

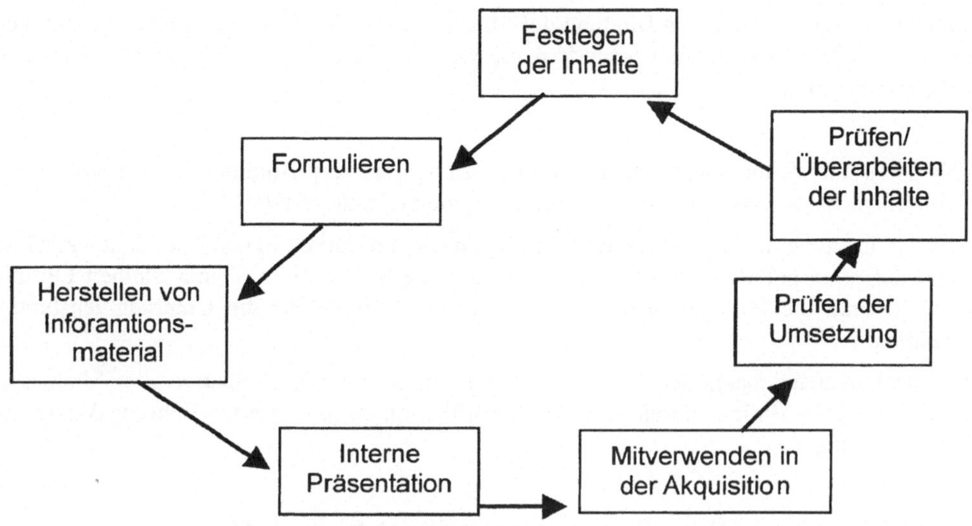

Abb. 3.7: Entwicklungsschritte von Leitlinien

Viele Unternehmen haben inzwischen Leitlinien formuliert. In der Formulierung werden übergreifende Themenschwerpunkte deutlich:

– Marktpositionierung und Leistungssegmentierung

– Maßnahmenschwerpunkte zur Zielerreichung, z. B. Qualitätssicherung

– Ethische Schwerpunktthemen z. B. Umweltpolitik

– Mitarbeiterpolitik

In den letzten Jahren sind die „visionären" Leitlinien durch mehr konkretisierte Leitsätze oder
„Spielregeln" ergänzt oder – soweit vorhanden – voneinander abgegrenzt worden: eine Reaktion auf die Schwierigkeiten vieler Mitarbeiter, die visionären Ziele und Vorgeben der Leitlinien
in konkrete Verhaltensmuster und Maßnahmenkonzepte umzusetzen.

Festlegen der Inhalte und die Formulierung von Leitlinien und Spielregelen erfolgt in unterschiedlichen Prozessen. Initiiert werden sie von der Unternehmensführung, von Arbeitnehmer-
vertretern oder auch von externen Beratern.

Ist im Unternehmen ein Betriebsrat aktiv, so muss er die Leitlinien mindestens absegnen. Besser ist es jedoch, Betriebsräte von vornherein in die Erstellung verantwortlich mit einzubinden
– sie werden dann auch selbst hinter den Leitlinien stehen.

Immer steht hinter den Leitlinien der Gedanke, dass mit der Festlegung der Ziele eine Identifikation mit dem Unternehmen selbst möglich wird – also können sich Kunden und Mitarbeiter
emotional mit dem Unternehmen verbinden.

Damit tritt neben der möglichen Bindung der Mitarbeiter an Führungspersönlichkeiten nun eine Alternative. Gelebte Leitlinien vermindern die Gefahr, dass mit der Führungskraft auch die Mitarbeiter „flüchten".

Ein Niederlassungsleiter nannte dazu seine Erfahrung, dass die Bindung durch Leitlinien wesentlich schwächer sei als über Personen- und über den Gehaltszettel.

Tatsächlich ist zu beobachten, dass die Leitlinien nach dem Druck in der Schublade verschwinden und nur noch bei Bewerbungsgesprächen hervorgeholt werden. Damit bleiben Leitlinien wirkungslos und die Persönlichkeit eines Vorgesetzten bleibt für die Unternehmensbindung entscheidend.

Das Maßnahmenhaus macht deutlich, dass das Optimum in der Kombination aller Maßnahmen besteht. Gelebte Leitlinien führen zu guten Gratifikationen, akzeptierten Führungskräften und zu hoher Bindung.

Die Formulierung von Leitlinien kann aus zwei Quellen abgeleitet werden:

- Dokumentierung bereits vorhandener, gelebter Zielsetzungen

- Zielformulierung für Prozesse, die zukünftig zu betreiben sind.

In der Regel werden die Leitlinien auf der Basis des Ist-Zustandes mit Blick auf die Unternehmensentwicklung formuliert. Sie werden allgemein gehalten: Die konkrete Ausführung und Realisierung der einzelnen Aussagen wird anschließend in einzelnen Konzepten bzw. Spielregeln detailliert beschrieben.

Die Umsetzung selbst erledigen sinnvoller weise Arbeitskreise aus Mitarbeitern und Führungskräften. Die Unternehmensleitung bringt eigene Konzepte und Ziele ein, moderiert die Prozesse, legt ggf. für einzelne Themen Veto ein und macht letztlich mit der Unterschrift die Leitlinien für alle Mitarbeiter verbindlich – auch für sich selbst.

Das „Themenraster Leitlinien" fast für die folgenden Punkte erste Inhalte stichwortartig zusammen (Abbildung 3.8 genügt nicht zur Erfassung aller einzelnen Leitlinien).

3.3.1 Unternehmensziele

Oft entscheiden externe Berater, wie die Unternehmensziele definiert werden. Deren inhaltliche Zielsetzung sind tendenziell weit gesteckte Visionen, die allerdings immer wieder „weit vom Unternehmen weg" sind. Tatsächlich sind in einem Vergleich verschiedener Zieldarstellungen sowohl philosophisch/ethische wie auch markt-pragmatische Ansätze zu beobachten.

Hauptgruppen	Themen	Aussagen	Realisierte Beispiele	Beispiele zu Maßnahmen	Arbeits-gruppe
Unternehmens-ziele	Markt – Positionierung				
	Regional-Umsatz etc.				
	Geschäfts-entwicklung				
Mitarbeiter-politik	„Ethische Grundsätze"				
	Einstellungen/ Altersregelungen				
	Aus- und Weiterbildung				
	Umweltthematik				
	Innovation				

Abb. 3.8: Themenraster Leitlinien

Im ethischen Ansatz werden Schlagworte wie „Wertewandel", „Innovation", „Kaizen", „Reenginiering" und andere mehr auf das jeweilige Unternehmen hin definiert. Die Leitlinien versuchen dann eher zu beantworten:

–   Was bedeutet der jeweilige Begriff im Unternehmen? und

–   Wie soll er das Unternehmen prägen?

Im pragmatischen Ansatz werden die Fragen und Ergebnisse aus der Bedarfsträger- und Wettbewerbsbeobachtung sowie die Stärken/Schwächenanalyse als Grundlage für die Formulierung genutzt.

Zur Zielfestlegung selbst sind unterschiedliche Wege möglich. Welcher beschritten wird, bestimmen letztlich die individuellen Strukturen eines Unternehmens.

In der Regel sollten externe Berater den Prozess unterstützen. Sinnvoll ist die Unterstützung aber nur dann, wenn die Berater nicht nur Texte abgeben, sondern ihre Aufgabe vor allem darin sehen, die Entstehungsprozesse zu steuern und lediglich Impulse und Anregungen zu geben.

TOP-DOWN-Entwicklung

Vor allem bei Unternehmen, die gegenüber den Mitarbeitern eine starke Position einnehmen – Stichwort „patriarchalischer Führungsstil" bietet sich eine TOP-DOWN -Entwicklung an:

Die Leitlinien werden durch die Geschäftsführung entwickelt und festgelegt. In Zeiten des Demokratiegedankens mag dies als unzureichend gelten – tatsächlich ist diese Methode richtig, wenn die Mitarbeiter der Geschäftsführung mit großem Respekt begegnen. In diesem Fall können die Mitarbeiter – in der Regel über den Betriebsrat oder einen Beauftragten – zu den einzelnen Punkten lediglich Wünsche äußern, ohne dass Gewähr besteht, dass die Wünsche auch berücksichtigt werden.

Wenn die Geschäftsführer sich jedoch für „charismatische" Persönlichkeiten halten, von den Mitarbeitern aber nicht in gleicher Weise eingeschätzt werden, dann bleiben die Leitlinien unwirksam: Der GURU-Effekt („Meister, wir folgen Dir gerne") kann sich nicht einstellen.

Demokratische Entwicklung

Bei der demokratischen Entwicklung werden die Ziele durch Arbeitskreise und von Führungskräften und Mitarbeitern entwickelt und von der Geschäftsführung abgesegnet. Diese Arbeitskreise übernehmen dann später auch die Verantwortung für die Umsetzung. Der Vorteil liegt auf der Hand: Die Mitarbeiter sind selbst verantwortlich für die Umsetzung dessen, was sie entwickelt haben.

Diese Vorgehensweise schwächt jedoch mittelfristig die Führungsposition der Geschäftsführung. Viele Berater sehen das als „modernen Führungsstil".

Diese Führungstechniken können jedoch funktionierende Strukturen schneller abbauen, als die neuen Strukturen sich entwickeln. So wird dann mehr Arbeitszeit für interne Themen verbraucht – Abstimmungs- und Diskussionsrunden über Zuständigkeiten, langwierige Informationslinien und damit Zeitverschwendung sind das Ergebnis. Wenn auf der anderen Seite in der bestehenden Struktur bereits ein hoher Zeitaufwand für solche internen Themen verwendet oder ein kooperativer Führungsstil gepflegt wird , ist diese Strategie ideal.

Wie auch immer Führungsstile entwickelt werden: Dargestellt werden Aussagen zu den Unternehmenszielen, zur Mitarbeiterpolitik und zu ethischen Grundsätzen, die dem „Stil des Hauses" zugrunde liegen.

Unternehmensziele

In dieser Hauptgruppe werden die marktpolitischen Fragen beantwortet, zum Beispiel:

- In welchen Regionen wird schwerpunktmäßig gearbeitet?

- In welchen technischen oder wirtschaftlichen Bereichen liegen die Arbeitsschwerpunkte?

- Durch welche Eigenschaften will sich das Unternehmen vom Wettbewerb abgrenzen?

- Welche Organisationsstrukturen sollen angestrebt werden?

- Welche marktbezogenen Ziele strebt das Unternehmen an: Marktführerschaft in Umsatzgrößen, ergebnisorientierte Schwerpunkte etc.?

- · Welche Stellung hat die Kundenorientierung im Unternehmen?

Mitarbeiterpolitik

Diese Aussagen sind für die Mitarbeiter natürlich von besonderem Interesse. Sie sind auch der Grund, warum der Betriebsrat eine wichtige Rolle spielt. Sperrt er sich, so war die Arbeit umsonst – ganz davon abgesehen, dass einige mögliche Aussagen ohne Zustimmung des Betriebsrates arbeitsrechtlich bedenklich sind, auch wenn Leitlinien selbst ohne arbeitsrechtliche Bedeutung sind.

Mit den Antworten zu den folgenden Fragen werden die wichtigsten Themen angeschnitten. Weitere Aussagen ergeben sich in den Entwicklungsdiskussionen.

- Welche Bedeutung haben die Mitarbeiter im Unternehmen?

- Welche besonderen Forderungen erwartet das Unternehmen von den Mitarbeitern?

- Welche Grundsätze liegen der Einstellung von Mitarbeitern zugrunde?
  Werden interne Bewerbungen bevorzugt?

- Welche Bedeutung hat die Aus- und Weiterbildung?

- Wie werden Führungskräfte intern entwickelt?

- Gibt es besondere Schwerpunkte bei den Gehältern/Gratifikationen?

- Werden außertarifliche Vergütungen vorgesehen und welche Positionen bezieht das Unternehmen zu zusätzlichen Sozialleistungen – Betriebsarztregelungen, Sondereinkaufsverträge etc.?

- Werden Aktivitäten außerhalb der Arbeitszeit gefördert?

Sonderthemen

Viele dieser Themen zeigen die mittelfristig relevanten Themen, mit denen sich die Mitarbeiter und Führungskräfte zur Zeit der Erstellung der Leitlinien beschäftigen. Momentan sind für Bauunternehmen

- Wertewandel,

- Qualitätsmanagement,

- Innovation,

- Einspargrundsätze,

– Umweltschutz und

– Kundenorientierung

die wichtigsten Themen.

Zum Thema Wertewandel ist mindestens die Frage zu klären, wieweit sich die Mitarbeiter auf Veränderungen einstellen müssen? Zu treffen sind dementsprechend Aussagen zu Mobilität, Arbeitszeitflexibilisierung und zur Bereitschaft zur Weiterbildung.

Für die genannten Themen empfehlen sich für jeden Bereich Aussagen zu folgenden Fragen:

– Welche Position nimmt das Unternehmen zum jeweiligen Themenbereich ein?

– Welche Standpunkte sind Bestandteil der Unternehmenspolitik?

– Wie sollen sich die Mitarbeiter verhalten?

– Wie wird die Umsetzung im Unternehmen organisiert?

Beispiele von formulierten Leitlinien

Unternehmensaufgabe

„Wir schaffen sozial verantwortliche Wohn- und Lebensräume für alle Bedürfnisse des Lebens und für alle Schichten der Bevölkerung."

„Unsere Dienstleistungen werden ständig an sich ändernde Marktverhältnisse angepasst und bilden damit die Voraussetzung für die den Erfolg unseres Unternehmens."

Kundenorientierung

„Der Kunde ist die wichtigste Person in unserem Unternehmen. Wir hängen von ihm ab. Wir tun ihm keinen Gefallen, in dem wir ihn bedienen, er tut uns einen Gefallen, wenn er uns Gelegenheit gibt, es zu tun."

„Unsere Aufgabe ist es, seine Wünsche gewinnbringend für ihn und für uns zu erfüllen."

„Ein Kunde ist keine Unterbrechung unsere Arbeit, sondern ihr Sinn und Zweck"

„Ein Kunde ist keiner, mit dem man ein Streitgespräch führt oder seinen Intellekt misst. Es gibt niemanden, der je einen Streit mit einem Kunden gewonnen hat."

„Das Vertrauen unserer Auftraggeber in unsere Leistungsfähigkeit ist unser größtes Kapital"

Unternehmensziel

„Mit unseren Dienstleistungen sind wir für unsere Auftraggeber ein moderner und leistungsfähiger Partner."

„Wir wollen mit unseren Angeboten unsere Bauleistung jährlich erhöhen."

„Wir wollen aber nur ertragsorientiert wachsen. Aufträge ohne Gewinnaussicht werden abgelehnt."

„Unsere technologische und ökologische Kenntnisse, gepaart mit der konsequenten Ausrichtung an den Interessen der Auftraggeber sichern unsere Wettbewerbs- und Konkurrenzfähigkeit im Markt. Wir erreichen dies vor allem durch:

– hohe Qualität der Leistungen,

– innovative Leistungsangebote,

– kundenorientierten Service,

– engagiertes und qualifiziertes Personal."

„Leistungsfähigkeit und Leistungsvielfalt ist nur durch adäquate Betriebsgröße und ausreichende Rentabilität sicherzustellen. Das vertrauensvolle Miteinander mit unseren Kunden ist unser Kapital."

Mitarbeiter und Führungskräfte

„Unser Mitarbeiter werden leistungs- und erfolgsorientiert eingesetzt."

„Die gemeinsamen Ziele werden durch teambezogene Arbeit umgesetzt."

„Jährliche Aus-, Weiter- und Fortbildungsmaßnahmen sind für jeden Mitarbeiter Pflicht und Recht."

„Führungskräfte nehmen ihre Aufgabe verantwortungsbewusst wahr und arbeiten engagiert und kreativ mit ihren jeweiligen Mitarbeitern an praxisnahen Problemen."

„Sie denken und handeln unternehmerisch und vermitteln diese auch an ihre jeweiligen Mitarbeiter."

„Sie motivieren, delegieren und fördern eigenverantwortliches Handeln und haben damit eine Vorbildfunktion."

Spielregeln

„Unser qualifiziertes Personal im Innen- und Außendienst garantiert optimalen Beratungsservice in allen Fragen des Wohnen und Bauens sowie eine schnelle Reaktion auf die Wünsche und Bedürfnisse unserer Kunden."

„Wir sind für unsere Kunden glaubwürdig durch Offenheit, d. h. durch umfassende Informationen sollen die Kunden am Leben und am Geschehen des Wohnungsunternehmens beteiligt werden."

„Als Mitarbeiter begegnen wir uns offen und ehrlich. Wir vermeiden und bekämpfen jede Diffamierung unsere Kollegen."

„Kritik wird offen dem Kollegen gegenüber geäußert, der Anlass gibt. Wir vermeiden jedes Gespräch über Mitarbeiter, wenn diese nicht anwesend sind. Mobbing unterbinden wir aktiv, indem wir die Betreiber zurechtweisen und deren Anschuldigungen mit Nennung des Betreibers dem Beschuldigten mitteilen."

„Wir helfen uns gegenseitig, wenn damit die Erfüllung der Wünsche unserer Kunden besser oder leichter wird."

„Jeder Mitarbeiter steht zu seinen Fehlern. Gleichzeitig erkundet er die Gründe für die Fehler und betreibt aktiv Maßnahmen, um diese zukünftig zu vermeiden."

„Auf der Baustelle bemühen wir uns um Sauberkeit. Wir räumen unaufgefordert Müll weg oder kümmern uns darum, dass Unrat sofort entfernt wird. Jeden Morgen erscheinen wir pünktlich mit sauberer Kleidung auf der Baustelle. Wir dulden auch in den Sozialräumen keine herumliegenden Illustrierten oder Poster und Abbildungen, die nichts mit dem Thema Bauen zu tun haben."

3.3.2 Arbeitskreise: Wege zum Ziel

Die Formulierung der Leitlinien ist eines. Wichtig ist, das die Umsetzung für Mitarbeiter und Bedarfsträger erkennbar wird. Das heißt also, wie werden die Leitlinien umgesetzt?

Unabhängig davon, ob die Leitlinien TOP-DOWN oder demokratisch entwickelt wurden, stellen sie Zielprojektionen dar. Leitlinien beschreiben die Ziele eines Prozesses im Unternehmen. Die Prozesse selbst kann die Geschäftsführung nur initiieren. Durchgeführt – und gelebt – müssen sie von den Mitarbeitern werden.

Bestes Werkzeug sind Arbeitskreise unter der Leitung eines Koordinators. Die Zusammensetzung muss wiederum im einzelnen Unternehmen individuell festgelegt werden.

So kann sich in kleineren Unternehmen und in Niederlassungen ein Tandem bewähren: Ein Führungsmitarbeiter und ein „Tarifmitarbeiter" bilden den jeweiligen Facharbeitskreis. Bei größeren Unternehmen müssen für die Niederlassungen „operative Koordinatoren" die Arbeit vor Ort steuern. Dies Koordinatoren bilden dann die Arbeitskreise des Gesamtunternehmens.

Die in der folgenden Liste genannten Arbeitskreise sind nur Beispiele. Sie decken lediglich die wichtigsten Arbeitsbereiche unternehmerischer Tätigkeit ab.

– Aus und Weiterbildung

– Qualitätsmanagement

– Umweltschutzfragen

– Innovationsförderung

– Einsparungsförderung

– Akquisitionskoordination

– Einheitlicher Auftritt

Diese Standardarbeitskreise können durch unternehmensspezifische Arbeitskreise ergänzt werden, so zum Beispiel:

– Arbeitskreis „Finanzierung", der Ideen zur Projektfinanzierung – und entsprechende Angebote an die Bauherren entwickelt,

– Arbeitskreis „Einkauf", der für das ganze Unternehmen die verschiedenen Lieferanten zusammenfasst, Beurteilungsmaßstäbe entwickelt und ggf. zentrale Einkäufe organisiert,

– Arbeitskreis „Dokumentation und Internet", der festlegt, welche Referenzen und Themen aufgenommen werden,

– Arbeitskreis „Koordination", in dem die verschiedenen Projekte aufeinander abgestimmt und die erforderlichen Mittel für die einzelnen Projekte freigegeben werden.

Die Liste kann beliebig verlängert werden. Zu beachten ist, dass Arbeitskreise einen enormen Kostenfaktor darstellen. Arbeitszeit, Reisekosten, Erstellung von Dokumentationen etc. fordern Engagement vom Unternehmen und den Mitarbeitern. Es gilt also auch hier, das „rechte Maß" für das Unternehmen zu finden.

3.4 Die Motivation der Mitarbeiter

Eigentlich ist die Mitarbeitermotivation ein Thema des Personalmanagements und nicht der Akquisition. Trotzdem spielt sie im Baubereich eine nicht unwesentliche Rolle. Bauakquisition lebt vom Eindruck, den das Unternehmen auf die Bedarfsträger macht – und dieses wird wesentlich vom Verhalten und Auftritt der Mitarbeiter bestimmt. Darüber hinaus können attraktive Unternehmen Mitarbeiter vom Wettbewerb abziehen und damit auch deren Beziehungen und Kontakte „einkaufen".

Maßnahmen zur Mitarbeitermotivation sind die wesentlichen Maßnahmen zur Bildung einer „Corporate Identity" – also die emotionale Bindung der Mitarbeiter an das Unternehmen. In der Fachdiskussion gilt dieser Begriff tendenziell als überholt. Tatsächlich ist der theoretisch richtige Ansatz in der Umsetzung Makulatur, da die Bildung einer Identität Maßnahmen in allen Bereiche des Unternehmens erfordert. Vielfach werden auch mit externen Beratern identitätsstiftende Maßnahmen eingeleitet – und bis auf die Erstellung von Leitlinien und einem „Gestaltungs-Handbuch" bleibt alles beim alten.

Bei der Prozessentwicklung von Identitäten werden die Mitarbeiter zu Bedarfsträgern.

Ihr Ziel ist es, die besten Mitarbeiter zu beschäftigen und gleichzeitig für gute Mitarbeiter anderer Firmen attraktiv zu werden. Diese Ziele hat auch der Wettbewerb, so dass auch hier das strategische Dreieck als Basis der Überlegungen dienen muss:

– Was ist für die Mitarbeiter von Bedeutung?

– Wo heben wir uns vom Wettbewerb ab?

Hilfestellung gibt auch hier die Bedürfnispyramide.

Technische", beispielsweise berufliche Kenntnisse, die das Unternehmen braucht, oder Standortbindungen und finanzielle Faktoren wie Gratifikationen, Sozialleistungen, Urlaub etc. bilden die Basis.

Vertrauen in die Unternehmensführung ist notwendig. Die Erwartung der Mitarbeiter in persönliche Vorteile wie Arbeitsplatzsicherheit, Gutes Betriebsklima, Weiterbildungschancen, Karriere etc. entscheiden dann über die Bindung an das Unternehmen.

Bewerbungsgespräche sind das Ergebnis einer Suche entweder per Anzeige oder über persönliche Kontakte. Gerade im gewerblichen Bereich ist immer wieder festzustellen, dass die „guten Leute" seltener wechseln und wenn, dann zu attraktiv erscheinenden Unternehmen.

3.4.1 Gratifikationen

Wenn die technische Seite im Wesentlichen durch die bearbeiteten Geschäftsfelder des Unternehmens bestimmt werden – Tiefbauspezialisten machen in einem klassischen Hochbau-Unternehmen wenig Sinn, so sind die finanziellen Leistungen die Basis für den Mitarbeiter. Es kommt dabei nicht darauf an, das gleiche wie die anderen Unternehmen anzubieten. Die Frage lautet: was biete ich mehr?

Dabei definieren sich Gratifikationen nicht nur über die reinen Gehaltszahlungen. Tatsächlich ist bei der Betrachtung von Abwanderern deutlich erkennbar, dass ein überdurchschnittliches Gehalt keine Bindung an das Unternehmen erzeugt.

Klar ist jedoch auch, dass die Höhe der Summe auf dem Gehaltsstreifen überdurchschnittlich sein muss. Die tariflichen Leistungen sollten durch Erfolgsbeteiligungen derart ergänzt werden, dass die Mitarbeiter spüren, wie der Erfolg von ihnen abhängt: Mindestens also zu den üblichen Tarifleistungen eine Jahresprämie, deren Höhe vom Ergebnis des abgelaufenen Geschäftsjahrs bestimmt wird.

Die Möglichkeiten zusätzlicher Gratifikationen sind vielfältig, deshalb im folgenden nur ein paar Beispiele zur Anregung. Auf die betriebliche Altersversorgung durch eigene Pensionskassen oder Rahmenvereinbarungen mit Lebensversicherungen und auf preiswerte „Werkswohnungen" muss nicht eingegangen werden: Sie zählen zu üblichen Maßnahmen der Personalpolitik.

Regeln

Als Grundregeln für den Einsatz Gratifikationen sollten gelten:

– Leistung und Gratifikationszuwendung liegen zeitlich nah beieinander

– Es werden mehrere unterschiedliche Ziele mit jeweils individuellen Zuwendungen definiert.

– Es sollen sowohl Gratifikationen für den Einzelnen als auch für die Gruppe ausgelobt werden.

– Die Gratifikationen müssen auf einer messbaren Basis ausgelobt werden, zum Beispiel: Früherer Projektabschluss (Termin bis..), geringerer Materialaufwand (%), geringerer Geräteausfall (%) etc. Die damit verbundenen Einsparpotentiale werden als eingesparte Kosten berechnet und ein entsprechender Anteil ausbezahlt.

– Finanzielle Zuwendungen werden durch sonstige Zuwendungen ergänzt.

– Die Vereinbarungen werden in einem Mitarbeitergespräch zwischen Führungskraft und Mitarbeiter besprochen. Die Führungskraft schlägt Ziele und Gratifikationen vor und erstellt ein Gesprächsprotokoll, das von beiden unterschrieben wird.

– Die Ziele der Mitarbeiter schlagen sich alle in den Zielen der jeweiligen Führungskraft nieder.

– Die detaillierten Modalitäten zu Zielvereinbarungen sollten in einer Betriebsvereinbarung geschlossen werden.

Mitarbeiterbeteiligung

Das Gefühl, Teilhaber des Unternehmens zu sein, ist eines der wichtigsten Bindungskräfte für Mitarbeiter. Für Aktiengesellschaften sind Belegschaftsaktien ein „Muss". Die Mitarbeiter erwarten diese Maßnahme einfach – schließlich geben viele anderen Unternehmen Beispiele. Auch mittelständische Unternehmen können als nicht börsennotierte AG Anteile an die Mitarbeiter ausgeben. Für andere Rechtsformen ist zu überlegen, alternative Beteiligungsmodelle zu entwickeln. So können bei Leistungsträgern zum Beispiel Überschüsse – anstatt ausgezahlt – als Gesellschaftsanteile in eine Tochtergesellschaft eingebracht werden. Bei kleineren Unternehmen könnten Überschüsse als Beiträge in einen Pensionsfonds zur Alterzusatzversorgung verwendet werden. Die dort kumulierten Mittel sind zur Finanzierung von Investitionen oder Mitarbeiterdarlehen mit günstiger Verzinsung nutzbar.

Fortbildungsveranstaltungen

Aus- und Weiterbildung nutzen dem Unternehmen und den Mitarbeitern: Sie erhöhen den Kenntnisstand des Mitarbeiters, den er dann in die Arbeit mit einbringen kann und werten den Mitarbeiter als Person auf. Ein bis zwei Lehrgänge pro Jahr und Mitarbeiter sollten in der Personalplanung berücksichtigt werden. Sinnvoll ist dabei eine Fachveranstaltung, Messebesuch, Seminar oder Tagung und eine Veranstaltung zur persönlichen Weiterbildung über das direkte Aufgabengebiet hinaus. Gerade letzteres erhöht das Vertrauen des Mitarbeiters in das Unternehmen: „Es geht nicht nur um die bessere Arbeitsleistung – es geht auch um mich".

Verbesserungsvorschläge

nutzen in gleicher Weise dem Unternehmen. Allerdings erfordern diese Maßnahmen ein klares Konzept und Durchhaltewillen der Verantwortlichen. Häufig kommen Vorschläge für den Papierkorb – oder gar keine. Um Bevorzugungen zu vermeiden, sollten die Regeln für die Prämienzahlungen klar definiert sein. Ein möglicher Maßstab ist die Summe, die der jeweilige Vorschlag dem Unternehmen bei der Realisierung in einem bestimmten Zeitraum durch Rationalisierung, Einsparungen oder sonstigen Vorteilen einbringt. Für die Akquisition wäre hier auch die Vermittlung eines Kunden durch „akquisitionsfremde" Mitarbeiter ein Prämien-Anlass. Wichtig ist, dass der Vorschlag nicht zum eigentlichen Aufgabengebiet des Mitarbeiters zählt. Er würde dann doppelt für die gleiche Leistung bezahlt.

Die Entscheidung über eine Prämie sollte in klaren Strukturen erfolgen:

1. Einreichen bei einem „Beauftragten für Vorschlagswesen",

2. Beurteilung durch einen „Gutachter" – also einem verantwortlichen Mitarbeiter, der im Themenkreis des Vorschlags kompetent ist – hinsichtlich Machbarkeit und Sparpotential,

3. Bewertung durch ein Vergabegremium: Beauftragter, Betriebsrat und Geschäftsführer,

4. Vergabe der Prämie – vielleicht mit einer Urkunde – durch die Geschäftsführung und Bericht über besondere Vorschläge an die Mitarbeiter.

Die Einreichungen sollten durch ein „Urheberrecht" geschützt werden. Häufig lehnen Gutachter Vorschläge ab, die dann zu einem späteren Zeitpunkt trotzdem verwirklicht werden.

Gratifikationen im Betriebsablauf

Im Betriebsablauf erhöhen Zuwendungen als Gruppen-Gratifikationen die Motivation und gleichzeitig den Stellenwert der Mitarbeiter:

- Der Kaffee für die Kaffeemaschine läuft unter Bewirtungskosten,

- die Büroplätze sind individuell gestaltbar und bieten Luft und Platz,

- für die Baustelle werden Schutz- und Arbeitskleidung zur Verfügung gestellt

- etc.

In Einzelfällen ist eine steuerrechtliche Problematik gegeben. Viele mögliche Maßnahmen stellen „versteckte" Gehälter dar und müssen entsprechend geprüft werden. Dieser Aspekt ist aber kein Grund für eine Streichung. Die Erfahrung zeigt: wo ein Wille ist, da ist auch ein Weg.

3.4.2 Information: Gründe und Wege

Eine offene Informationspolitik im eigenen Hause ist die wichtigste vertrauensbildende Maß-nahme der Geschäftsführung: Auf diese Weise können die Mitarbeiter die Entwicklungen des Unternehmen nicht nur spüren – sie wissen dann auch, warum Maßnahmen ergriffen werden und was sie bezwecken.

Die Information neuer Mitarbeiter ist der erste Schritt. Die Mindestinformation sollte sein:

- Unternehmensdarstellung

- Leitlinien

- Gratifikationsmöglichkeiten

- Arbeitsordnungen

- Aktuelle Mitarbeiterinformationen

<table>
<tr><td>

Die weitere interne Mitarbeiterinformation soll sich durch:

- Regelmäßigkeit,

- Offenheit und

- Ehrlichkeit

auszeichnen.

</td></tr>
</table>

Es hat wenig Sinn, immer nur im Nachhinein über Ereignisse zu berichten. Auch über Ziele sollen die Mitarbeiter informiert werden. Denn die Mitarbeiter spekulieren über die möglichen Gründe von Maßnahmen und kommen zu Ergebnissen, die weitab von der Realität liegen und die Führungskräfte haben dann die umfangreiche Aufgabe, diese Gerüchte aus der Welt zu schaffen. Damit wird auch deutlich, dass klare Informationspolitik ein Beitrag zur effektiven Arbeit ist: Spekulationen führen zu zusätzlichen Diskussionen während der Arbeitszeit und damit zu einer verringerten Arbeitsleistung bis hin zu Abwanderungsgedanken.

Auch der Zeitfaktor – wann eine Information weitergegeben wird – ist von Bedeutung. „Alte Nachrichten sind keine Nachrichten" und erwecken eher den Eindruck von Inkompetenz der Führung.

Beispielsweise ist es falsch, Prämien für das letzte Geschäftsjahr erst ein halbes Jahr später festzulegen und bekannt zu geben. Die Mitarbeiter sollten relativ kurzfristig – also sofort nach Feststellung des Jahresergebnisses – über die Situation über die ungefähr zu erwartende Prämie informiert werden.

Die Liste interessanter Informationen ist lang. In der Regel werden mindestens die folgenden Themen bekannt gegeben:

– Entwicklung des Geschäfts: Bauleistung, Auftragseingänge, Auftragsbestände in Summe und mit herausragenden Beispielen,

– Allgemeine Neuigkeiten zur Unternehmensentwicklung und zum Bild des Unternehmens: Neue Standorte, Niederlassungen etc.,

– Vorstellung von Auszubildenden und neuen Mitarbeitern, die von besonderer Bedeutung für das Unternehmen sind,

– Nennung von Mitarbeitern mit „runden Geburtstagen", Betriebsjubiläen, Pensionierungen ggf. auch Todesfälle von bekannten Mitarbeitern und Pensionären.

Weitere Themen können diese Leiste beliebig ergänzen:

– Veranstaltungsberichte,

– Baustellen- und Arbeitsplatzbeschreibungen,

– Ausflugs- und Seminarberichten bis zu

– Kochrezepten,

– etc.

Ziel ist, die Informationen lebendig zu gestalten.

Die Form ist von der Größe des Unternehmens abhängig:

– Bei kleinen Unternehmen mit ein oder zwei Baustellen genügen mündliche Informationen in kurzen Betriebsbesprechungen nach der Mittagspause. „Offizielle" und längerfristig gültige Mitteilungen können außerdem im Büro an einem Aushang („Schwarzes Brett") dargestellt werden. Dort sollten sich übrigens auch die Pflichtaushänge der Berufsgenossenschaften etc. finden.

– Bei mittleren Unternehmen – bzw. niederlassungsinternen Informationen – sollten die Informationen als „Mitarbeiterbrief" auf Din-A4-Papier und einem themenbezogenen, einfach gestalteten Briefkopf kopiert und verteilt werden. Die schriftliche Information hat den weiteren Vorteil, dass die Familien der Mitarbeiter die Nachrichten ebenfalls erhalten und damit informell in die Strukturen des Unternehmens mit eingebunden werden.

– Bei größeren Unternehmen – mit mehreren Niederlassungen oder Mitarbeiterzahlen über fünfzig – lohnt sich die Erstellung einer Mitarbeiterzeitschrift. Dort können dann auch Beiträge von Mitarbeitern und Fotos etc. veröffentlicht werden.

– Eine Information über Internet oder dem internen Netzwerk an die verschiedenen Arbeitsplätze ist nur dann sinnvoll, wenn auch jeder Mitarbeiter zugriff auf einen PC hat. In der Regel sollten diese Informationen dann zusätzlich am schwarzen Brett aushängen.

Mitarbeiterzeitschrift

Mitarbeiterzeitschriften bieten die Möglichkeit, dass sich die Mitarbeiter selbst in die Darstellungen mit einbringen können – im Gegensatz zum Mitarbeiterbrief, der lediglich Information „von oben nach unten bedeutet".

Die Möglichkeit des Dialogs der Mitarbeiter in einer Zeitschrift wird von vielen Beratern als „tolle" Gelegenheit der Identitätsbildung und Motivation betrachtet. Tatsächlich sind die Initiatoren dann regelmäßig über die geringe Beteiligung der Mitarbeiter enttäuscht. Die „Redakteure" vergessen in der Regel, dass zwischen dem Lesen einer Zeitung und dem Erstellen eines Beitrages ein großer Unterschied liegt.

Trotzdem lohnt der Aufwand: Die Mitarbeiter haben die Möglichkeit, sich sichtbar in das Unternehmen einzubringen. Werden sie selbst genannt oder von Projekten berichtet, an denen sie mitarbeiten, bedeutet dies eine Ehrung und Aufwertung der eigenen Leistung.

Allerdings ist eine Mitarbeiterzeitschrift mit Bordmitteln nicht mehr zu realisieren, das heißt, eine Agentur sollte mit der Umsetzung beauftragt werden. Die Agentur bringt Texte und Bilder in eine adäquate Zeitungsform. Ob vollfarbig oder in klassischem Zeitungs-"Schwarz-weiß" ist eine Frage des Budgets.

Achtung: Als regelmäßig erscheinende Veröffentlichung muss eine Mitarbeiterzeitschrift eine durchgängige Gestaltung haben, die es in der Flut des Posteingangs unverwechselbar zur „Mitarbeiterzeitung" macht.

Die Kosten einer Mitarbeiterzeitung sind relativ hoch – sowohl in den Gestaltungs- und Druckkosten wie auch in den internen Kosten an Arbeits- und Besprechungsstunden. Erst mit der sechsten oder siebten Ausgabe kommt Routine in den Vorgang, der in seiner Erstellung dem einer Dokumentation ähnelt. Eine normale Zeitung macht es vor: Wenig Schnörkel, klares, immer festes Layout – dafür preiswert und aktuell. Die Mitarbeiterzeitschrift sollte mindestens viermal im Jahr erscheinen. Liegen zu wenig Beiträge vor, hat die jeweilige Ausgabe einen geringeren Umfang, häufen sich die Themen, dann werden mehr Seiten produziert. Dieses Vorgehen schafft die Regelmäßigkeit, wie sie für ein wirksames Mittel notwendig ist.

Eine wertvolle Ergänzung ist ein Mitarbeiter-Bereich in der Firmenpräsentation im Internet. Dort können beispielsweise bereits erstellte Berichte für die Mitarbeiterzeitung publiziert werden. Korrekt gestaltet, wird für die gedruckte Version dann lediglich das Layout angepasst.

Aber auf die gedruckte Variante kann nicht gänzlich verzichtet werden: Nicht jeder Mitarbeiter oder Pensionär hat einen Internet-Anschluss. Und für die Akquise-Arbeit und die Präqualifikation ist eine Print-Ausgabe noch immer wirksam.

.4.3 Gemeinschaftsbildung: Soziale und emotionale Motivation

Die Mitarbeiterzeitung ist ein gutes Mittel, den Mitarbeitern zu zeigen, „was passiert". Die Information ist die Grundlage zur Bildung eines „Familienbewusstseins" der Belegschaft.

Was das bedeutet, zeigen Traditionsunternehmen: Der „Siemensianer", der „Aniliner", die „Holzmänner" (sogar nach der Insolvenz des Unternehmens) sind Bezeichnungen, die auf ein Familienbewusstsein hindeuten.

Dieses Familienbewusstsein – oder Identität – kann sich aus unterschiedlichen Quellen bilden.

In der Regel findet man die Argumente durch die Frage

Auf was sind Sie bei Ihrem Unternehmen stolz?

Bei den Antworten auf diese Frage finden sich die in der Beschreibung der Bedarfsträger bereits unter 1.2 genannten „Kundenbedürfnisse". Da diese Bedürfnisse psychologisch begründet und unabhängig von wirtschaftlichen Gründen oder Branchenbesonderheiten auftreten, zeigen die Mitarbeiter die gleichen Wünsche wie die Kunden.

Die regelmäßigen Befragungen bei Bauarbeitern bestätigen dies. Jedoch sind auch hier Schwerpunktbildungen zu beobachten.

Traditionelle Werte herrschen auf dem Bau vor.

Ebenso ist eine stärkere Ausrichtung auf eine konsequente Führung feststellbar, während teamorientiertes Arbeiten weitgehend Neuland ist und auch nicht gerade besonders gewünscht wird. Die Orientierung auf den „Anführer" ist stark ausgeprägt.

Häufig zu beobachten sind Antworten zu:
- Traditionsbewusstsein

  „Das Unternehmen hat diesen oder jenen Beitrag zur unsere heutigen Gesellschaft geleistet und ist deshalb von Bedeutung."
- Feindbild

  „Das Unternehmen bewährt sich im Marktkampf gegen den Wettbewerb und ist auf meine Hilfe angewiesen."
- Sicherheitsgefühl

  „Ich habe einen sicheren Job."
- Leistungsstolz

  „Das Unternehmen ist in diesem Bereich oder in im Markt besonders gut oder führend."
- Kameradschaftsgefühl

  „Mein Team arbeitet gut und wir verstehen uns prächtig."

Die Aussage „Ich werde gut bezahlt" findet sich hier selten. Tatsächlich ist zu beobachten, dass die monetären Gratifikationen notwendig sind, aber nicht ausreichen.

Gehaltserhöhungen und Prämien haben nur eine zeitweise emotionale Bindung zur Folge – und die Ursache liegt auch da nicht im Geld, sondern in dem mit der Gehaltserhöhung verbundenen Eindruck der Leistungsbestätigung und Anerkennung.

Auf dem Weg zur Identifikation

Der erste Schritt zur emotionalen Anerkennung ist – nach der Sicherung der finanziellen Situation der Mitarbeiter – dass über eines oder mehrere der oben genannten Themen eine gefühlsmäßige Bindung erzielt wird. Mitarbeiter, die zum Wettbewerb wechseln und eine solche Bindung eingegangen sind, sprechen oft von früheren Arbeitsverhältnis in „Wir"-Form und zeigen ein hohes Maß an Loyalität gegenüber dem „alten Unternehmen" – ein wichtiger Aspekt hinsichtlich möglicher ARGEn.

Neben der Bindung durch Information über das Unternehmen sind gemeinschaftsbildende Maßnahmen wie

– regelmäßige Stammtische,

– Sportgemeinschaften oder

– gelegentliche Betriebs- und Abteilungsfeste mit Familie

ein wichtiger Faktor.

Bei solchen Gelegenheiten können persönliche Differenzen und Probleme wesentlich offener als in einem Personalgespräch oder in einer Diskussion während der Arbeitszeit besprochen und gelöst werden. Natürlich sollten diese Treffen möglichst außerhalb der Arbeitszeit stattfinden.

Die offiziellen Betriebsveranstaltungen wie Weihnachtsfeiern oder Geburtstagsempfänge sind dafür höchstens als Katalysator sinnvoll. Sie sind notwendig, sollen aber durch persönliche Kontakte zu Treffen außerhalb der Arbeitszeit führen.

Beschränkt sich der informelle Kontakt der Mitarbeiter lediglich auf die offiziellen Termine, dann wird sich diese Gemeinschaftsbildung nicht einstellen.

Großunternehmen fördern diese Maßnahmen durch spezielle Sporteinrichtungen und -gruppen oder auch durch einen Kantinenbetrieb bzw. zumindest attraktive Sozialräume oder Baustelleneinrichtungen.

Ob im Unternehmen die notwendigen Voraussetzungen vorhanden sind, bedarf einer individuellen Analyse. Vielleicht genügt es, sich mit dem Betriebsrat, dem Polier oder Vorarbeiter zusammenzusetzen und diese Themen zu diskutieren.

Eine Sonderrolle spielen Messeteilnahmen: Durch die erzwungene Gemeinschaft des Standpersonals entstehen neue soziale Bindungen, die sich äußerst positiv auswirken.

3.5 Einheitlicher Auftritt: Firmenzeichen, Geschäftsausstattung und Baustellenauftritt

Der einheitliche Auftritt eines Unternehmens umfasst das gesamte Erscheinungsbild des Unternehmens. In den einleitenden Abschnitten wurde schon die Bedeutung des einheitlichen Auftritts für die Akquisition betont:

Er vermittelt ein Bild von

– Professionalität,

– Qualitätsbewusstsein und sorgt für

– Wiedererkennung

in einer Vielzahl konkurrierender Eindrücke, denen die Bedarfsträger tagtäglich begegnen.

Die dabei üblichen Killerphrasen

– „es geht auch ohne" oder

– „in diesem speziellen Fall muss man eine Ausnahme machen und einen anderen Auftritt wählen"

zeugt schlimmstenfalls von mangelnder Kreativität, üblicherweise von falsch verstandenem Spar-Appellen – oder schlichtweg von Bequemlichkeit.

Problem ist, dass die Wirkung eines einheitlichen Auftritts bei der Zielgruppe in der Akquisition nicht messbar ist. Aber gerade intuitiv agierende Akquisiteure berichten von Akquisitionen, bei denen der gute Eindruck der Unterlagen den Erfolg zumindest erleichtert.

Ein erfahrener Pressechef eines Unternehmens vermutete, einen einheitlichen Auftritt komplett über das ganze Unternehmen würde bei Bauunternehmen nicht möglich sein.

Dabei ist die Entwicklung und Einführung eines „Corporate Design" – wie der Fachausdruck dafür heißt – mit der Erstellung und Umsetzung eines Bauplanes zu einer Gebäuderestaurierung gut zu vergleichen. Schon die Entwicklungsschritte sind identisch:

– Feststellung des Ist-Zustandes: Welche Gestaltungselemente werden wie genutzt?

– Definieren des Sollzustandes: Festlegen der Grundlagen und der zu

– bearbeitenden Bereiche,

– Kalkulation: Schätzen der Kosten,

– Festlegen der Strukturen: Bauplan (CD-Handbuch), Einführungsanweisungen, Bestimmung der Verantwortlichen und der Lieferanten.

Häufig werden bei Einführungen neuer Gestaltungsrichtlinien Proteste laut. Die Kosten der Umstellung werden gleichzeitig mit dem Argument „der frühere Auftritt war schöner" ins Feld geführt. Hier kommen Gewohnheiten mit ins Spiel und auch Angst vor den Umstellungsprozessen, die einen Mehraufwand an Zeit mit sich bringen.

Die Regel ist, dass sich alle fünfzehn Jahre eine Überprüfung des bestehenden Auftritts empfiehlt. Innerhalb dieser Zeit ändert sich das ästhetische Empfinden in der Gesellschaft und damit bei den Bedarfsträgern spürbar. Was also damals „schön" war, kann heute abstoßend wirken.

Ein „Relaunch" ist aber nicht immer notwendig, je nachdem, wie neutral – und damit vielleicht nichtssagend – der Auftritt gehalten wurde.

Vorhandene Definitionen sollten in Abständen von mehreren Jahren (Richtwert zehn) auf Aktualität überprüft und gegebenenfalls modernisiert werden. Das heißt also, alte Formen nicht wegwerfen, sondern in eine neue, zeitgemäß attraktive Form bringen.

Hilfreich ist bei einer Umgestaltung die bedarfsorientierte Anpassung: Die neuen Regeln – Firmenzeichen, Typographie etc. – werden dann gestaltet, wenn die Lagerbestände aufgebraucht sind.

Die Checkliste dient als Gliederung eines CD-Handbuches und als Statusfeststellung. Eine Niederlassung kann diese Checkliste für den eigenen Produktionsplan genauso benutzen wie die Zentrale, die jedoch die Gesamtprozesse steuern sollte

Die Spalten helfen im Controlling des Einführungsprozesses:

Im „Rang" werden die Prioritäten der Einzelbereiche festgelegt:

0   Realisierung frühestens im nächsten Geschäftsjahr

1   Kurzfristige Realisierung , da konkreter Bedarf

2   Mittelfristige Realisierung, da keine dringender Bedarf

3   Langfristige Realisierung, jedoch noch im laufenden Geschäftsjahr

Mit diesen Rängen eine frühzeitige Budgetplanung möglich (vgl. Abschnitt 6). Solche Kalkulationen verstehen Agenturen als Angebot und stellen deshalb in der Regel keine Herstellungskosten in Rechnung. Welche Kosten dann tatsächlich aufgelaufen sind, können durch Einträge der Bestellsummen, die im laufenden Geschäftsjahr noch abgerechnet werden, in der Spalte „Soll" verglichen werden.

	Rang	Bereich	Status	Verant-wortlich	Budget (T €)	
					Plan	Soll
	1.	„Vorwort"				
	2.	Firmierungsgrundsätze				
Gestal-tungs-parameter	3.	Firmenzeichen, Logo, und Logoumgebung				
	4.	Hausfarben				
	5.	Hausschriften				
		– Logoschrift				
		– Präsentationsschrift				
		– Korrespondenzschrift				
	6.	Fotokonzept				
	7.	Papierkonzept				
	8.	Corporate Sound				
Anwen-dungen	9.	Geschäftspapiere				
		– Briefbögen – Erstseiten				
		– Briefbögen Zweitseiten				
		– Faxbögen				
		– Pressebögen				
		– Muster e-Mail-Brief				
		– Visitenkarten				
	10.	Büromittel				
		– Formular/Durchschreibsätze				
		– Grußkarten				
		– Namens-/Grußaufsteller				
		– Porto- „Freistempler"				
		– Handstempel				
		– Aufkleber				
		– Präsentationsmappen				
		– Präsentationsordner				
	11.	Internet				
		– Seitengliederung				
		– Seitenaufbau				
		– Inhaltsrichtlinien inkl. Gliederung				

12.	Druckschriften				
	– Dokumentationen				
	– Daten und Fakten				
	– Anfahrtsskizze				
	– Gestaltung Titelblätter				
	– Gestaltung Innenseiten				
13.	Mitarbeiterinformationen				
	Mitarbeiterzeitung				
	Schwarzes Brett				
	Info-Aushänge				
	Info-Briefe				
14.	Anzeigen				
	– Personalanzeigen				
	– Imageanzeigen				
15.	Präsentationscharts				
16.	Dias und Präsentationsfolien				
17.	Schilder und Beschriftungen				
	– Fahrzeuge				
	– Kräne				
	– Geräte / Container				
	– Gebäude – Werbeanlagen				
	– Baustellenzufahrts- und Hinweisschilder				
	– Baustellen-Werbeschilder				
	– Gebäude-Hinweisschilder				
18.	Kleidung				
19.	Baustellengestaltung				
20.	Telefongespräche				
	– Telefonansage				
	– Warteschleife				
21.	Werbemittel				

Abb. 3.9: Checkliste Firmenaußtritt (Corporate Design)

Im Status wird eingetragen, welche Phase in den einzelnen Bereichen erreicht wurde:

– Konzept (Planung und Inhaltsfestlegung),

– Text (Formulierung im Handbuch),

– Abstimmung (mit den Verantwortlichen),

– Produktion (Umsetzung der Maßnahmen),

– Erledigt.

Bei „Verantwortlich" wird der jeweils operativ Verantwortliche festgehalten (Koordinator), in Budget das entsprechende im Geschäftsjahr eingeplante Geld, das für Beratung, Entwicklung und Darstellung ausgegeben werden darf.

Nun einige Anmerkungen zu dem, was sich hinter den einzelnen Rubriken verbirgt.

1. Vorwort

Das Vorwort erläutert die Bedeutung der Richtlinien und stellt ggf. eine Verbindung zu den Leitlinien her.

Ein Textbeispiel:

„Die Festlegung der CD-Rahmenrichtlinien für alle Unternehmen der Organschaft ist Grundlage für den einheitlichen Auftritt des Hauses nach außen.

In der Zeit sich wandelnder Kundenforderungen und integrierter Dienstleistungsangebote ist der gemeinsame Auftritt der Unternehmenseinheiten wesentlich für den Geschäftserfolg – sowohl für die einzelnen wie für das gesamte Haus.

Das CD des Hauses kommuniziert unseren Anspruch, unseren Kunden fundierte, kreative und hochwertige Leistungen zu erbringen.

Es unterstreicht die Seriosität des Hauses, das in technischer Qualität unserer Leistungen und in kaufmännischer Korrektheit seinen Ausdruck findet.

Die vorliegenden Richtlinien

– erläutern die Gestaltungsregeln, mit denen alle Mittel und Maßnahmen entwickelt werden,

– geben mit Masken und Vermaßungen Hilfen für das „Tagesgeschäft",

– zeigen Beispiele vorliegender Produktionen.

Die in den CD-Richtlinien genannten Vereinbarungen und Vorgaben sind verbindlich für alle Unternehmenseinheiten.

Fragen zur Ausführung, Ergänzungs- und Verbesserungsvorschläge werden von der Werbeagentur aufgenommen und bearbeitet."

2. Firmierungsgrundsätze

Die Firmierungsgrundsätzen definieren die Schreibweise des Unternehmensnahmens bzw. der einzelnen Unterorganisationen wie Niederlassungen etc. Die Definitionen betreffen sowohl die Schreibweise wie auch Gestaltung (die Schreibweise orientiert sich in der Regel an den Eintragungen im Handelsregister).

Auch hier ein Beispieltext:

> „Die Firmennamen im geschriebenen Text erscheinen immer in Groß-/Kleinschreibung wie folgt :
>
> - XY Bauunternehmung GmbH,
>
> - XY Bauunternehmen GmbH, Niederlassung Süd,
>
> - Abkürzungen sind nur in internen Texten zulässig als: 'XY' bzw. ' XY NL Süd'.
>
> Im Fließtext wird für die Bezeichnung die jeweils gültige Fließtextschriftart und -größe verwendet. Eine Hervorhebung durch Großschreibung, fett oder andere Mittel ist nicht vorgesehen.
>
> Die jeweiligen Firmierungen erscheinen als Logo der entsprechenden Einheit bzw. der Organschaft, indem die definierte Logoschrift verwendet wird."

Mit diesen Vorgaben werden die Gestaltungsparameter – die Regeln – festgelegt, nach denen die einzelnen Anwendungen gestaltet werden.

3. Firmenzeichen, Logo und Logo-Umgebung

Das Firmenzeichen – Fachbegriff Logo – ist die Marke, unter der die Leistungen angeboten und die Herkunft dokumentiert wird. Das Problem bei Bauunternehmen ist nicht, ob ein Firmenzeichen benötigt wird – die Diskussion geht um die Gestaltung.

Auf der Baustelle ist eine „Wappenkultur" oder Heraldik zu beobachten. Die Mitarbeiter der Unternehmen versuchen, ihr Firmenzeichen besonders groß zur Geltung zu bringen. Gerade bei ARGE-Baustellen treibt dieser „Größer-dicker-öfter" – Wettstreit Urstände, wenn die Baustelle mit den Firmenzeichen der verschiedenen Unternehmen geradezu bepflastert ist. Viel Geld wird auch in die Fernsicht investiert: An den Kränen sorgen beleuchtete Firmenzeichen in Übergröße dafür, dass jeder das Zeichen auf weite Entfernungen erkennt. Die Frage ist dann – wissen Passanten, die keine Baufachleute sind, welches Unternehmen hinter dem Zeichen steht?

Passanten und Bedarfsträger haben Schwierigkeiten mit den Firmenzeichen: Zum einen sehen sie recht langweilig aus, zum anderen kann man mit dem Namen nicht viel anfangen, zum dritten waren sich einige der Zeichen in Gestalt und/oder Farbe ziemlich ähnlich – die Unternehmen gehören wohl zusammen?

Mit diesen Fragen wird die Aufgabe eines Firmenzeichens deutlich:

- Es soll das eigene Unternehmen vom Wettbewerb abgrenzen.

- Es soll das eigene Unternehmen attraktiv darstellen.

- Es soll die Leistungen (Baustelle) als Leistung des eigenen Unternehmens markieren.

Durch die Anwendung auf der Baustelle und in der Verwendung gemeinsam mit anderen Firmenzeichen bei Baustellenschildern für ARGEn hat sich im Laufe der Jahre die Quadratform für Firmenzeichen von Bauunternehmen etabliert.

Wenn alle Bauunternehmen ein quadratisches Firmenzeichen haben, ergibt die Baustelle ein einheitlicheres Bild. Auch die Briefbögen der ARGE sind leichter zu entwerfen.

Darüber hinaus lässt sich eine Quadratform leicht mit plakativen, groben Zeichnungen gestalten – in der Fernsicht ist das Zeichen dann immer noch erkennbar.

Der Nachteil sollte allerdings nicht vergessen werden: Ein nacktes Firmenzeichen verrät nichts vom Unternehmen. Deshalb wird das Firmenzeichen häufig mit dem Unternehmensnamen ergänzt verwendet. Dabei wird zwar in den Designvorgaben das Zeichen gut definiert, nicht aber, wie aber der Name oder andere Zusätze zu ergänzen sind.

Die „grobe" Grafik eines Firmenzeichens hat den Nachteil, dass die Zeichen unelegant und veraltet aussehen. Häufig wird das Argument in die Diskussion eingebracht, „auf dem Bau ist für Feinheiten kein Platz". Ist das Baugeschäft denn so grobschlächtig? Eher „feine" Darstellungen weisen auf einen technologischen Anspruch hin – für moderne Bauunternehmen ein wesentlich besserer Auftritt.

Unabgängig von der Gestaltung haben sich in der Entwicklung eines einheitlichen Auftritts die folgenden Regeln bewährt.

1. Firmenzeichen

Ein quadratisches Firmenzeichen wird festgelegt. Die Auswahl des Motivs orientiert sich an den Leistungen, mit denen sich vom Wettbewerb abgehoben werden soll. Die Darstellung erfolgt über Symbole: Ein stilisiertes Werkzeug, ein stilisiertes Bauwerk, Initial oder Phantasiezeichnung.

Die Zeichnung ist von einem Patentanwalt zu prüfen und muss zum Schutz vor Kopien eingetragen werden. Gleichzeitig wird geprüft, ob die entwickelte Darstellung nicht selbst eine Unternehmenszeichen kopiert.

Das Logo soll vom Grafiker sowohl als „Repro-Vorlage" für Drucke und Kopien sowie als Datei in verschiedenen Formaten für Computeranwendungen erstellt werden. Wichtig ist die Darstellung in schwarz. Gerade für interne Formulare und für die Erstellung von Telefaxbriefen erleichtert sich die Anwendung und spart Kosten.

2. Erweitertes Firmenzeichen

Wo immer möglich, wird die Zeichnung mit dem Firmennamen ergänzt und dazu Text, Typographie, Gestaltung und die Zuordnung zum Logo exakt in Größe und Raumaufteilung definiert.

3. Slogan

Zu entwickeln sind „zentrale Aussagen" oder Slogans zum Unternehmen zur Verwendung mit dem Logo auf den Baustellenschildern und Fahrzeugen auf der Basis der ermittelten strategischen Wettbewerbsvorteile. Slogans füllen Marke und Unternehmensnamen mit Inhalt.

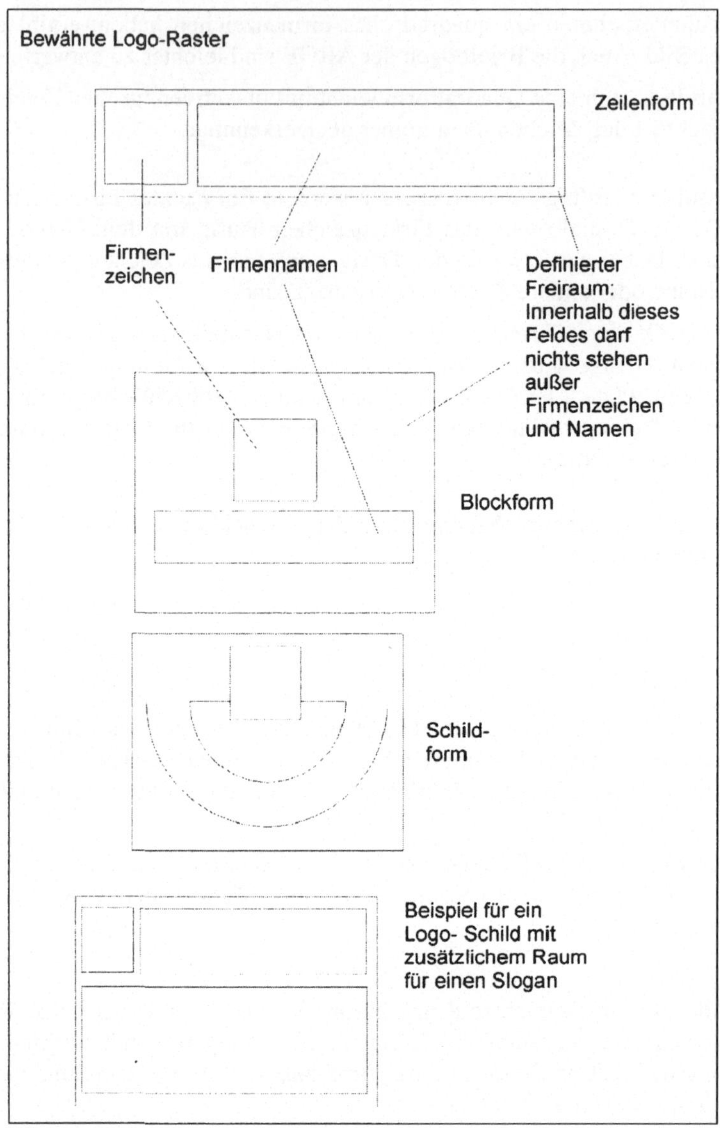

Abb. 3.10: Bewährte Logo-Raster

4. Hausfarbe

Hausfarben sind neben dem Symbol ein wichtiger Faktor der visuellen Unternehmensidentifikátion. Wichtig ist der gezielte Einsatz weniger Farben.

Je mehr Farben in einem Logo verwendet werden, um so teurer wird die Anwendung. Schließlich benötigt – vor allem bei der Produktion von Schildern – jede Farbe einen eigenen Druckvorgang. Nur Schwarz zu verwenden ist zu wenig. Aus Kostengründen ist die Verwendung eines der vier Grundfarben für Farbdrucke – schwarz, magenta, blau und gelb – beliebt.

Der Nachteil ist, dass viele Unternehmen damit die gleiche Farbe nutzen und sich damit in ihrem Auftritt gleichen.

Besser ist es, neben Schwarz eine Sonderfarbe zu wählen.

Viele Grafiker nutzen für die Auswahl einen Fächer namens „Pantone" – er bietet die meisten Nuancen. Besser ist eine Wahl aus dem Farbfächer „HKS". Dieser Farbfächer ist für die Drucker geläufig und bringt in der Produktion Qualitäts- und Zeitvorteile. Die gewählte Farbe ist mit dem RAL-Fächer abzugleichen, das heißt, die ausgewählte Farbe muss einem RAL-Ton zumindest ähnlich sehen.

Mit den leistungsfähigen Grafiksoftware für PCs werden noch weitere Farbkodices wichtig:

Die Kombination der oben genannten Grundfarben – in Fachkreisen „Y.M.C.K." für die englischen Bezeichnung der genannten Farben wird inzwischen ebenso gebräuchlich für die Farbdefinition wie die Hersteller-Farbfächer. Auch eine „RGB"- Definition „Rot, Gelb, Blau" wird immer mehr gefordert. Diese Farbkombination definiert die Darstellung auf Bildschirmen. Achtung: Eine einfache Übertragung von Bildschirmfarben auf Druckfarben ist nicht einfach. Die Bildschirmdarstellung weicht in der Regel deutlich vom Druckergebnis ab.

Eine weitere Schwierigkeit ist die Übertragung der Farbvorgaben auf die Flächengestaltungen im Außenbereich. Die Problematik liegt darin, dass Schilder und Fahrzeuglackierungen mit RAL-Farben erfolgen, Papier aber mit den anderen Farben bedruckt wird. Nun können zwar RAL-Farben zum passenden Farbton angemischt werden. Mischungen sind nie exakt und Toleranzen von +/- 5 % immer möglich.

Die Hausfarbe kommt immer dann zur Anwendung, wenn ein besonderer Farbton gewünscht wird. Die Hausfarbe sollte weder zu hell noch zu dunkel gewählt werden und auf hellen wie dunklen Hintergründen noch gut zu erkennen sein.

Die Hausfarbe ist Bestandteil des Firmenzeichens. So erhält die Farbe einen sichtbaren Bezug zum Unternehmen. Die Festlegung spart Zeit, indem bei anstehenden Designfragen nicht immer wieder neue Gedanken über Farbgebung gemacht werden müssen.

Die Auswahl der Farbe ist übrigens nicht patentrechtlich zu schützen. Es ist eine interne Konvention ihres Unternehmens. (Auch der Versuch der Telekom, Magenta schützen zu lassen, ist kläglich gescheitert).

5. Hausschriften

Neben der Gestaltung eines Logos und der Wahl einer Hausfarbe bestimmt die Auswahl von einheitlichen Schriften das Erscheinungsbild eines Unternehmens.

Schriften haben eine imagebildende Wirkungen: Sie wirken auf den Leser je nach Typographie unterschiedlich: Technisch, persönlich, langweilig, abstrakt, modern etc.: Jede Schrift hat seine Wirkung.

Schon in den üblichen Textverarbeitungssystemen sind eine Vielzahl von Schriften enthalten.

Aus der dort vorhanden Liste können kostengünstig verschiedene Schriften für bestimmte Anwendungsgruppen ausgewählt und definiert werden.

Die Schriftgröße wird dabei nicht mit Zentimetern, sondern mit der alternativen Maßeinheit „Punkt" (p) auf die Höhe der Großbuchstaben (Versalien) definiert.

Logoschrift

Diese Schriftart ist als Schmuckschrift frei wählbar nach Geschmack und Laune. Sie wird nur für den Unternehmensnamen in Verbindung mit dem Firmenzeichen verwendet. In Ausnahmefällen darf der Grafiker diese Schrift auch für Überschriften nutzen: Die Schrift verbindet dann Logo und Textinhalt auch optisch.

Druck- und Präsentationsschrift

Diese Schrift findet dort Verwendung:

- wo gute Lesbarkeit wichtig ist; in den Druckschriften,

- wo häufig viel Text erscheint-, bei Präsentationen,

- wo auf größere Entfernungen eine Lesbarkeit gewährleistet sein muss,

- und in Anzeigen – wo die Schrift hilft, sich vom Umfeld abzugrenzen.

Als Druckschrift eignet sich eine sogenannte „serifenlose" Schrift. Dabei empfehlen sich Schriften, die der sogenannten Helvetica oder Arial ähneln. Diese Schriften gelten als modern, sind aber vor allem gut lesbar.

Diese Schriften sollten im Computer vorrätig sein – Neuanschaffungen können teuer werden, wenn eine größere Zahl von Arbeitsplätzen ausgestattet werden muss.

Korrespondenzschrift

Die Korrespondenzschrift soll im Gegensatz zur „technischen" Präsentationsschrift eine persönliche Note bieten. Aus der Vergangenheit ist die Schreibmaschinenschrift Courier bekannt. Es empfiehlt sich eine der Courier verwandte, „Serifenbetonte" Schrift. Diese Schrift wird bei Brieftexten eingesetzt. Mit der Serifenbetonung grenzt sich der Brieftext auch optisch vom gedruckten Briefkopf ab. Wird Briefkopf und Brieftext im Computer erstellt, so wird die Trennung zwischen „formaler" und „persönlicher" Schrift optisch deutlich.

Im Text können Logo-, Farb- und Schriftdefinitionen kurz gefasst werden. Hier ist wichtig, die Vorgaben bildlich darzustellen.

Formulierungsbeispiel aus einem CD-Handbuch

- Das Firmenzeichen definiert sich mit den folgenden Abbildungen in Farbe und Schwarz. bzw. Weiß auf dunklem Hintergrund.

- Die Hausfarbe ist definiert als HKS 43 K . Bei Verwendung anderer Farbfächer ist ein passender Farbton auszuwählen. Aus dem RAL-Farbfächer wird RAL 5005 eingesetzt.

- Die Logovarianten definieren sich aus den aufgeführten Firmierungen, die mit der Schriftart Boldoni gesetzt sind und dann stets in Verbindung mit den Firmenzeichen stehen.

- Die Logogröße ergibt sich aus der Umfeldgestaltung, sollte jedoch mindestens 4 p über der des Fließtextes liegen.

- Die Logoschrift ist Boldoni bold 12 p.

- Die Präsentationsschrift ist Arial.

- Die Korrespondenzschrift ist Times New Roman.

- Standardschriftgröße ist 12 p – bezogen auf PC-übliche Schriftschnitte.

- Logovarianten erscheinen auf Druckschriften-Titelseiten und ggf. Anzeigen im Format A4 und A5 in 14 p. Bei kleinere bzw. größeren Formaten wird die Größe proportional angepasst.

- Für Folien gilt die Schriftgröße 24 p für Überschriften bzw. 14 p,17 p oder 20 p für die Darstellungen.

- Die Logovarianten erscheinen im Standardformat und kleiner in Schwarz, bei größeren Formaten kann auch die Hausfarbe (40 % Schwarz) verwendet werden.

6. Fotokonzept

In der Dokumentation sind Fotos eine wichtiges Mittel. Bevor die Aufnahmen gemacht werden, sollten die erste Verwendung der Motive klar sein. Sie bestimmt die Qualität und die notwendigen Vorbereitungen und damit Aufwand und Kosten.

Fotos werden wie folgt gegliedert:

- Dokumentationsfotos: Diese Gruppe bilden Fotos, die den Bauverlauf für rechtliche Zwecke dokumentieren. Diese Fotos werden nicht veröffentlicht und bedürfen deshalb keiner besonderen Qualität. Hier ist die Einblendung einer Datenzeile in das Bild sinnvoll. Bei allen anderen Anwendungen beschädigt die Einblendung von Datum und Uhrzeit das Bild. Die Zeile muss nachträglich mit zusätzlichen Produktionskosten entfernt werden

- Pressefotos: Die Gruppe enthält Fotos, die in Zeitschriften und Pressemitteilungen verwendet werden. Hier ist Lebendigkeit gefordert: Menschen, die Maschinen bedienen etc.,,Baustellengesamtbilder" dagegen sind langweilig.

- Referenz- und Imagefotos: Für diese Gruppe sollte ein Profifotograf die Bilder in hoher Qualität anfertigen. Diese Fotos werden die Akquisition in den Referenzunterlagen und Unternehmensdarstellungen auf mehrere Jahre hinaus begleiten. Viele Bauleiter wollen hier Kosten sparen. Der Akquisiteur ärgert sich später regelmäßig über die „miesen Bilder dieses guten Referenzprojektes".

Digitale oder „klassische" Fototechnik

In den nächsten Jahren werden die digitalen Fototechniken die chemischen Systeme ablösen. Eine Grenze ist aber die schlechtere Auflösung der digitalen Fotographie, die insbesondere eine Vergrößerung auf Postern etc. in ausreichender Qualität nicht zulässt.

Dagegen bieten für Verwendungen mit geringer Vergrößerung oder grobem Reproduktionsraster digitale Aufnahmetechniken mehr Vorteile. Insbesondere das sofortige Prüfen der erstellten Aufnahme auf dem Display der Kamera hat sich bewährt: Schnell ist ein besseres Bild „nachgeschossen". Außerdem entfällt das nachträgliche Scannen der Bilder für das digitale Foto-Archiv. Für Pressefotos zählt die schnelle Verfügbarkeit der Fotos: Hier ist die Digitale Technik Standard, da die Entwicklungszeit entfällt und die Fotos per e-Mail zeitnah an die Redaktionen geschickt werden können.

Deshalb ist für Referenz- und Imagefotos die klassische Fototechnik mit Klein- und Mittelbild- sowie Profitechnik, für Dokumentations- und Pressefotos dagegen die digitale Technik vorzuziehen.

Fotoarchiv

In vielen Unternehmen sammeln sich im Laufe der Jahre ganze Aktenschränke mit Fotos an. Die Pflege mit einem entsprechenden Archivsystem ist ein mühseliges Unterfangen, das zudem noch nebenher erledigt werden muss. So sind die Fotoarchive in der Regel eine regelrechtes Infograb und nur die wenigsten Motive werden nach einigen Monaten noch verwendet. Wenn überhaupt, bleiben von einer Fotoserie nur ein oder zwei Bilder übrig. Deshalb ist es wichtig, die zentralen Motive von dem Rest abzugrenzen. Auch sollte der Mut entwickelt werden, weniger gute Bilde gleich auszusortieren und zu entsorgen.

Archiv-Struktur für Digital und Print müssen identisch sein, um die Dateien und Printfotos einander zuordnen zu können.

Für die Bewertung empfiehlt sich auch hier eine „ABC-Klassifizierung". Die besten und aussagekräftigsten Fotos „A" sollten für ein separates Archiv dupliziert werden. Das A-Archiv auf digitaler Basis ist möglich, wenn die Kopien der Bilder mittels einem hochauflösenden Profi-Scanner entstehen. Die A-Bilde werden zunächst nach technischen Kriterien wie:

- Hochbau,

- Tiefbau,

- SF-Bau,

- Technische Sonderlösungen,

- Großprojekte,

- etc.

und innerhalb einer Kategorie nach der Zeit gegliedert.

B-Bilder sind die Fotos, die im Standard-Archiv aufbewahrt werden. In der Regel werden sie nur zur Dokumentation von Projektabläufen benötigt und sind deshalb auch projektspezifisch archiviert.

C-Bilder sind die Fotos, die nicht archiviert werden. Es ist zu empfehlen, alle Aufnahmen dahingehend zu prüfen, ob eine spätere Verwendung wahrscheinlich ist. Nur die Fotos, die später sinnvoll verwendet werden können, sollten in die A oder B Klassifizierung einfließen.

7. Papierkonzept

Mit der Festlegung, welches Papier für welche Anwendung verwendet wird, vermindert man die Gefahr möglicher Fehler und erleichtert die Produktion wesentlich. Die wichtigsten Gruppen sind:

– Repräsentativ-Papiere für die Briefbögen, Visitenkarten etc., die einen besonders guten Eindruck machen sollen,

– Mengenpapiere für Formulare und internen Anwendungen,

– Formularpapiere für Durchschreibsätze,

– Kuverts und Versandtaschen.

Die Papiere sollten nach Vorschlag des Grafikers vom Einkauf geprüft und festgelegt werden: Sind sie druckertauglich, im Preis akzeptabel etc.?

8. Corporate Sound

Die kommunikative Wirkung eines Corporate Sounds ist noch nicht hinlänglich erforscht. Zumindest ist ein Wiedererkennungseffekt festzustellen.

Wie wäre es, sich einen eigenen Sound auszuwählen – oder sogar komponieren zu lassen?

Diese Melodie kann als „Erkennungsmelodie" des Unternehmens für die Warteschleife der Telefonanlage oder auch als Hintergrundsound für Referenzvideos und Multimedia-Anwendungen eingesetzt werden.

9. und 10. Geschäftspapiere und Büromittel

Bei den Geschäftspapieren ist zu unterscheiden zwischen interner und externer Verwendung. Extern bedeutet, dass Bedarfsträger diese Papiere buchstäblich „in die Hände" bekommen, interne Papiere werden lediglich von den Mitarbeitern verwendet und gelesen.

Die Umsetzung der einzelnen Punkte in der Checkliste ergeben sich aus dem Tagesgeschäft.

– Externe Formulare

Das Formularwesen ist eines der komplexesten Themen in Bauunternehmen – eine einheitliche Form existiert selten. Viele Niederlassungen des gleichen Unternehmens nutzen zum gleichen Zweck unterschiedlich gestaltete Formulare.

Die Formulare – von Auftrags- und Stundenzetteln, Gerätelisten bis zu Lieferscheinen und Rechnungsformularen sollten in einer unternehmenseinheitlichen Form gestaltet werden. Als Basis empfiehlt sich der Geschäftsbriefbogen. Die Hausfarbe sollte bei externen Formularen mit verwendet werden. Teure Geschäftsbriefbögen landen auf dem gleichen Schreibtisch wie die Formulare – also sollten auch hier eine einheitliche Form gewahrt sein.

– Interne Formulare

Da diese Formulare nur für den internen Betriebsablauf gedacht sind und nicht an Kunden weitergegeben werden, können diese Formulare vereinfacht einfarbig und preiswert gestaltet werden.

– Stempel

werden wiederum unterschieden zwischen externen Stempeln mit dem korrekten Logo und internen Stempeln, die ggf. die Fließtextfirmierungen als Unternehmenskennung tragen.

Für Frankiermaschinen wird ein besonderer Stempel benötigt; deshalb ist er in der Liste gesondert ausgewiesen.

Für Präsentationszwecke sind Gestaltung und Form von Vorlagemappen zu definieren. Häufig werden größere Papiermengen in Stellordnern übergeben: Dafür sollte die Gestaltung der Rücken und Deckel genauso definiert sein wie die Grundfarbe der Ordner.

– Aufkleber

mit Logo, Adressen etc. sind ein hilfreiches Instrument zur Absenderkennung- nicht nur auf Paketen oder Bauplänen: Die Gesatltung orientiert sich an der Gestaltung der Stempel. Aufkleber können aber mit der Hausfarbe gedruckt werden, während Stempel einfarbige Drucke in schwarz, rot, grün oder blau ergeben.

11. Internet

Häufig erscheinen die Webseiten einer Unternehmenspräsentation in einem komplett anderen Design. Ursache dafür ist die bisherige stiefmütterliche Behandlung des Webauftrittes, verbunden mit der Neigung der Designer, lieber alles wieder neue zu erschaffen – mit entsprechendem Zeit- und Geldaufwand. Da jedoch der Web-Auftritt inzwischen als Basismedium für alle anderen Kommunikationsmittel dienen kann, ist er den gleichen Gestaltungsregeln zu unterwerfen wie alle anderen Mittel auch. Die Seitengliederung und der Seitenaufbau können ähnlichen Regeln folgen, wie sie für Overheadfolien gelten. Wesentlich komplexer stellen sich jedoch die Regeln für die Entwicklung des Inhaltes und der Struktur des Gesamtauftritts dar (siehe Abschnitt 4.3).

12. Druckschriften

Zu den Gestaltung- und Inhaltsangaben siehe Abschnitt 3.6.2.

13. Mitarbeiterinfomation

An dieser Stelle wird nicht der Inhalt, sondern die Gestaltung festgelegt. Ein Beispiel:

– Mitarbeiterbriefe werden auf Geschäftspapier-Zweitseiten gedruckt. Sie erhalten die Überschrift „Mitarbeiterinfo" in Arial 36 p, darunter „Ausgabe Nr.: ... Datum:...." in Arial 12 p.

– Der Druck ist einfarbig, als Schrift wird Arial verwendet.

– Die Verteilung erfolgt über die Hauspost, an die Pensionäre per Post nach Hause.

Für Mitarbeiterzeitschriften wird üblicherweise ein „Zeitungskopf" gestaltet. Der Rest folgt den Regeln, wie sie für alle anderen Druckschriften gelten: Nicht unüblich ist allerdings ein Sonderformat wie das Zeitungsformat und aus Kostengründen ein Druck in zwei Farben: Schwarz und eine Schmuckfarbe. Die Fotos werden dann üblicherweise in schwarz-weiß abgebildet.

14. Anzeigen

Zu den Gestaltung- und Inhaltsangaben lesen Sie bitte Abschnitt 3.6.3 und 4.3.1.

15. Präsentationsgrafiken

Die Grafiken sollen eine einigermaßen durchgängige Gestaltung bieten. Häufig werden Grafiken unterschiedlicher Quellen zu einem einzigen Vortrag zusammengefasst. In der Regel kommt dann ein Gestaltungsmischmasch zustande.

Deshalb gelten folgende Mindestregeln:

- Festlegung einer zwei- oder dreidimensionalen Darstellung von Grafiken und Blöcken,

- Festlegung der perspektivischen Winkel, zum Beispiel 45 Grad.

- Bestimmung der Hintergrund-, Füll-, Linien- und Schriftfarben sowie der Schriftgröße und Linienstärken.

16. Dias und Folien

Für die Präsentation gelten bei den unterschiedlichen Techniken die gleichen gestalterischen Voraussetzungen.

Hier empfiehlt sich die Entwicklung eines „Gestaltungsrahmens" mit:

- Festgelegte Hintergrundfarbe, ggf. analog zur Hausfarbe mit oder ohne Verlauf,

- Festgelegter Rahmen: Eine dünne schwarze Linie oben und unten genügt häufig. Anspruchsvollere Unternehmer können auch einen Farbrahmen mit entsprechend höheren Produktionskosten definieren,

- Festgelegte Position und Größe des Logos,

- Festgelegte Schriftgröße für Überschrift, Text und Gliederungshinweise.

Zu achten ist auf genügend große Schrift auch bei den Listen. Merkregel: Schriftgrößen unter 14 p sind auf der Projektionswand nicht lesbar. Richtwerte sind für Überschriften 24 p, für Text 17 p.

Abb. 3.11: Beispiel eines Folienrasters

Die Gliederungshinweise sollen nur helfen, die richtige Reihenfolge beizubehalten – oder das Chart im Archiv wiederzufinden. Deswegen soll dieser Text in der Präsentation nicht lesbar sein und damit unter 8 p liegen.

17. Schilder und Beschriftungen

Zu den Inhalten der Schilder wurde bereits im Rahmen der Logoverwendung gesprochen.

Entscheidend für die Schild-Darstellung und -Größe ist neben dem Umfeld die relative Lesbarkeit:

Der Ort, an dem das jeweilige Schild montiert wird, bietet eine individuelle Umgebung. Das bedeutet, dass die Passanten, die das Schild lesen sollen, aus bestimmten Entfernungsschwerpunkten das Schild betrachten:

Als Faustregeln kann gelten:

– Fußgänger: 1-2 Meter oder – über die Straßenseite – 6-12 Meter

– Autofahrer: Bei der Vorbeifahrt wie Fußgänger, sonst 100 Meter

– Bei Einfallsstraßen und Autobahnen 1 Kilometer und mehr.

– Zugreisende etc.: 50 Meter bei der Vorbeifahrt, sonst 1 Kilometer und mehr.

Ist ein Schild zu groß, kann es beispielsweise von einem Passanten nicht mehr gelesen werden. Ist es zu klein, nehmen es die Autofahrer nicht mehr wahr.

Bewährt haben sich folgende Schildertypen:

– Logoschilder mit dem Logo-Firmenzeichen und Schriftzug als Standardschild für alle Anwendungen in kurzen und mittleren Distanzen

– Themenschilder, bei denen das Logo durch eine Aussage zum Unternehmen ergänzt wird – für kurze Distanzen

– „Firmenzeichen" in Maßen ab 50 x 50 cm für große Distanzen zur Verwendung auf den Kränen, bei Großfahrzeugen und als Fernsichtaufsteller an Bauzäunen. Firmenzeichenschilder sollten nie ohne Logoschilder eingesetzt werden. Der Name des Unternehmens muss spätesten bei einer „Vorbeifahrt" gelesen werden können.

Welche Schilder verwendet werden, ist von der Umgebung abhängig – In der Regel werden auf einer Baustelle alle drei Typen zu sehen sein

Fahnen sind analog zu den Firmenzeichen einzusetzen. Üblicherweise werden Fahnen auf Krananlagen und vor Verwaltungsgebäuden an Masten angebracht. Für sie gelten die gleichen „Distanzregeln".

Es empfiehlt sich, an Musterfahrzeugen und Geräten zu prüfen, welche Schild – oder Aufklebergrößen an dem jeweiligen Typ sinnvoll sind und an welcher Stelle sie angebracht werden. Schwerpunkt der Anwendung sollten Logoschilder sein, die von Firmenzeichenschilder ergänzt werden.

Bei Baukränen empfiehlt sich die Anbringung eines Firmenzeichens. Logoschilder sollten bei Kränen nur in „Bodennähe" zu sehen sein – also so, dass Passanten sie erkennen können. Für große Sichtdistanzen sind die Themenschilder nicht geeignet.

Themenschilder sind im Wesentlichen für die Bauzäune oder bei Büros als Hinweisschilder am Eingangsbereich geeignet. Auf Fahrzeugen sollte man darauf verzichten. Die Erfahrung zeigt, das die Inhalte der Themenschilder immer wieder wechseln.

Oft müssen bei den Geräten die „Baustellenheraldiker" etwas gebremst werden: Mit Aufklebern gepflasterte Verteilerschränke oder Maschinen erwecken den Eindruck, bei den Geräten wären Löcher überklebt worden.

Falls die Baustellenzäune von Plakatwerbeunternehmen angemietet worden sind, sollten eigene Werbung in diesem Umfeld weitgehend vermieden werden, da sie in den werblichen Themen für Konsumgüter in der Regel untergehen.

Die Bauzäune selbst durch Bespannungen oder großflächige Schilder selbst zu gestalten, wirkt zu Beginn sehr attraktiv. Erfahrungsgemäß verschmutzen die Dekorationen schnell und wirken dann eher negativ. Außerdem werden solche Elemente regelmäßig mit Farbe oder durch Zerschneiden beschädigt, so dass der Aufwand nur bei ganz besonderen Baustellen in Stadtzentren, Fußgängerzonen etc. lohnt.

18. Kleidung

Natürlich erwartet niemand von den Mitarbeitern, dass sie auf der Baustelle nur frisch gebügelte Kleider tragen. Schmutz gehört zur Baustelle.

Aber Müll gehört nicht dazu. Für die Kleidung heißt das – Zerrissene oder zerschlissene Hosen, Jacken etc. haben auf der Baustelle nichts zu suchen.

Gerade bei kleineren Unternehmen bringen die Mitarbeiter ihre eigene Kleidung mit. Diese sollte in Sicherheitsansprüchen wie Qualität dem Anspruch des Unternehmens gerecht werden. Die übrige Schutzkleidung wird in der Regel vom Unternehmen gestellt. Dort sollte das Logoschild auftauchen. Das Firmenzeichen allein ist zu wenig, die Besucher sollen den Namen des Unternehmens lesen können.

Eine gangbare Lösung ist, das Firmenzeichen auf den Helm zu drucken – und das Logo auf die Jacke an Brustseite links oder Rücken.

19. Baustellengestaltung

Für die Baustellengestaltung nach CD-Regeln gibt es keine Vorschriften – leider. Die Baustellengestaltung ist Teil der Arbeitsvorbereitung. So wird häufig je nach Baustellengröße einfach ein bestimmtes Kontingent an Schilder vom Bauhof geliefert und der Bauleiter oder Vorarbeiter bestimmt, wo die Schilder aufgehängt werden.

Die Positionierung der Schilder sollte bereits im Baustellenplan festgelegt sein.

Dazu folgende Planungsregeln:

- Weniger ist mehr: Ein vorbeifahrender Autofahrer soll das Schild dreimal gesehen haben.

- Gezielt positionieren: Die Passanten müssen den Unternehmensnamen und möglichst ein Themenschild lesen.

Bei ARGE-Baustellen stehen die eigenen Schilder – wie Anzeigen – im Wettbewerb zum konkurrierenden Umfeld. Wichtig ist eine gleichberechtigte Positionierung, bei der das Firmenzeichen eindeutig von den anderen abgegrenzt ist. Bei gleicher Hintergrundfarbe von Schildern zweier Unternehmen ist deren Abgrenzung nicht mehr gegeben.

In die Planung müssen auch bereits vormontierte Schilder berücksichtigt werden. So machen Schilder an Containern einen Großteil der insgesamt eingesetzten Schilder aus. Auch Kranschilder sowie Schilder an feststehenden Geraten sind mit einzubeziehen.

– Firmenzeichen empfehlen sich an:

  – Kranauslegern,

  – Baustelleneinfahrten,

  – An Bauzäunen/Aufstellern, wenn die Baustelle auf freiem Gelände ist,

  – Bei ARGE-Baustellenschildern, wenn das Unternehmen benannt wird und eine Quadratform benötigt wird.

– Logoschilder empfehlen sich an allen Geräten, Baustellenschildern Containern und Baustellenzäunen.

– Themenschilder empfehlen sich vor allem an Baustellenzäunen.

Die Planung der Baustelle ist eines – die Kontrolle das andere. Normalerweise wird in den Kontrollplänen der üblichen Qualitäts-Managementsysteme das Baustellendesign nicht berücksichtigt. Aus Sicht der Akquisition sollte bei der internen Prüfung der Baustelleneinrichtung – die üblicherweise in den Vorschriften zur Qualitätssicherung vorgegeben ist – das Baustellendesign ein Prüfpunkt entsprechend den o. g. Regeln sein.

20. Telefongespräche

Ein häufig übersehener Aspekt des einheitlichen, qualitätsbewussten Auftritts ist das Telefonieren.

Das die Mitarbeiterinnen und Mitarbeiter am Telefon freundlich sein müssen, liegt auf der Hand. Das sollte aber ggf. in einer internen Schulung auch trainiert werden.

Zu definieren ist der Meldetext des Anrufbeantworters sowie die Gestaltung der Vermittlungspausen einheitlich für alle Unternehmensstandorte.

21. Werbeartikel

Es gibt einen alten Streit, ob man bei den höherwertigen Werbemitteln das Firmenzeichen mit anbringen soll oder nicht. Eine Bedruckung würde den Wert mindern. Trotzdem sollte jedes Präsent einen dauerhaft erkennbaren Absender haben, so dass beispielsweise das Weihnachtspräsent nicht mehr einfach an Verwandte oder Bekannte weitergeschenkt werden kann. Ggf. kann ein Aufkleber an einer unauffälligen Stelle angebracht werden.

Die steuerliche Behandlung von Werbegeschenken ist inzwischen sehr kritisch. So werden die Obergrenzen der Werte, die maximal an eine einzelne Person pro Jahr vergeben werden dürfen, immer niedriger gesetzt. Insofern ist die Trennung zwischen Streuartikeln und Präsenten wichtig, da für Präsente – mit Wert über einen minimalen Betag hinaus – die Empfänger mit Namen und Anschrift dem Finanzamt auf Anforderung zu nennen sind.

Welche Präsente bestellt werden, kann aus der Kundendatei abgelesen werden: Wann erhält wer welche Geschenkqualität.

Darüber hinaus ist ein gewissen Vorrat für unvorhergesehene Besuche wichtig. Lieferzeiten für solche Artikel liegen regelmäßig bei mehreren Wochen und werden häufig unterschätzt.

Das gleiche gilt für Streuartikel. Diese Präsente sind als Massenware für Baustellenveranstaltungen, Messen und Präsentationen ein wichtiges Erinnerungsmittel. Dort sollte nicht nur das Logo, sondern auch eine Aussage ähnlich dem auf Themenschildern getroffen werden. Das Logo allein hat zu wenig rationalen Inhalt.

Ein anderer Fall sind preiswerte Kugelschreiber und Blöcke mit Logoaufdruck: Diese Artikel sollten Bestandteil der Büromittelausstattung sein. Der Akquisiteur kann sie in einem Gespräch den Bedarfsträgern überlassen, ohne dass dies negativ aufgefasst werden würde.

Eine Sonderform stellen die jährlichen Kalenderaktionen dar. Besonders bei Großunternehmen sind Kalender ein beliebtes Weihnachtsgeschenk – und für die Mitarbeiter eine wichtige Büroausstattung.

Größere Bestellungen für Kalender sollten zu Jahresbeginn erfolgen mit Lieferung bis Juni. Damit können erhebliche Rabatte bei den Herstellern erzielt werden. Kalender sollten keine Weihnachtsgeschenke sein. Die Kunden werden zu dieser Zeit mit Kalendern zugeschüttet und müssen vorher die ersten Termine für das kommende Jahr noch auf Zetteln verwalten. Ein Verteilen der Kalender bereits im September erhöht den Nutzungsgrad spürbar.

Bestellungen von Werbeartikeln für einen kompletten Jahresbedarf bieten Rabattvorteile. Der ungefähre Jahresbedarf einzelner Werbeartikel, der sich in der Summe, multipliziert mit den jeweiligen Einkaufspreisen, im geplanten Budget niederschlägt – ergibt sich aus:
– Verbrauch in den geplanten Veranstaltungen,

– Verbrauch gemäß Bedarfsträgerdatei,

– Erfahrungswert des akquisitorischen, durchschnittlichen Bedarfs pro Monat x 12,

– Interner Bedarf (Ihre Mitarbeiter sollten die Mittel auch benutzen), Bemusterungen.

Zu Verwaltung eignet sich eine Werbemittelliste als Material- und Inventurliste mit den Spalten:
– Streuartikel:
  – Bezeichnung
  – Einkaufspreis
  – Liefermenge
  – Bestand laufender Monat
  – Geplanter Einsatz bei: (Veranstaltung im Geschäftsjahr)
– Präsente:
  – Bezeichnung
  – Einkaufspreis
  – Liefermenge
  – Bestand laufender Monat

- Kalender
- Bezeichnung
- Einkaufspreis
- Bedarf laut Bedarfsträgerdatei
- Bedarf für Mitarbeiter
- Liefermenge
- Bestand laufender Monat

3.6 Interne Dokumentation: Selbstdarstellung

In Akquisitionsgesprächen nimmt die Unternehmenspräsentation relativ viel Zeit in Anspruch. Da diese Präsentation darüber hinaus noch am Anfang des Gesprächs steht, muss ein Bedarfsträger schon etwas Aufmerksamkeit und Konzentration „verbrauchen". Bis das Thema auf die Bedürfnisse des Gesprächspartners eingeht, ist dessen Aufnahmefähigkeit schon geschwächt. Eine prägnante schriftliche Unternehmenspräsentation ist deshalb wesentlich.

Aus den Präqualifikationsprozessen heraus sind die Standardunterlagen eines Bauunternehmens
- Unternehmensdarstellung (Imagebroschüre, Webpräsentation) und
- Referenzdokumentationen.

3.6.1 Inhalte

In Unternehmensdarstellungen wird regelmäßig Verschwendung betrieben. Verschwendung bedeutet, dass viel gezeigt und wenig gesagt wird, so dass die Darstellung in der Betrachtung durch den Bedarfsträger austauschbar mit denen des Wettbewerbs wird.

Die Gründe liegen in den Präqualifikationen, bei der bestimmte Leistungsnachweise – Equipmentangaben, Bonitätsnachweise und Referenzen – verlangt werden. Diese Angaben werden in den Darstellungen gemacht, mehr jedoch nicht.

Die Bedarfspyramide empfiehlt ein anderes Vorgehen. Weil die Wettbewerber die Daten in gleicher – vielleicht sogar besserer – Weise liefern können, ist die Präqualifikation dann zu gewinnen, wenn weitere, hinreichende Argumente die Position gegenüber dem Bedarfsträger stärken.

In der Argumentation sind die Kriterien notwendig, die für den Wettbewerb qualifizieren. Hinreichend werden die Argumente erst, wenn die Spitze der Pyramide – die bedarfsträgersubjektiven Faktoren – mit in die Argumentation einbezogen werden. Notwendige Darstellungen sind die Referenzen und das Equipmentverzeichnis. Ergänzt mit den „richtigen" Aussagen der Unternehmensbroschüre sind es gute Voraussetzungen für die hinreichende Argumentation.

Wie nun die richtigen Aussagen finden?

Hilfestellung bietet wieder das „Strategische Dreieck", die Daten der Bedarfsträger- bzw. Wettbewerberkartei sowie die Stärken/Schwächen-Analyse.

Abbildung 3.12 „Positionierung" hilft in der Bestimmung der bedarfsträgerspezifischen Vorteile.

Bei den Einträgen in der Liste ist Ehrlichkeit wichtig. Es hat keinen Wert, die Stärken/Schwächen-Analyse zu vertuschen. Schlimmstenfalls ergeben sich Bereiche, in denen sich das Unternehmen ändern muss, bevor wirklich erfolgreich akquiriert werden kann.

Mindestens ein Punkt ist zu finden, der im Wettbewerbsvergleich eine Abgrenzung des Unternehmens ermöglicht – und bei der Bedarfsträgerbewertung eine Übereinstimmung zwischen den Bewertungen der Zielgruppen und Ihrer eigenen Aussage zeigt. Damit ist ein strategischer Wettbewerbsvorteil gefunden oder entwickelt.

Zum Quervergleich muss das Argument Antwort auf die Frage geben:

Warum soll der Bedarfsträger uns und nicht dem Wettbewerb den Auftrag geben?

Falls sich nun in der Auswertung trotz aller Mühe keine Wettbewerbsvorteile findet konnten, bleibt nur die Möglichkeit, eine Positionierung zu entwerfen. Dabei werden dem Unternehmen in einem der „weichen Faktoren" ein „typisches Bild" gegeben, das die Attraktivität gegenüber dem Bedarfsträger erhöht.

Zur Ermittlung hilft die Betrachtung der folgenden Bereiche:
- Angebotssteigerung
  Können Bereiche des Unternehmens ausgebaut werden, um eine abgrenzende Positionierung zu erreichen?
  Die Positionierung könnte dann lauten: „Wir wollen Ihr Partner für Rammarbeiten sein".
- Historischer Beitrag
  Gibt es in der Geschichte des Unternehmens technische oder soziale Leistungen, die vom Wettbewerb abgrenzen?
- Größenpositionierung
  Geben Bauleistungssummen oder Mitarbeiterzahlen eine Spitzenstellung in der Region und/oder in bestimmten Leistungsfeldern wieder? Dann ist eine Positionierung als „Größtes Tiefbauunternehmen in XY" möglich.
- Leistungspositionierung
  Bestehen Kompetenzen in Spezialbereichen? Sie können Inhalt der Positionierung sein.
- Imagepositionierung
  Hier folgt die Positionierung nicht mehr den Angeboten und Leistungen des Unternehmens, sondern trifft beliebige, für den Bedarfsträger interessante Aussage z. B.:
  - „Leistung in Vielfalt " – ausgedrückt in einem vielfarbigen Firmenzeichen,
  - „Kreative Bauleistung" – belegt mit unkonventionellen Methoden beispielsweise der Baustelleneinrichtung,
  - „Wir denken mit" etc.

Gefundene Positionierungen müssen grundsätzlich nochmals im strategische Dreieck geprüft werden.

Bereich		Unternehmensargumentation	
	Wettbe- werber		Eigene Argumentation (Stärken gemäß Stärken-Schwächen-Analyse)
Qualität			
Kompetenz			
Tradition			
Equipment			
Umwelt			
Mitarbeiter			
Soziales Engagement			
Regionales Engagement			

Bedarfsträger-Bewertung

Relevante Bereiche	Bewertungen der Zielgruppen		Eigene Aussage
Qualität			
Kompetenz			
Equipment			
Umwelt			
Mitarbeiter			
Tradition			
Soziales Engagement			
Regionales Engagement			
Zentrale Position:			

Abb. 3.12: Positionierung

3.6.2 Entwicklung

Wenn einem neuen Gesprächspartner vor dem anberaumten Termin eine kurze Darstellung der Personen zugesandt wird, die am Gespräch teilnehmen, so entfällt die persönliche Vorstellung am Anfang weitgehend und es wird wieder Zeit für Wesentliches gewonnen. Eine Möglichkeit ist „vergrößerte" Visitenkarte – zum Beispiel im karteikastengeeigneten Format C6. Neben einem Foto werden darauf die wichtigsten Stationen der beruflichen Karriere und die Funktion des Mitarbeiters in Bezug auf die Fragen und Wünsche des Bedarfsträgers dargestellt.

Bei allen Darstellungen ist es wichtig, „Luftblasen" zu vermeiden. In der Gesamtdarstellung sollten nur Beispiele genannt werden, die jeweilige Aussagen belegen und einer Nachprüfung standhalten.

Deshalb ist eine Liste mit allen Argumenten wichtig, die für das Unternehmen in die Waagschale geworfen werden können.

1. Positionierung

2. Begründung der Positionierung

3. Im Vergleich zum Wettbewerb herausragende Leistungen

4. Leistungen, die genauso wie der Wettbewerb angeboten werden

   (Man spricht hier von „Me-Too-Leistungen")

5. Allgemeine Referenzen und Daten zum Unternehmen

Die Darstellung des Unternehmens gliedert sich nun sinnvoller weise nach der Gültigkeitsdauer der Aussagen:

Langfristige Gültigkeit

– *Unternehmensziele* (Leitlinien)

Diese Argumente stellen den Anspruch dar, dem das Unternehmen sich stellt: Sie müssen noch nicht realisiert sein, werden aber erkennbar angestrebt.

– *Imagebroschüren*

Wie sich die Ziele des Unternehmens, wie sie in den Leitlinien beschrieben sind, konkret und als Nutzen für den Bedarfsträger in der täglichen Arbeit zeigen, wird in den Imagebroschüren erläutert.

Bei kleineren Unternehmen kann dies in einer einzelnen Broschüre zusammengefasst werden, beispielsweise mit einer Gliederung wie dieser:

1. Einleitung: Die Ziele des Unternehmens (2 Seiten)

2. Besondere Schwerpunktthemen wie Qualität, Mitarbeitermotivation etc. (je 1-2 Seiten)

3. Leistungsbereichsdarstellungen (Je Bereich 1 bis 4 Seiten)

4. Zum Schluss: Historisches zum Unternehmen

Bei größeren Unternehmen mit unterschiedlichen Geschäftsbereichen und unterschiedlichen Zielgruppen der Bedarfsträger wäre eine Broschüre allein zu umfangreich – deshalb empfiehlt sich eine „Kopfbroschüre" mit einer allgemeineren Darstellung und ergänzenden, bereichsspezifischen Imagebroschüren. Deren Gliederung kann in gleicher Weise erfolgen wie oben beschrieben: So wäre zum Beispiel Tiefbau allgemein in der Kopfbroschüre beschrieben, in der Bereichsbroschüre würde dann in einzelnen Kapitel beispielsweise auf Tunnel-, Kanal-, Straßen-, Brücken- und Wasserbau eingegangen. Je nach Leistungstiefe können diese Bereiche weiter differenziert werden.

– Unternehmenskompetenzen

Diese Argumente stellen das tatsächliche Leistungsangebot dar: Referenzen und Equipmentbeschreibungen sind die Instrumente, mit denen diese Kompetenzen dargestellt werden – falls sie im strategischen Dreieck bestehen können.

Langfristig gültige Argumente sollen in die allgemeine Unternehmensdarstellung einfließen. Die vorab genannte hat sich auch als Gliederung einer Imagebroschüre bewährt. Dann sollten allerdings die Referenzen als Beispiele der einzelnen Aussagen dienen und nicht als „Anhang" Verwendung finden (Erfahrungsgemäß wird dann der Anhang um ein vielfaches umfangreicher als die eigentliche Darstellung)

Mittelfristige Gültigkeit

– Daten und Fakten

Die Geschäftszahlen des Unternehmens sind wichtige Informationen für die Bedarfsträger. Deshalb hat sich bei Großunternehmen der Geschäftsbericht als wichtiges akquisitorisches Instrument erwiesen. Da dort aber in der Regel zuviel Informationen gegeben werden und ein Geschäftsbericht ziemlich teuer ist, empfiehlt sich zusätzlich eine kurze Zusammenfassung der wichtigsten Daten zum Unternehmen.

Besteht keine Publikationspflicht, sollten „Daten & Fakten" die Imagebroschüre aktuell ergänzen. Deshalb sind die „Daten und Fakten" regelmäßig aktualisieren – mindestens zweimal im Jahr. Gelistet werden sollten die Kerndaten, ggf. Im Zeitvergleich zum Vorjahr oder als Fünfjahresvergleich: Bauleistung, Auftragseingang, Auftragsbestand, Mitarbeiterzahlen und Struktur, ggf. Angaben für den Aktienmarkt. Wenn möglich, sollten die die Zahlen mit den Marktzahlen verglichen und die Abweichungen kurz begründet werden.

Weitere Angaben sollten sein:

Eigentumsverhältnisse mit Angaben zum Unternehmensinhaber, wichtige Beteiligungen an anderen Unternehmen etc.; Ansprechpartner mit Adressen der Unternehmensstandorte und Telefon- bzw. e-Mail-Verbindungen.

Kurzfristige Gültigkeit

– Aktuelle Unternehmensereignisse

Verschieden Ereignisse können für die Kunden interessant, aber nur kurzzeitig von Bedeutung sein: Veranstaltungen wie Seminare, besondere Baustellenereignisse, Jubiläen etc. Diese Informationen sollten als Pressemitteilungen bzw. in Anzeigen dokumentiert werden.

- *Referenzliste*

Die Referenzliste wird regelmäßig ergänzt und gepflegt: Sie ist deshalb nie „fest" und erfordert eine besondere Handhabung als Datei- und Kartei-Archiv.

- *Sprachstil*

Als Letztes ist der „Sprachstil" zu definieren. Er dokumentiert den Anspruch genauso wie die Inhalte – entsprechend werden die Inhalte unglaubwürdig, wenn der Sprachstil die Inhalte nicht mit ausdrückt.

Welcher Stil zur Positionierung passt, ist Ermessenssache. Die meisten Unternehmen liebäugeln mit einer seriösen Darstellung. Schon deshalb sollte ein anderer Stil gewählt werden.

- witzig, humorig

    (Ich trinke Bier, weil mich mein Bauunternehmen im Stich gelassen hat.)

- aggressiv-provozierend

    (Warum sind Sie nicht gleich zu uns gekommen?)

- seriös-sachlich

    ("Wir sind kompetent, weil...)

- beruhigend, vertrauenserweckend

    („Schlafen Sie ruhig, wir halten die Termine.")

- prestige – bewusst

    („Bauleistung vom Traditionsunternehmen.")

- dynamisch-sachlich

    („Ihr Keller säuft nicht ab – wenn wir ihn bauen.")

Die Beispiele zeigen nur einige mögliche „Tonalities". Sie ergeben sich eigentlich aus den Unternehmensleitlinien und den Argumenten der Selbstdarstellung. Im Interesse eines einheitlichen Auftritts sollten alle Texte der einmal festgelegten Tonalität entsprechen.

3.6.3 Visualisierung

Die Umsetzung der Inhalte ist in der Aufgabe von Grafikern und Agenturen.

Mit dem Verbreiten von Grafik-Software als Bestandteil von Office-Programmen werden jedoch immer öfter – um vermeintlich Kosten zu sparen – viele Gestaltungsarbeiten im eigenen Haus von Mitarbeitern gemacht, deren Qualifikation die Kenntnis über die Bedienung dieser Software ist. Dies ist jedoch nur dann sinnvoll, wenn ein restriktives Corporate Design vorliegt, das wenig Spielraum für „Abweichungen" gibt. Bei zu offenen Regeln ist die Gefahr grundsätzlicher Gestaltungsfehler groß.

Die folgenden Regeln helfen, deren Leistung zu prüfen.

Grundsätzlich erscheinen alle Dokumentationen in Verbindungen mit dem Logo.

Das Firmenzeichen soll in einer gestalteten Fläche nur einmal auftauchen (ausgenommen, wenn Fotos abgebildet werden, in denen die Firmenzeichen mit abgebildet sind).

– Bei Broschüren einmal auf der Titelseite

– Bei Anzeigen einmal im Anzeigenfeld

– Bei Folien und Webseiten einmal im definierten Rahmen.

Mehrfachabbildungen eines Logos auf einer Seite erscheinen unprofessionell und unsinnig – ausgenommen, das Firmenzeichen ist Teil einer sich wiederholenden grafischen Seitendarstellung, zum Beispiel als Teil eines gestalteten Textrahmens.

Die Titelseiten der Broschüren und die Anzeigen werden nach einem einheitlichen Raster gestaltet. Der zur abgebildeten Gliederung gehörende Text lautet:

– „Das Logo steht immer an gleicher Stelle und in definierter Größe zum Seiten/bzw. Anzeigenformat. Das Logo steht immer oben rechts. Bei A4-Formaten steht das Logo 4cm breit, bei anderen Flächenmaßen wird das Logo proportional vergrößert bzw. verkleinert. Bei Anzeigen im redaktionellen Umfeld steht das Logo in einer Spaltenbreite minus 5mm Abstand zu den Spaltenrändern. Bei mehrspaltigen Anzeigen wird das gleiche Logo-Format verwendet. Ein Logo darf niemals in ein Bild „eingeklinkt" werden. Der Abstand vom Logo zu den übrigen Elementen muss mindestens 1cm betragen."

– Die „Raumaufteilung" der gestalteten Fläche folgt einem festen Regelwerk:

„Die Anzeige gliedert sich durch einen „optischen Trenner", der vertikal als Verlängerung des linken Logorandes verläuft. Die Trennung kann zum Beispiel durch Aufteilung in eine Text- und Bildspalte erfolgen"

– Unzulässige Elemente werden benannt. „Karikaturen sind nicht zulässig. Pro Seite dürfen nicht mehr als drei Bilder verwendet werden."

– Abstände zum Rand und Spaltenbreiten werden festgelegt. „Die Raumaufteilung soll großzügig, jedoch ohne Raum zwischen den Elementen erfolgen. Leerräume werden mit der Hausfarbe gefüllt. Zur Vermeidung von Druckkosten ist ein Abstand zum Seitenrand einzuhalten. Er wird auf drei cm vor alle Abstände – oben unten, rechts und links – festgelegt. Bei Innenseiten ist eine dreispaltige Seitenaufteilung die Regel für A4-Formate, bei A5 zweispaltig, in kleineren Formaten einspaltig."

– Die Typographie wird in Stil und Größe definiert. „Kapitelüberschriften erscheinen in freier Schriftwahl, jedoch in 24 p. Zwischenüberschriften sind in Fließtextschrift, jedoch halbfett hervorgehoben. Fließtext erscheint in Arial 12 p. Bildunterschriften in Arial 6 p kursiv. Unterstreichungen und andere Hervorhebungen sind nicht zugelassen. Der Spaltensatz erscheint grundsätzlich linksbündig als Flattersatz."

– Farbdefinitionen grenzen – für ein- bzw. zweifarbige Darstellungen – die Gestaltungsfreiheit auf ein vereinheitlichtes Maß ein. „Die Randfarbe ist die Papierfarbe, Füllfarbe ist die Hausfarbe. Überschriften können in der Hausfarbe markiert werden."

Dieses Beispiel soll nicht beschränken – vielleicht hilft beispielsweise eine bestimmte Karikatur als Ergänzung des Logos, um eine bestimmte Thematik zu visualisieren oder für eine Veranstaltungsreihe ein Aktionszeichen verwendet.

Der Vorteil dieser Festlegung liegt neben der einheitlichen Darstellung in der preisgünstigen und kurzfristigen Entwicklung beispielsweise von Anzeigen oder Präsentationsflächen.

Bei guten Gestaltungsvorgaben kann im Produktionsablauf teilweise auf die Einschaltung eines Grafikers verzichtet werden. So genügen wenige festgelegte Gestaltungsraster für Referenzdarstellungen – für ein bis drei Bilder sowie für reine Textseiten: Text und Bild können CD-gerecht im Office-System erstellt und ausgedruckt oder direkt an die Druckerei geliefert werden, die Satz und Druckvorlagen damit selbst erstellt.

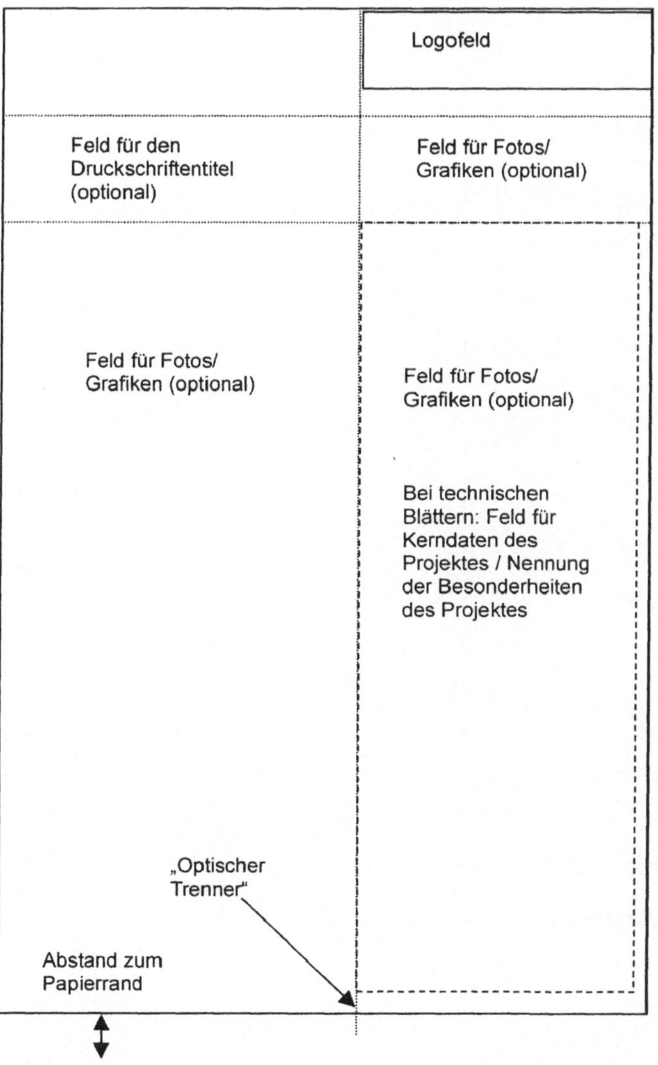

Abb. 3.13: Muster für Raumaufteilung von Titelseiten/Anzeigen/Technischen Blättern

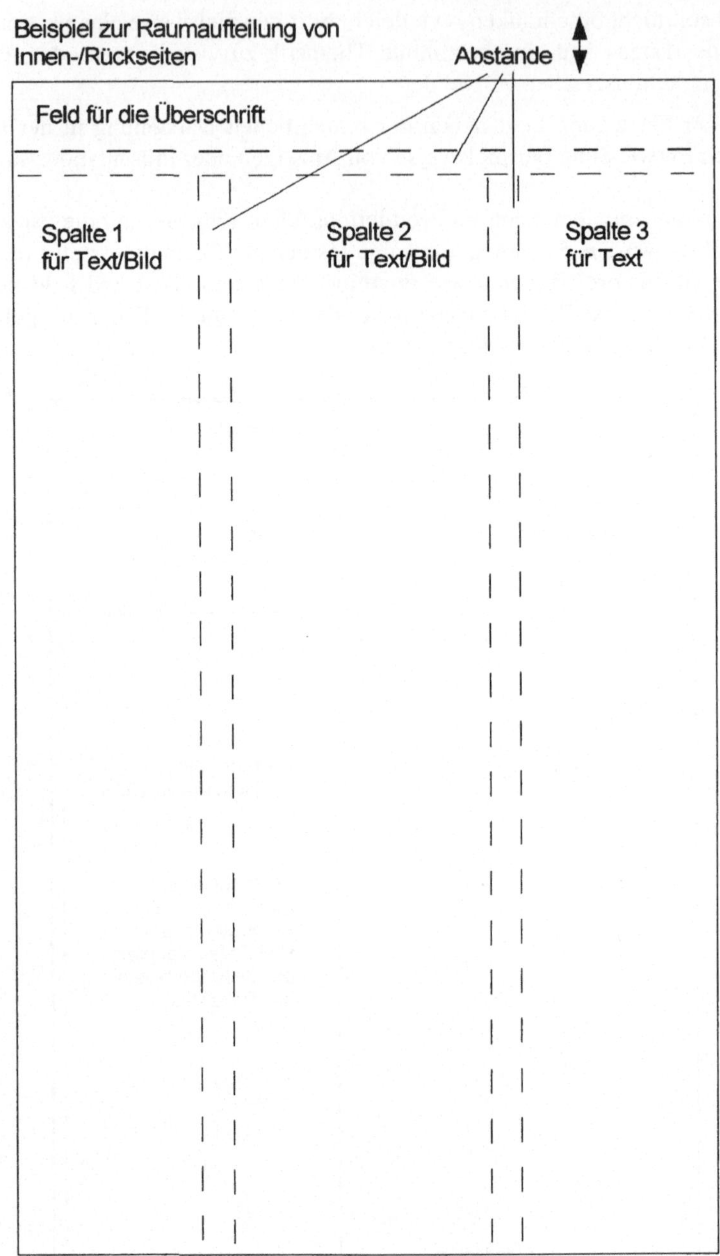

Abb. 3.14: Muster für Raumaufteilung von Innen-/Rückseiten

3.7 Externe Dokumentation: Referenzunterlagen

3.7.1 Referenzdatenbank

In der Präqualifikation wird regelmäßig die Nennung von Referenzen aus dem Bereich der ausgeschriebenen Bauleistungen verlangt. Durch mangelnde Organisation der Referenzarchive ist das Zusammentragen bedarfsträgerspezifischer Referenzsammlungen ein aufwendiger Prozess.

Mit der Bedarfsträger- und Wettbewerberkartei liegt die Lösung auf der Hand. Eine Referenzkartei erleichtert die Dokumentation und verkürzt den Zeitaufwand zur Erstellung von Referenzlisten. Eine vereinfachte, bedarfsträgerorientierte Liste ist für kleinere Unternehmen völlig ausreichend. Sie kann mit jedem Tabellenkalkulationsprogramm problemlos und ohne besonderen Aufwand verwaltet werden.

Bei größeren Unternehmen wird diese Datei üblicherweise zentral geführt. Die Niederlassungen erhalten regelmäßig eine Diskette bzw. CD-ROM mit der aktualisierten Datei oder können die Dokumente aus dem Internet laden.

Die Listen leben – genauso wie die anderen Karteien – von der regelmäßigen Aktualisierung. Basis der Erfassung ist die Projektmeldung des zuständigen Bauleiters bzw. der Niederlassung an die Geschäftsführung: Sobald ein Projektauftrag an das Unternehmen erteilt wurde, werden die ersten Daten erfasst. Die Termindaten sind dann natürlich als Plandaten zu kennzeichnen.

Der Aufwand für die Pflege der „Referenzliste" liegt mit durchschnittlich einer Stunde im Monat sehr niedrig.

Durch die Nennung des Baubeginns und der Fertigstellung sind in aktuellen Listen auch laufende Projekte als Referenz verfügbar.

Üblicherweise werden die einzelnen Leistungsarten selektiert. Deshalb sollten die Leistungsarten vorab definiert sein. Eine Quelle der möglichen Leistungen bietet die VOB. Bei den hier schon sehr detailliert aufgeschlüsselten Leistungen besteht allerdings das Problem, dass viele Projekte mehrere Leistungsarten zusammenfassen. Einige Unternehmen haben deshalb eine spezifische Liste abgeleitet, bei der sie die Hauptgruppen entwickeln, zunächst danach selektieren und dann „per Hand" die für die spezifische Ausschreibung nicht relevanten Projekte aus der Liste entfernen.

Eine Beispiel-Liste für Leistungsarten der Referenten:

- wah- Allgemeiner Wohn-Hochbau
- wrh- Wohn-Roh-Hochbau
- wsf- Wohn-Schlüsselfertigbau mit Finanzierungsservice
- wsb- Wohn-Schlüsselfertigbau

- iah- Allgemeiner Industrie/Infrastruktur-Hochbau
- irh- Industrie-Roh-Hochbau
- isf- Industrie-Schlüsselfertigbau mit Finanzierungsservice
- isb- Industrie-Schlüsselfertigbau

- tab- Allgemeiner Tiefbau
- tts- Tunnelbau Schildvortrieb
- ttn- Tunnelbau NÖT
- ttb- Sonstiger Tunnelbau
- tss- Schacht und Schlitzarbeiten
- twb- Wasserbau
- tsd- Straßenbau/Schwarzdecke
- tbb- Brückenbau
- tvb- Sonstiger Verkehrswegebau

- tsb- Schlüsselfertig-Tiefbau
- tsf- Schlüsselfertig-Tiefbau mit Finanzierungsleistungen

- stb- Stahlbau
- ppe- Projektentwicklungen

Wenn nun ein Mitarbeiter die Selektion vornimmt, der die vergangenen Projekte nicht kennt, ist die Fehlerquote in der Auswahl sehr hoch. Das gleiche gilt für größere Unternehmen, in denen Referenzen unterschiedlicher Niederlassungen zu verwalten sind. Bei der abgebildeten Form werden die Referenzdarstellungen parallel mitverwaltet. Auf diese Weise kann der selektierten Referenzliste schnell weitergehendes Dokumentationsmaterial beigelegt werden.

Aufbauend auf der Referenzliste bewährt sich eine „Archivdatenbank", bei der Daten ähnlich wie die Bedarfsträgerkartei verwaltet werden. Sofern von dem jeweiligen Projekt weitergehende Darstellungen existieren, werden die jeweiligen Archivverweise in das Datenblatt eingetragen. Dann können die Unterlagen auch dezentral im Zentralarchiv, im Büro der Niederlassungsleitung , im Büro des Projektleiters etc. gelagert werden.

Die Archivierung der Unterlagen erfolgt durchgängig unter der Referenznummer. Viele Unternehmen ordnen die einzelnen Projekte einer Projektnummer als Referenznummer zu.

Referenzliste   Erstellt am: Liste Nr. __ von __

Fertig- stellung (Jahr)	Bau- beginn	Projekt	Auftrag- geber	Leistungsart	Volumen (€)	Massen- angaben	ARGE- anteil (in %)

Abb. 3.15: Referenzliste

3.7.2 Auswahl und Inhalt

Im Archiv ist eine detaillierte Aufschlüsselung der Projektdaten möglich.

Gerade bei ARGE-Projekten ist dies von Interesse. Die Erfahrung zeigt, dass alle ARGE-Partner das jeweilige Projekt als Referenz verwenden – völlig unabhängig vom tatsächlichen Beitrag.

Kurzfristig ist dies nicht unbedingt von Bedeutung. Da aber solche Referenzen häufig auf Jahrzehnte in der Akquisition verwendet werden, wird die Bedeutung des Unternehmens bei dem jeweiligen Projekt subjektiv von Jahr zu Jahr „wichtiger". So kann man in vielen Referenznennungen regelmäßig zumindest die kaufmännische Federführung vermuten. Bei einer genaueren Recherche – vor allem, wenn mehrere ARGE-Partner die gleiche Referenz bei der gleichen Ausschreibung nennen – stellt sich dann die genaue Leistung klarer heraus – und es entsteht bei den Bedarfsträgern leicht der Eindruck von „Aufschneiderei". Mit stichwortartiger Darstellung der Punkte, die das Projekt zur Referenz machen, und der Leistungen, die durch das eigene Unternehmen erbracht wurden, stehen die korrekten Informationen auch später noch zur Verfügung.

Referenzbildende Projekteigenschaften sind beispielsweise:

Bedeutung des Projektes selbst

– Größe des Projektes: Welche Massen etc. bietet das Projekt im Vergleich zu anderen Projekten in der Region etc. Hier ist die Bedeutung des Projektes für die Öffentlichkeit der Maßstab.

- Öffentliche Bedeutung des Projektes: Überregional bekannte Bauwerke oder Leistungen von besonderer Bedeutung, die das Projekt für die Allgemeinheit bringt, machen es zu einer Referenz.

- Technische Innovation des Bauwerks: Wenn das Bauwerk eine besonderes Technik nutzt, um die Funktion zu erfüllen, kann es dies zu einer Referenz machen. Allerdings sollte der Beitrag des Unternehmens dann auch in einem Bezug zu dieser innovativen Technik stehen.

- Besondere Architektur: Sofern die eigene Leistung erheblich zu Realisierung eines innovativen, architektonischen Konzeptes beitrug, ist diese gelegentlich als Referenz geeignet.

Bedeutung der angewandten Technologie/Leistung

- Innovation im angewandten Herstellungsverfahren: Gerade Sondervorschläge sollten als Referenz Erwähnung finden. Schließlich sind diese Ausdruck des im Unternehmen vorhandenen Know-Hows.

- Ersteinsatz neuartiger Technologien und Geräte

- Umweltschonende Verfahren: Projekte, bei denen umweltschonende Verfahren zur Anwendung kommen, hinterlassen bei den meisten Bedarfsträgern einen Eindruck, der das Image des Unternehmens spürbar verbessert.

- Übererfüllung der geforderten Leistung: Konnte ein Projekt wesentlich unter der geplanten Bauzeit abgeschlossen oder der Termin trotz unvorhersehbarer Schwierigkeiten trotzdem gehalten werden, dann ist dies eine gute Referenz.

Bedeutung für das eigene Unternehmen

Ist das Projekt das bisher größte des Unternehmens in der jeweiligen Leistungsart oder darin das erste erfolgreich abgeschlossene Projekt? Dann ist die Dokumentation sinnvoll.

Die Bedeutung der Referenz findet sich später als Inhalt der Überschrift von technischen Blättern oder von Bildunterschriften, wenn das Projekt gemeinsam mit anderen in Broschüren oder Aufsätzen veröffentlicht wird.

Basis der Referenzverwaltung ist die Datenbank. Die einfache Liste ist nur bei wenigen Objekten sinnvoll. Normalerweise sollte die zuvor beschriebene Liste nur eine Form der Auswertung der Datenbank sein.

Das Datenblatt „Referenzkartei" ist ein Muster einer entsprechenden Karte- oder EDV-Maske für die eigentliche Kartei.

Detailliert werden hier die Kenndaten des Projektes erfasst, nach denen „spätere Generationen" evtl. fragen werden. Termine, ARGE-Anteile, Massenangaben etc.

Darüber hinaus werden die weiteren Archivinhalte dokumentiert: Welche Fotos sind vorrätig bzw. wo erhältlich etc. Gleiches gilt für andere Dokumentationsformen.

Schließlich wird auch der Projektleiter festgehalten: Vielleicht wird er irgendwann einmal für ein Interview gebraucht.

Datenblatt Referenzkartei

Projekt:____ Referenz – Nr. ___________

Baubeginn: _______________ Bauende: ______________ Daten aktualisiert am: _____

ARGE-Baustellendaten							
Beteiligte	TF	KF	Haupt-Leistungsart	Volumen (T €)	Anteil (%)	Massen (m³ etc.)	Mitarbeiter
Summen:							
Unternehmensanteil							
Gesamtprojekt							

(TF: Technische Federführung; KF: Kaufmännische Federführung; Anteil: Arge)

Archivdaten:

Fotos: Dokumentation:________ Presse:______ Referenz:_______

Video (Titel): ____

Referat (Titel):____

„Technisches Blatt": ____

Fachartikel Titel: ____

   erschienen in: ___________________________ Ausgabe: _____ Jahrgang: ______

Presseberichte (Blatt, Datum, Seite): ___________________________________

Nennung in Webseiten:____

Abbildung in Broschüren: ____

____

Projektleiter: ____

Abb. 3.16: Datenblatt Referenzdatei

3.7.3 Dokumentationsmittel

Die visuelle Dokumentation muss jede Referenzliste ergänzen, die an Bedarfsträger geschickt werden. Die reine Nennung einer Webseite genügt in der Regel nicht. Der Adressat wird nur selten bereit sein, sich die Seite anzusehen, wenn er nicht durch den Inhalt des Angebotes und entsprechende Visualisierungen zusätzlich neugierig gemacht wurde.

Erst mit der „Veranschaulichung" von Beispielen kann der Bedarfsträger ein Bild der Leistungsfähigkeit auch auf der emotionalen Ebene machen.

Bei den Unterlagen zur visuellen Darstellung ist zwischen Basis-Material und Dokumentation zu unterscheiden.

Basis-Material sind alle Unterlagen, die während des Projektes gefertigt werden müssen, bevor sie dann in den unterschiedlichen Dokumentationen angewendet werden können.

Basis-Materialien sind dementsprechend Pläne, Grafiken, Fotos oder Videoaufnahmen.

Welche Ansprüche an Fotos gestellt werden, ist bereits in Abschnitt 3.5 skizziert worden. Die gleiche Klassifikation gilt für Videos. Schon in der Kalkulationsphase sollte klar werden, welche Dokumentationen geplant sind und deren Kosten in die Projektkalkulation berücksichtigt werden.

Dann ist auch Zeit, die entsprechende Lieferanten – Fotografen, Grafiker, Mediendesigner, Filmteams etc. – rechtzeitig auszuwählen. Sofern eine Multimedia-Präsentation vorgesehen ist, sollten die entsprechenden Lieferanten bereits in der Projektphase informiert sein. Bei solchen Anwendungen muss genauso wie bei einem Film ein Drehbuch erstellt werden. Die Planer können sich mit einigen Baustellenbesuchen ein genaueres Bild vom Projekt machen und damit die Dokumentation wesentlich besser entwickeln.

In den Unterlagen zu wichtigen Referenzen sollten immer Negative bzw. Diapositive hinterlegt sein. Papierabzüge verschwinden oft bzw. sind schnell beschädigt und ergeben in den Reproduktionen eine schlechtere Qualität.

Die Fotografen behalten gerne die Vorlagen und liefern auf Wunsch Abzüge. Falls jedoch von guten Fotos Poster oder andere Großdarstellungen gefertigt werden sollen, müssen die Unterlagen mit entsprechendem Zeit- und Verwaltungsaufwand angefordert werden. Wenn bei mehreren Fotografen bestellt werden muss, ist ein Mitarbeiter tagelang beschäftigt – vor allem, wenn die entsprechenden Fotografen erst neu zu ermitteln sind.

Auf welchem „Träger" die Dokumentationen erfolgt, ist davon abhängig, wofür die Informationen verwendet werden.

Technische Blätter

Einzelblätter, bei denen die wichtigsten Daten und Angaben des betreffenden Datenblattes gemeinsam mit einem oder mehreren Fotos des fertigen Bauwerks und/oder von wichtigen Bauabschnitten dargestellt werden.

Die einfache Gliederung:

- Der Titel nennt das Besondere am Bauwerk,

- Fotos visualieren das Projekt auf der Vorderseite,

- Daten sind auf der Rückseite gedruckt.

Durch einfaches Zusammentragen relevanter Projekte entsteht auf einfache Weise eine Mappe, die als spezifische Referenzliste eine Präqualifikation visuell ergänzt und aufwertet.

Umfangreiche Projekte können in mehrseitigen Darstellungen – zum Beispiel als Baustellenberichte – produziert werden.

Nennungen in Broschüren

Zur Dokumentation der Leistungen werden häufig mehrere Referenzen über Fotos in Darstellungen wie Unternehmensbroschüren oder in gemeinschaftlichen Darstellungen eines bestimmten Sachverhaltes durch mehrere Unternehmen verwendet. In der Akquisition können solche Darstellungen aufgrund der allgemeineren Aussagen von Bedeutung sein. Jedoch sollten in einer Präqualifikation nur rein unternehmensspezifische Darstellungen präsentiert werden – Weniger ist häufig mehr.

Videos und Multimedia

Bei besonders bedeutsamen Projekten empfiehlt sich ergänzend die Darstellung in einem Video. Durch die bewegte Darstellung kann eine Präsentation belebt werden. Aber Vorsicht: gute Videos sind teuer – und schlechte Videos sind für die Akquisition untauglich.

Das Mitliefern von CD-ROMs etc. hat sich in der Regel nicht bewährt. Da die gedruckten Informationen eine schnellere Übersicht liefern, werden die Daten nur selten ausgelesen. Elektronische Medien sind in der Präqualifikation nur ein Zusatzmedium und nur als Alternative zum Video geeignet, wenn der Adressat mehrere Personen gleichzeitig informieren will und für eine großformatige Projektion das nötige Equipment hat. Eine Präsentation für mehrere Personen am PC-Bildschirm wirkt kaum. Dagegen ist die Präsentation im Internet von den Zielgruppen gerne gesehen.

Referenzanzeigen

Ähnlich wie bei Datenblättern kann man auch Anzeigen als Dokumentation archivieren. Zu den Inhalten vgl. Abschnitt 4.3.

Fachaufsätze

Mit innovativen Leistungen kann man das Projekt in der Regel auch in Beiträgen von Fachzeitschriften veröffentlichen. Diese Beiträge können zudem als sogenannte „Sonderdrucke" selbst archiviert werden: Der Verlag druckt die Seiten mit dem Aufsatz in einer erhöhten Auflage und stellt sie dem Autor zur Verfügung.

Das bedeutet eine relativ preiswerte Methode, auch umfangreichere Projekte preiswert zu dokumentieren.

Da die Fachaufsätze selbst auch eine Referenz für den Autor sind, ist dieses Mittel auch nach innen wirksam.

Fachreferate

sind quasi „gesprochene" Fachaufsätze. Sofern kein Fachaufsatz existiert, sollten die Grafiken und Sprechtexte des Referates archiviert werden. Einzelne Grafiken und Bilder können zu einem späteren Zeitpunkt in Dokumentationen einfließen.

Infotafeln

Gute Bilder können bei Messen und Veranstaltungen auf geeigneten Präsentationssystemen Aufmerksamkeit auf die Leistungen des Unternehmens richten (vgl Abschnitt 4.7)

Pressemitteilungen

Interessante Projekte können auch als Pressemitteilungen an Redaktionen geschickt werden. Dazu ist ein Pressetext zu entwerfen und gemeinsam mit Fotos einzusenden. Diese Unterlagen sind als Dokumentationen ebenfalls wichtige Quellen für spätere Darstellungen. Allerdings sind für Redakteure nur sehr knifflige oder umfangreiche Projekte (über 25 Mio. Projektbudget) interessant. Viele Referenzen werden deshalb nicht als Zeitungsausschnitte, sondern lediglich durch die Pressemitteilung dokumentiert sein.

Pressearchiv

Viele Projekte werden durch den Bauherren oder den Generalübernehmer in der Presse vorgestellt. Deshalb sollten Presseberichte zu Projekten, an denen das eigene Unternehmen beteiligt ist, auszugsweise gesammelt und archiviert werden.

4 Kommunikation nach außen

Auf der Basis der bislang beschriebenen Mitteln und Methoden ist es möglich, eine effiziente Kommunikation mit den Bedarfsträgern aufzubauen.

Es funktioniert – zumindest teilweise – auch umgekehrt: Mit der Kommunikation nach außen beginnt die Umstellung auf die strukturierte Kommunikation, aus der sich dann „as learning by doing" die Basiskonzepte in der Realisierung der Maßnahmen entwickeln. Besonders für die letztgenannte Methode eignen sich Maßnahmen aus dem Bereich des Direktmarketings.

Das Entwickeln der Infrastrukturen mit konkreten Maßnahmen als Leitlinie zeigt verwertbare Ergebnisse früher als mit der eher methodischen Vorgehensweise, bei der zuerst die Fundamente zu schaffen sind.

Aber Vorsicht: Viele Konzepte sind gescheitert, weil nach der ersten Methode vorgegangen wurde – und die internen, mitarbeiterbezogenen Maßnahmen vergessen wurden. Auf diese Weise war eine Säule der Akquisition vergessen worden: „Das Haus stürzte ein" und die erwarteten Ergebnisse trafen nicht ein.

4.1 Das Akquisitionsgespräch

4.1.1 Vorbereitung

Die Checkliste 4.1 hilft, ein Gespräch strukturiert und exakt vorzubereiten und vereinfacht nach dem Gespräch die Erstellung des Besprechungsberichts.

Die Liste geht davon aus, dass in einem ersten Kontakt bereits einen Termin für das Gespräch vereinbart wurde.

Terminbestätigung

Zunächst: Die Terminvereinbarung erfolgt häufig unter „schwierigen Bedingungen": Auf der Baustelle, bei einer Sitzung, nach einer unpersönlichen Ausschreibungsbewerbung oder e-Mail-Kontakt usw.

Wenn der Termin nicht kurzfristig angesetzt wurde – innerhalb der nächsten drei Tage – sollte der Termin bestätigt werden: Aber auch dann empfiehlt sich eine Bestätigung über e-Mail.

Findet der Termin innerhalb einer Woche statt, genügt ein Telefonanruf oder e-Mail zwei Tage vorher. Bei einem längerfristigen Termin sollte die Bestätigung über e-Mail oder einen Brief erfolgen.

Termin/Ort	Schriftlich bestätigt am:	Ggf. verantwortlich
Thema:		
Teilnehmer Bedarfsträger		
Teilnehmer Mitarbeiter		
Eigenes Gesprächsziel		
Gesprächsziel des Bedarfsträgers		
Unterlagen zugeschickt am:		
Unterlagen mitzunehmen		
Unterlagen zu erbeten		
Ziele weiteres Vorgehen / Termine		
Technische Ausstattung mitzunehmen/bereitzustellen	Raumreservierung.	
	Bewirtung	
	AV-Medien	
	Präsente/sonstiges	
Hintergrundinformationen		

Abb. 4.1: Checkliste Gesprächsvorbereitung

In diesem Schreiben bestätigt der Akquisiteur

- Ort und Termin, nennt kurz

- das Thema

- wen er ggf. mitbringt und warum und

- bittet um Information, falls neben dem direkten Gesprächspartner noch weitere Personen teilnehmen.

Falls der Bedarfsträger das Unternehmen noch nicht kennt, erhält er mit der Bestätigung eine Unternehmensdarstellung, um die Darstellung beim eigentlichen Gespräch kurz fassen zu können.

Ein Beispieltext:

„ Sehr geehrter Herr Müller,

mit diesem Schreiben bestätigen wir den am 24.1. mit Ihnen vereinbarten Termin am 5.2. in Ihrem Hause, bei der wir Ihnen die Leistungen unseres Unternehmens präsentieren möchten.

Franz Schmitt, einer unserer Oberbauleiter, begleitet mich und wird Ihnen in Fragen zur Baustelleneinrichtung – wir hatten diese Thema kurz angesprochen – kompetente Informationen geben.

Anbei senden wir Ihnen zur Information einige Unterlagen zu unserem Unternehmen.

Falls Sie den Termin nicht wahrnehmen können, rufen Sie mich bitte unter der oben genannten Nummer an und nennen mir Ihren Wunschtermin. Bitte informieren Sie mich außerdem, wie viele Personen aus Ihrem Hause bei dem Gespräch anwesend sein werden.

Mit freundlichem Gruß ...“

Gesprächsvorbereitung

Die Vorbereitung eines Gesprächs kann teilweise delegiert werden. Die alleinige Verantwortung für den Erfolg und damit für gute oder schlechte Vorbereitung des Gesprächs trägt jedoch der Gesprächsführer.

Er muss sich vorab auf die Charaktere und Interessen der anwesenden Personen einstellen, so dass er seine Argumentation zielorientiert vortragen kann und ihm er das Gespräch im eigenen Sinn steuern kann.

Es ist darauf zu achten, dass genügend gedruckte Ausfertigungen der eigenen Unterlagen mitgebracht werden: mindestens für alle Gesprächsteilnehmer sowie eine Reserve.

Von der Anzahl der Teilnehmer hängt auch das Präsentationssystem ab:

Als Richtwerte empfehlen sich:

- Bis 3 Zuhörer: A4-Darstellung auf Papier oder PC-Bildschirm, Video auf normalem Monitor,

- Bis 10 Zuhörer: A3-Darstellung auf Papier oder Overhead-Projektor, Video und Multimedia auf Großprojektion,

- Bis 20 Zuhörer: Overhead-Projektion von Folien oder PC, Video auf größerem Fernsehmonitor,

- Über 20: Overhead-Großprojektion von PC und Folien, Diaprojektion, Video über Großprojektion.

Vorab ist zu prüfen, welche Präsentationsgeräte vorhanden und welche mitzubringen sind. Sich auf die vorhandene Technik des Bedarfsträgers zu verlassen, birgt Gefahren. In der Regel sind die Geräte unbekannt, so dass Bedienungsfehler riskiert werden. Gegebenenfalls ist die Technik vorab mit dem Bedarfsträger oder – falls das Gespräch auf einer Baustelle stattfindet – mit dem Bauleiter zu klären.

Inhaltlich ist zunächst das realistische Gesprächsziel festzulegen und auf das vermutliche Gesprächsziel und dem vermuteten Bedarf des Gesprächspartners abzustimmen:

Hierzu hilft, sich die Hintergrundinformationen zum Gespräch zu notieren und sich klar zu machen, in welcher Färbung des Strategischen Dreiecks und mit welchen Schwerpunkten in der Bedarfspyramide die Gesprächspartner in das Gespräch gehen.

Falls der Bedarfsträger beispielsweise ein Haus schlüsselfertig kaufen will, sollten auch Finanzierungsvorschläge mitgebracht werden bereit. Sein Ziel ist wohl, ein Haus zu kaufen, sein Bedarf ist jedoch., die Finanzierung sicherzustellen. Will der Gesprächspartner zunächst nur Vorabinformationen zum Wettbewerbsvergleich, dann sollten ihm die für ihn interessanten Wettbewerbsvorteile präsentiert werden.

Zu überlegen ist weiterhin, welche Unterlagen vom Gesprächspartner nach dem Gespräch noch zu erbitten sind. Damit wird er zur aktiven Beschäftigung mit der Präsentation nach dem Gespräch aufgefordert und es besteht ein Anlass zu einer späteren erneuten Kontaktaufnahme.

Vorab sollte geklärt sein, was für die Zeit nach dem Gespräch an konkreten Maßnahmen und Terminen vereinbart werden kann.

Der effektiven Gesprächsführung hilft die Festlegung der Agenda mit Hauptthema, Unterpunkten und ergänzenden Themen.

Vortragsvorbereitung

Bei längeren Vorträgen und Präsentationen ist der Text vorab zu üben und die Vortragszeit festzustellen. Das Motto heißt „kurz und prägnant".

Bei freier Rede ohne optische Unterstützung mit Folien etc. gilt die alte Pfarrersregel: „Predige über alles, aber nicht über zehn Minuten"

Insgesamt schalten die meisten Zuhörer auch bei einer guten Präsentation spätestens nach 30 Minuten ab. Was für die Zuhörer nicht von primärer Bedeutung – oder uninteressant ist, sollte deshalb aus der Präsentation entfernt werden.

Rasterblatt Redetext   Blatt Nr: _______ von: ________

Darstellung (Bezeichnung des Motivs/Fotos)	Text	Redezeit
Technik: Kopien / Dia klein, 6X6 / OH / PC/ Multimedia / Flipchart	Übertragung: Frei / Mikro / sonstiges:	Minuten insgesamt:
1	(Einleitung/These:)	
2	(Argument 1:)	
3	(Argument 2:)	
4	(Argument 3:)	
5	(Fazit / Überleitung / Schluss)	

Abb. 4.2: Rasterblatt Redetext

Als Grundstruktur eines Vortrags empfiehlt sich der klassische „Fünfersatz".

Sie hilft, den Vortrag nicht in Nebensächlichkeiten abschweifen zu lassen, die die Zuhörer nicht interessiert und deshalb ermüdet.

- Einleitung: Problemstellung
- Argument 1: Wichtigstes Argument
- Argument 2: zweitwichtigstes Argument
- Argument 3: drittwichtigstes Argument
- Zusammenfassung und Fazit

In einem längeren Vortrag dient diese Struktur als Gesamtgliederung des Textes, jede Folie wird dabei mit einem eigenen „Fünfersatz" kommentiert.

Eigenes Erscheinungsbild

Der Auftritt des Vortragenden oder Gesprächsführers muss mit dem Vortragsinhalt konform gehen. Managementleistungen sollten nicht „hemdsärmelig", handwerkliche Leistungen nicht im Maßanzug vorgetragen werden. In den meisten Fällen empfiehlt sich für die Männer ein unauffälliger Anzug mit Krawatte. Rollkragen ist nur erlaubt, wenn der „Kreative", also künstlerisch orientierte „Dienstleister" betont werden soll.

Schwierig ist die Kleiderordnung für Frauen: Sie müssen den Mittelweg zwischen bewusster Weiblichkeit und kompetenter Fachfrau darstellen. Deshalb hat sich offensichtlich das Geschäftskostüm mit kurzen, jedoch nicht zu kurzem Rock durchgesetzt. Bei einer Präsentation auf der Baustelle ist die Hose Pflicht – schließlich muss „Frau" sich dort auch mal auf eine Leiter stellen.

4.1.2 Gesprächssteuerung

Die Empfehlungen der klassischen Verhandlungstechniken greifen bei Bauakquisitionen nur bedingt. Die VOB verhindert durch die festgelegten Fristen in der Regel ein klassisches Verkaufsgespräch und bietet dem Wettbewerb die Möglichkeit, in Gesprächen entwickelte Neigungen und Präferenzen, ja teilweise sogar Entscheidungen wieder umzudrehen.

In einem derartigen Umfeld ist Ziel des persönlichen Kontaktes zwischen Bedarfsträgern und Akquisiteur, die eigenen Leistungen im persönlichen und sachlichen Bereich so darzustellen, dass die Bedarfsträger in diesen Leistungen die optimale Bedarfsdeckung erwarteten und eine emotionale Bindung – Sympathie – zum Akquisiteur entwickeln, während dieser möglichst viele akquisitionsrelevante Informationen sammeln kann.

Informationen aus solchen Gesprächen ermöglichen den Kalkulatoren, Risikozuschläge zu minimieren oder Massen wesentlich exakter zu planen, so dass die Scheinvariable Preis in der Auftragsvergabe aus dem reinen Zufallstreffer-Nimbus herausgehoben wird.

Beim Gespräch selbst ist Intuition und Improvisationsfähigkeit gefragt.

Steht in der Vorbereitung der Argumentation das Strategische Dreieck im Vordergrund, hilft nun die Bedarfspyramide.

Die gesprächstechnische Seite entspricht der eines Vortrags. Wichtig ist die Visualisierung. um den Partner Informationen mit verschiedenen Mitteln und Wegen nahe zu bringen:

Wort, Bild und Mustern wie Materialproben etc., die er berühren kann.

Die Gesprächsführung selbst zählt zu den komplexesten Aspekten der Akquisition. In der Regel laufen drei Prozessebenen parallel ab:

– formale Prozesse

  Abarbeiten der Agenda mit konkreten Ergebnissen und Beschlüssen.

– Informelle Prozesse

  Austausch von Informationen außerhalb der Agenda und „zwischen den Zeilen", die an anderer Stelle und in anderen Prozessen verarbeitet werden können.

– Emotionale Prozesse

  Die Sympathie- und Imagewerte beeinflussen:

  – Will ich gerne mit dem Gesprächspartner zusammenarbeiten?

  – Steht er hinter dem, was er sagt?

  – Steht er hinter seinem Unternehmen?

  – Ist er kompetent und glaubwürdig?

  – Geht er auf meine Interessen ein oder präsentiert er nur sich selbst?

Erschwerend nehmen in der Regel mehrere Bedarfsträger am Gespräch teil – jeder mit einer eigenen Gewichtung der Felder in der Bedürfnispyramide.

Nun zeigen sich die Grenzen der strukturierten Akquisition: In der Regel sind die intuitiv begabten Akquisiteure hier im Vorteil.

Die Kunst, im Gespräch die richtigen – für die Bedarfsträger interessanten und wichtigen Themen – herauszufinden und dann ggf. die komplette inhaltliche Gesprächsvorbereitung umzuwerfen, erfordert ein Höchstmaß an Sensibilität und Improvisationsfähigkeit.

Der fachliche und zielorientierte Bereich eines Gesprächs ist in der Vorbereitung bereits genügend behandelt. Wesentlich im Gespräch ist nun die emotionale Wirkung. Da diese Prozesse im Unbewussten laufen, wird die Berücksichtung und bewusste Planung entsprechender Mittel häufig im negativen Sinn als Manipulation bezeichnet, obwohl doch im fachlichen Bereich durch Präsentationstechnik und Informationsfilterung genau das Gleiche gemacht wird. Diese negative Beurteilung bringen einige Gesprächstrainer auf den Punkt, indem sie definieren: „Akquisition ist Manipulation" und „ein gutes Verhandlungsgespräch manipuliert den Kunden derart, dass er sich mit der Manipulation einverstanden erklärt."

Deutlich wird dieser Aspekt in der gezielten Terminwahl. Da die Aufnahme- und Reaktionsfähigkeit eines Menschen im Tagesablauf starken Schwankungen unterworfen ist, empfiehlt es sich, Termine zu zielgeeigneten Zeiten anzustreben.

– Präsentationsgespräche, die eine optimale Aufmerksamkeit erfordern, sollten in der Zeit zwischen 10 und zwölf Uhr stattfinden. In dieser Zeit ist eine Hochphase der geistigen Aktivität zu beobachten. Die Terminwahl ist zwar manipulatorisch, aber hilft allen Gesprächspartnern.

- Die Zeit nach dem Mittagessen ist durch eine gewisse Mattigkeit, aber auch tendenziellem Wohlbefinden gekennzeichnet. Präsentationen zu dieser Zeit sollten deshalb niemals im Büro stattfinden – die Aufnahmefähigkeit ist begrenzt. Allerdings sind Baustellenbesuche, die eine gewisse körperliche Aktivität erfordern, zu diesem Zeitpunkt empfehlenswert. Auch Preisverhandlungen und Reklamationsgespräche werden durch die psychische Situation des Bedarfsträgers am frühen Nachmittag für beide Seiten tendenziell vereinfacht.

Aus der Vielzahl von Tipps und Empfehlungen zur Gesprächsführung in der einschlägigen Literatur seien folgend einige beispielhaft erwähnt, die sich in der eigenen Erfahrung regelmäßig bewährt haben.

Gesprächsführung ist jedoch keine theoretische Sache, sondern bedarf des praktischen Trainings. Deshalb ist hier dringend zu raten, entsprechende Gesprächsführungsseminare, wie sie zum Beispiel von den Kammern anboten werden, zu besuchen – auch wiederholt als Auffrischung, da sich in der Praxis Fehlverhalten einschleifen.

Im Gespräch selbst ist eine wesentliche Aufgabe, Sympathie zu erzeugen, gleichzeitig aber auch Kompetenz zu vermitteln.

Sympathie wird erzeugt über

- Erscheinungsbild,

- Gestik,

- Mimik,

- Vokalität,

- Sprachinhalt.

Die Rangfolge spiegelt auch die Gewichtung wieder. Die Sympathiebildung wird nur unwesentlich vom Sprachstil beeinflusst. Die Vokalität – Tonfärbung und -gestaltung der Stimme sowie Sprachstil – vermittelt etwa ein Drittel der Wirkung. Der Inhalt beeinflusst nur in geringstem Umfang – etwa ein Zehntel – die Sympathiebildung. Erscheinungsbild, Gestik und Mimik sind die zentralen Einflussfaktoren.

Grundregeln

Das Verhalten im Gespräch sollte sich im Wesentlichen von folgenden Faktoren leiten lassen:

- Der Partner steht im Mittelpunkt, die eigene Person ist Nebensache. Die Probleme des Partners sind interessant, seine Wünsche und Neigungen.

- Der Partner soll reden und sich artikulieren. Der Akquiseur soll den Partner reden lassen und möglichst wenig selbst reden.

- Lächeln, Freundlichkeit und häufiger Blickkontakt schaffen eine angenehme Atmosphäre.

- Die namentlich Anrede des Partners wertet diesen auf.

Distanz

Wichtig ist die körperliche Distanz zwischen den Gesprächspartnern. Sind die Partner zu nahe – unter sechzig Zentimetern Distanz -, kann der Akquisiteur als aufdringlich empfunden werden.

Auch im emotionalen Bereich ist eine „Distanz" einzuhalten. Emotional wird die Distanz durch Mimik und Gestik beeinflusst.

Distanzverringernd wirkt

- Zuwendung und Blickkontakt,

- Seitwärtsneigen des Kopfes als Ausdruck des Interesses,

- Rumpfzuneigen bei der Gesprächseröffnung als Interessebekundung,

- gegen den Partner gerichtet offene Arme und locker aufliegende Hände,

- ein moderater Gesprächs-Ton.

Distanzvergrößernd wirkt dagegen

- Wegdrehen des Kopfes und anheben als Ausdruck von Arroganz,

- Senken des Kopfes als Unterwerfung,

- Rumpfzuneigen während des Gespräches als Ausdruck der Aggressivität und mangelnder Zuhörbereitschaft,

- Arme verschränkt, Hände gefaltet, Festhalten am Stuhl als Ausschluss-Zeichen gegenüber dem Partner,

- Bleistifte etc. in der Hand, wenn sie belehrend wie ein erhobener Zeigefinger gehalten oder durch Bewegung in Richtung des Partners als Waffe benutzt werden,

- „Verhör-Ton": scharfes, akzentuiertes Sprechen.

Redestil

Im Redestil haben sich folgende Regeln bewährt:
- Einfachheit
    - kurze Sätze formulieren
    - bekannte Wörter nutzen
    - Fremdwörter vermeiden ggf. erklären
- Gliederung/Ordnung
    - Informationen in sinnvoller Reihe anbieten
    - Pausen setzen
    - Lautstärke und Tonalität variieren
    - zentrale Themen betonen
    - Querverbindungen verdeutlichen

- Kürze/Prägnanz
  - Jeder Gedanke ein Satz
  - das Wesentliche kurz und bündig darstellen
  - viele Informationen mit wenigen Worten bringen
- Zusätzliche Stimulanz
  - Beispiele aus der Lebenswelt des Partner bringen
  - Sprachliche Bilder – Analogien – benutzen
  - visualisieren
  - Sachinformationen mit der eigenen Person in Beziehung bringen

Gliederung

Die klare Gesprächsgliederung vereinfacht die Gesprächsführung.

Im Wesentlichen ist zu unterscheiden zwischen der Gesprächseröffnung, der Gesprächsführung und dem Abschluss.

Die Gesprächseröffnung besteht aus Begrüßung und Einleitung.

Die Begrüßung sollte standardgemäß entsprechend den geltenden Höflichkeitsregeln erfolgen, üblicherweise mit Handschlag und Nennung des Namens.

Handschlag unterbleibt nur dann, wenn der Partner

- die Hand sichtbar nicht anbietet oder

- absichtlich eine Distanz aufgebaut werden soll (wenn zum Beispiel der Gesprächspartner unangebrachtes Kumpelverhalten an den Tag legt).

Zur Einleitung sind unterschiedliche Mittel denkbar. Ansprechen allgemeiner Themen sind nicht immer sinnvoll. Je nach Persönlichkeit des Gesprächspartners sollte das Gespräch mehr oder weniger zügig zum Kern kommen.

Als thematische Einleitung sind Stilmittel ebenfalls zielorientiert wählbar:

- Die Frage
  lockt den Partner aus der Reserve und bietet eine inhaltliche Grundlage für die Gesprächsführung.

- Die Feststellung
  in der Eröffnung erinnert den Kunden an bestimmte wesentliche Informationen – beispielsweise aus Präqualifikationsunterlagen.

- Die Demonstration
  eines Muster oder Bildes bindet den Partner mit mehreren Sinnen an die Gesprächsthematik und steigert seine Aufnahmebereitschaft.

- Die Referenz
  erinnert an die Kompetenz, kann auch Vertrauensbereitschaft schaffen.

In der Diskussion gibt es eine Vielzahl möglicher Varianten, die Gefühle des Gegenübers zu beeinflussen. Die Techniken, mit denen dies erzielt wird, sind vielfältig.

Wichtig ist als Grundregel:

> **Der Akquisiteur betrachtet sich und den Partner als gleichwertig und gleichrangig:**
> **Ich bin ok – Du bist ok.**

Das bedeutet beispielsweise bei der Abwehr unsachlicher Angriffe:

- Unfaires Verhalten offen legen,
- Folgen der Behauptung zur Sprache bringen,
- Antwort am Angriff vorbei, um das Gespräch weiterzuführen,
- Fehler eingestehen und mit konstruktiven Lösungen verknüpfen.

Bei der Argumentation wird diese Einstellung vor allem dann erkennbar, wenn signalisiert wird, dass der Partner und seine Meinung akzeptiert, gleichzeitig gesteigerte und damit anbiedernde Formulierungen vermieden werden („Wie Sie schon sehr richtig behaupteten, ..." ersetzt durch „Sie haben recht, ...").

In der Diskussion führt neben den Regeln zum Sprachstil und der Tonalität die Einhaltung folgender inhaltlicher Regeln zu Vorteilen und positiven Verlauf:

1. Die Argumentation erfolgt von der Position des Partners her (siehe Bedarfspyramide).
2. Wer fragt, der führt das Gespräch.
3. Problem erkennen – Lösung vortragen.
4. Beiträge bestehen nur aus Kundenvorteilen.
5. Die Themen des Bedarfsträgers werden behandelt, keine eigenen Probleme.

Ein Ziel jedes Gesprächs ist die Vereinbarung konkreter Aufgaben und Maßnahmen:

- Wer
- Erledigt was
- Bis wann
- Und informiert nach diesem Termin an wen?

> **Mindestens ein Folgetermin ist bei einem Gespräch zu vereinbaren**
> **oder alle Themen sind komplett als beendet erklärt.**

Wichtig ist deshalb auch, die Gesprächsergebnisse zu dokumentieren. In einem Bürogespräch ist dies relativ einfach.

Da die Dokumentation vor allem auf der Baustelle vernachlässigt wird, hat sich der Vordruck bei Besprechungen bewährt, bei denen die Bauherren Anweisungen erteilten, die über die angebotenen Leistungen hinausgehen: Mit der Unterschrift wird die Anweisung dokumentiert und bei Nachforderungen konnte sich niemand „herausreden", er sei falsch verstanden worden oder hätte diese Anweisung nie gegeben.

Neben diesem Aspekt ist die Besprechungsnotiz eine Gedächtnisstütze für die Erstellung eines Rapports und der Behandlung von Informationen über den Wettbewerb oder andere akquisitionsrelevante Daten in der Nachbearbeitung des Gesprächs.

Dem Gesprächspartner während des Gesprächs oder im Nachlauf „etwas Materielles" zukommen zu lassen, steigert den Erinnerungswert. Häufig genügen weitere Unterlagen zum Thema. Wenn das Gespräch einen rein akquisitorischen Inhalt hat, empfiehlt sich ein büroorientiertes Werbegeschenk wie ein Block oder Bleistift/Kugelschreiber oder auch eine Einladung zum Essen.

Besprechungsnotiz   **Name:** ________________________

Baustelle(__________)/ Büro/Besuch/Telefon   Datum: ___________________________

1 Kontakt mit:____________________ Abt.:________ Fa.: __________________

2 Kontakt mit:____________________ Abt.:________ Fa.: __________________

Thema: ____

Ergebnis: ____

____

____

____

____

Übergebene Unterlagen:___________________________________

Rapport zusenden an: 1 / 2, Unterlagen zusenden an: 1 / 2

____

Information an: ____

Wettbewerb/Hintergrund: _________________________________

____

____

Unterschrift

(Des Auftraggebers, falls Bauleistungen abweichend vom bestehenden Angebot beauftragt wurden)

Abb. 4.3: Muster Gesprächsnotiz

4.1.3 Nachbereitung: Der Besprechungsrapport

Die Nachbereitung besteht neben der Realisierung der vereinbarten Maßnahmen vor allem im möglichst schriftlichen Nachkontakt.

Der übliche Weg ist die Erstellung eines Besprechungsrapports, der den Gesprächsteilnehmern zugesandt wird.

Neben der rechtlichen Bedeutung von Besprechungsrapporten bei Folgeaufträgen – unwidersprochene Rapporten sind im Streitfall eine wichtige Dokumentation – ist der Rapport ein guter Anlass, sich nach einem Akquisitionsgespräch nochmals in Erinnerung zu rufen. Dies ist auch insofern von Bedeutung, dass in der Zwischenzeit der Bedarfsträger ggf. Gespräche mit Wettbewerbern führte und deshalb seine Einschätzungen der eigenen Darstellung gegenüber gegen über schon wieder änderte. Tatsächlich kann es geschehen, dass sich der Bedarfträger bereits am Folgetag trotz sauberer Gesprächsführung und Präsentation nur noch vermindert an das Gespräch erinnert.

Der Rapport ist im Gegensatz zur Besprechungsnotiz grundsätzlich bedarfsträgerorientiert. Während in der Besprechungsnotiz vor allem Informationen zur internen Verwendung dokumentiert sind, fassen Rapporte die Inhalte des Gesprächs so zusammen, dass die Vereinbarungen und Absichten nochmals in Erinnerung gerufen werden.

Bei Dialogen – also Gesprächen zu zweit – wird in der Regel auf einen Besprechungsrapport verzichtet. Ausnahme ist, wenn Aufträge vergeben wurden und damit offizielle Themen eine offizielle Darstellung verlangen.

Ein Rapport ist ein Ergebnisprotokoll. Nicht relevant sind deshalb Geschehnisse wie Begrüßung oder anschließendes Mittagessen, die keine Bedeutung für zukünftige Aktivitäten haben. Rapporte werden – mit Kopf, Inhalt und Schluss klar gegliedert – wie folgt aufgebaut:

- Kopf
  - Datum des Gesprächs
  - Ort des Gesprächs
  - Thema des Gesprächs
  - Teilnehmer mit Name und Unternehmensangabe
  - Protokollant Name
  - Verteiler mit Teilnehmer sowie Personen, die in der Besprechung mit Aufgaben betraut
  - wurden oder über das Ergebnis der Besprechung informiert werden sollen.
- Inhalt
  - Thema 1: (Ergebnisse und Vereinbarungen)
  - Thema 2: (Ergebnisse und Vereinbarungen)
  - etc.
  - Weiteres Vorgehen: Vorhaben, die noch nicht in den einzelnen Themendarstellungen beschrieben wurden.

-   Termine: Datum, Uhrzeit, Ort, Thema des nächsten Treffens
-   Schluss
    -   Ort und Datum der Ausfertigung
    -   Name und Unterschrift des Protokollanten

Die Ausfertigung erfolgt auf dem Briefbogen des Unternehmens des Protokollanten.
Die Themen werden in Stichworten bzw. in kurzen Sätzen beschrieben.
Die Checkliste „Gesprächsvorbereitung" (Abb. 4.1) kann als Vorlage zum Rapport dienen.

4.2 Internet – Chancen

4.2.1 Inhalts-Entwicklung

Websites und Internet entwickeln sich in der Akquisition mehr und mehr zum zentralen Werkzeug.

-   Fast jeder Architekt, Ingenieur oder Einkäufer macht sich inzwischen via Internet ein Bild über künftige Geschäftspartner.

-   Ein Großteil der Entscheider bewertet anhand der Webpräsentation eines Unternehmen deren Arbeitsqualität. Mehr und mehr werden Geschäftskontakte abgebrochen, weil die Website schlecht infomiert, nicht vom Wettbewerb ausreichend abgrenzt oder übertriebene Inhalte gar Misstrauen gegenüber dem Unternehmen wecken.

-   Web-basierende Ausschreibungssysteme sind sogar nach der VOB ausdrücklich zugelassen.

Herkömmliche Informationsmedien spielen hingegen nur noch im Umfeld der klassischen Ausschreibung eine wesentliche Rolle.

Die Grenzen des Internet sind jedoch ebenso deutlich:

-   Die Zielpersonen müssen mit dem Internet vertraut sein.
-   Die Zielpersonen müssen zum Aufsuchen der Präsentation motiviert werden.
-   Sie müssen über einen einfachen Zugriff auf entsprechende PC-Systeme verfügen.
-   Der eigene Auftritt muss mit den Systemen der Zielpersonen kompatibel sein.

Da die technischen Möglichkeiten sich fast monatlich ändern, sind Dienstleister mit Programmierkenntnissen erforderlich. Allerdings verwechseln deshalb die meisten Entscheider in einem präsentierenden Unternehmen Inhalt mit Gestaltung. Im Umgang mit dem „unbekannten Medium" stehen die Fragen nach der technischen Umsetzung meistens im Vordergrund.

Dabei ist die Erstellung einer einfachen Internetseite keine Kunst. Bereits mit üblicher PC-Software kann eine relativ gut gestaltete Seite erstellt werden. Spezielle Design-Software, die jeder einigermaßen geübte PC-User in kürzester Zeit selbst beherrscht, gibt es zum Teil bereits kostenlos. In preiswerten, kurzen Schulungen kann jeder interessierte Bediener das wesentliche Handwerkszeug für eine einfache und doch attraktive Präsentation lernen und eine virtuelle Broschüre erstellen.

Nur wenn der Internet-Auftritt als schnellstes und wirkungsvollstes Instrument der Marketing-Kommunikation genutzt werden soll, wird über die reine Gestaltung hinaus ein größerer Programmier- und Designaufwand erforderlich. Aber auch dann steht – um Programmierungen und entsprechende Kosten „am Ziel vorbei" zu vermeiden – die Frage nach Ziel und Inhalt am Anfang der Überlegungen.

Web-Auftritt: viel schwieriger als das „wie" ist die Frage nach dem „was":

Die Technik folgt dem Inhalt.

Mit diesem Ansatz tritt die Gestaltung und technische Umsetzung eines Webauftrittes hinter den Inhalt zurück (Wie auch in der Architektur das Nutzungskonzept am Beginn eines Projektes steht.) und so gliedert sich eine entsprechende, ziel- und kostenorientierte Internet-Konzeption nach folgender Übersicht:

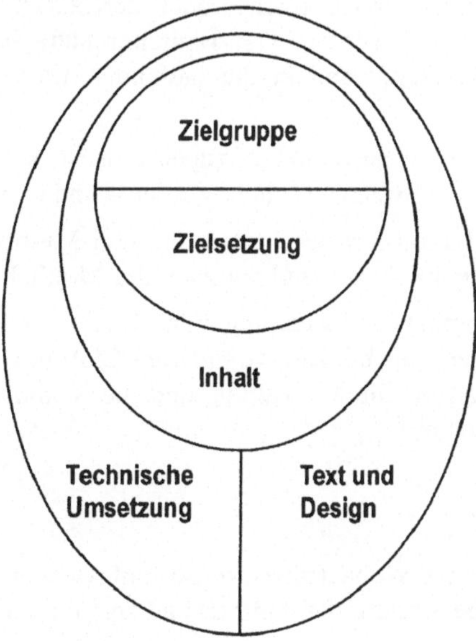

Abb. 4.4: Konzeptgliederung eines Internetauftrittes

Mit der Orientierung an Zielgruppen als „Kernthema" folgt die Konzeption wieder der klassischen Vorgehensweise im Marketing und folgt den aus Bedarfspyramide und Strategischem-Dreieck abgeleiteten Regeln.

Zielgruppen können alle bereits beschriebenen Gruppen sein:

– Bedarfsträger,

– Multiplikatoren,

– Mitarbeiter,

– Öffentlichkeit.

Dann stehen zielorientiert die folgenden Fragen im Vordergrund.

Mit fundierter, abgeschlossener Beantwortung dieser Fragen ist die Umsetzung eines Internetauftrittes relativ kurzfristig mit entsprechenden Kostenvorteilen möglich.

1. Wen will ich erreichen?

Die Struktur wird durch die Zielgruppen wesentlich bestimmt. Insbesondere ergibt sich schnell die Unterscheidung von frei zugänglichen und geschützten Bereiche.

So werden in der Regel image-relevante Themen offen angeboten, während Mitarbeiter, Bedarfsträger oder Multiplikatoren durch besondere Kennwörter und andere Zugangsbeschränkungen exklusiven Zugang zu geschützten Bereichen und speziellen Informationen erhalten.

2. Was will ich erreichen?

Zunächt steht die reine Präsentation im Vordergrund. Im zweiten Schritt können die Ziele divergieren. So kann in den geschützten Bereichen auch der betriebswirtschaftliche Ablauf und die Datenverwaltung eingebunden werden: Der Bauleiter hätte immer aktuellen Zugriff auf seine wirtschaftlichen Projektdaten, kann in die laufenden Lieferantenbestellungen Einsicht nehmen etc.

Da die Ausschreibung via Internet ausdrücklich zugelassen ist, sollte für Bauunternehmen die Teilnahme an den entsprechenden Systemen Pflicht werden – und in wenigen Jahren auch sein.

Auch die schnelle Kommunikation mit der Presse und den Multiplikatoren ist möglich: Eine Bilddatenbank und Pressetexte auf Abruf sind nur zwei der Möglichkeiten.

Weiter ist im Internet ein einfache Abwicklung von Kundenbindungsinstrumenten gegeben: Vom einfachen Newsletter-Verteiler bis zum kompletten Club mit vielerlei Gratifikationen für Tippgeber etc: Das Internet ist für die Verwaltung und die Kommunikation in solchen „Communities" die preiswerteste Lösung.

3. Welche Mittel wende ich an?

Je größer die Funktionalität eines Webauftrittes, umso umfassender ist die kommunikative Wirkung, umso komplexer wird die Struktur des Auftritts und der Aktualisierungs-Organisation.

– Statische Präsentation durch Wort und Bild

– Bewegte Präsentation durch Animierte Grafiken, gesprochene Texte, Musik und Film

– Aktuelle Präsentation durch Web-Cams

– „Nichtöffentliche" Reaktionsmöglichkeit des Besuchers durch e-Mail-Fenster

– „Öffentliche" Reaktionsmöglichkeit durch „Briefkasten oder Pinwand"

– Verknüpfungen zu anderen Websites

– Zusatzfunktionen wie Download-Service für Dokumentationen bzw. Hilfsprogramme, Formularservice für den Projektablauf oder ein Spiel

– Eintrag- und Löschmöglichkeit für „Clubmitglieder" oder e-Mail-Infoverteiler

Wesentlich ist die Frage, wie die „Besucher" einer Webseite auf die Eindrücke und Informationen reagieren können. Geeignet ist immer die Angabe von e-Mail-Briefkasten und Pin-Wänden. Rechtlich ist noch zu beachten, dass Webauftritte inzwischen ähnlich wie Geschäftsbriefe gehandelt werden: Deswegen muss ein Impressum mit Angabe des präsentierenden Unternehmens, Namentlich genannte Verantwortliche, die Steuernummer bzw. die Nummer der Eintragung im Handelsregister etc. angegeben werden. Pflicht ist außerdem mindestens eine e-Mail-Adresse zur Kontaktaufnahme.

4. Welche Gestaltungsvorgaben (CD) sind zu beachten?

In der Regel werden in den Webseiten durch die technischen Vorgaben strenge Gliederungen vorgegeben. Dies ist von Vorteil für die Einbindung eines CD. In der Regel können die Seiten als Ableitungen der Overheadfoliengestaltung entwickelt werden.

Da die sinnvollen Funktionalitäten über die eines reinen Textverarbeitungsprogramms hinausgehen, werden „Dynamische Webseiten" nötig. Dabei werden in festgelegte Rahmen – „Frames" – alle Inhalte eingefügt und sind dadurch permanent aktualisierbar. Nur bei reinen Präsentationen ohne regelmäßige Aktualisierung genügt eine Webseitenerstellung mittels den üblichen Office-Programmen. Beides ist kein großer Aufwand: Die entsprechende Basis-Software ist teilweise frei im Netz erhältlich.

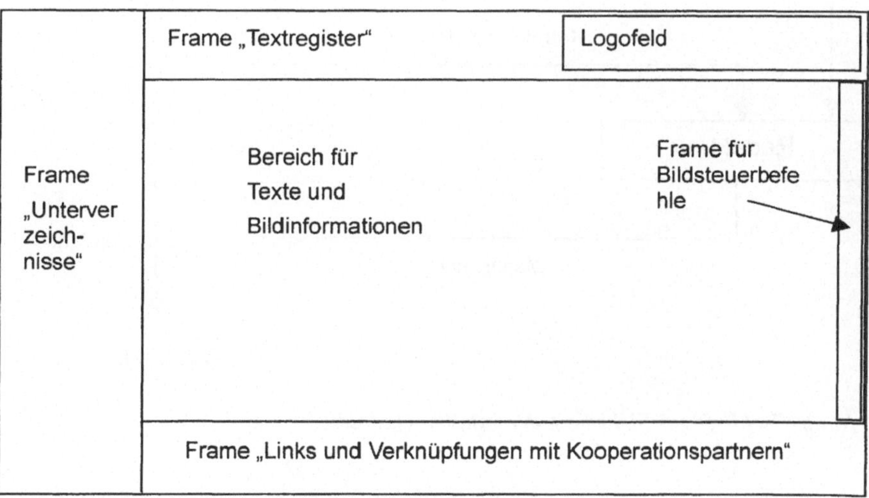

Abb. 4.5: Muster einer Webseiten-Gliederung

In der Regel wird die Gliederung doppelt abgebildet und so den unterschiedlichen Steuerverhalten der „User" Rechnung getragen: Grafisch als Unterverzeichnisse und in Text-„Register-Reitern". Hinter jedem Register kann sich ein komplett neue Verzeichnis-Struktur befinden, die offen oder durch Passwort geschützt zugänglich ist. Wichtig ist, dass die Definition der Frames durch den kompletten Auftritt nicht verändert werden kann, also jede Seite die gleiche Gliederung erhält. Im Informationsbereich ist dagegen gestalterische Freiheit möglich.

5. Wie werden – sowohl zum Startinformationen wie auch zur Aktualisierung – die Informationen beschafft?

Sowohl für die erste Erstellung der Inhalte wie auch für die Pflege ist eine klare Organisation wichtig.

–   Wer sammelt die Informationen,

–   wer redigiert sie,

–   wer gibt sie frei,

–   wer stellt sie ins Netz?

Für die Qualitätssicherung der bereitgestellten Informationen hat sich das „Vier-Augen-Prinzip" für ein Kernteam bewährt"

Ein Redakteur erstellt die Informationen, ein Lektor überprüft und gibt frei.

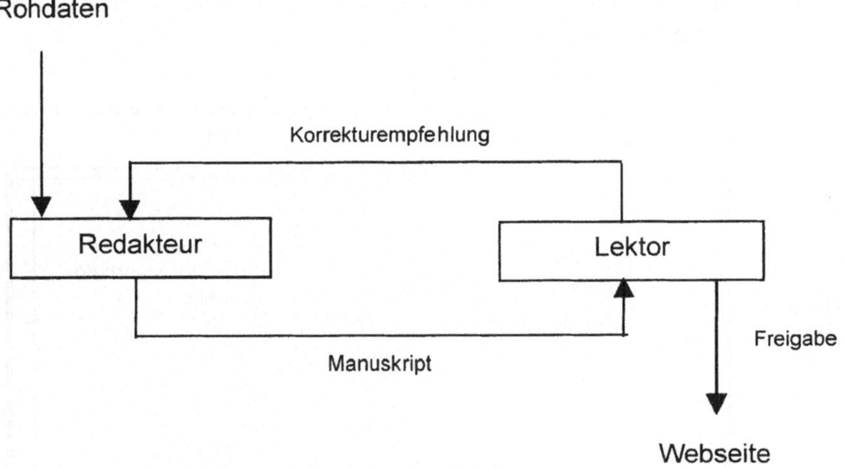

Abb. 4.6: Kontrollschleife zur Sicherung der Inhalts- Qualität

Das Sammeln von Rohdaten zur Aufarbeitung und die technische Betreuung erfolgt auf Anweisung und Betreiben von Lektor und Redakteur.

Wichtig ist die Vorgabe von Soll-Aktualisierungen, mit denen eine regelmäßige Aktualisierung mit größerer Wahrscheinlichkeit erfolgt.

6. Welche Zugriffsrechte werden vergeben?

Hier ist zu unterscheiden zwischen den Zugriffsrechten der „Betreuer" und denen der Nutzer.

Bei den Betreuern hat sich bewährt:

- Lieferanten der Rohdaten: keine Zugriffsrechte,
- Redakteur: Zugriffsrechte für den Inhaltsbereich zur Gestaltung vor der Freigabe,
- Lektor bzw. dessen Vertretung: Zugriffsrechte für den Inhaltsbereich zur Freigabe,
- Operator: Freie Zugriffsrechte.

Die Zugriffmöglichkeiten wird vor allem durch Passwörter gesteuert: Die Besucher tragen ihr gültiges Passwort direkt auf der Webseite ein, während sich die Betreuer unsichtbaren im Administrationsbereich durch individuelles Passwort „einloggen".

Mit dem Werkzeug Passwort können „Exklusivitäten" vergeben werden:

Ein Mitarbeiter kann sich mit seinem persönlichen Passwort einloggen und erhält so beispielsweise Infos über sein Zeitkonto. VIPs erhalten ein eigens Passwort zu einem geschützten Bereich und können so auf zusätzliche Gratifikationen zugreifen: Die Möglichkeiten, die Passwörter zur Motivation bieten, sind vielfältig.

7. Mit welchen Mitteln sollen Besucher geworben werden.?

Wenn eine Webseite „steht" und auf den Server „geladen" ist – passiert zunächst einmal nichts.

Schließlich weiß niemand, dass hier eine neue Informationsquelle besteht.

Deshalb muss frühzeitig mit der Informationsarbeit begonnen werden. Deren Aussage ist immer gleich:

> **„Wir haben eine Webseite mit wertvollen, regelmäßig aktualisierten Informationen.**
> **Besuchen sie uns regelmäßig"**

Die Werbung für die neue Seite ist dann mit den gleichen klassischen Instrumenten zu betreiben wie alle anderen Informationen und Angebote rund ums Unternehmen. Natürlich sollte die Webseiten-Adresse immer gemeinsam mit der Unternehmensadresse genannt werden. Das genügt aber genau so wenig, wie das Unternehmen durch die Adresse allein werben kann.

Wichtig ist eine Information über die Inhalte – und eine Aktualisierungsmeldung, wenn neue Inhalte aufgenommen werden.

Dies erfolgt üblicherweise in einem Mitarbeiterrundscheiben und einem Bedarfsträger- und Multiplikatoren – Mailing. Über die Aktualisierungen wird am preiswertesten per e-Mail-Newsletter informiert.

Reine Internetwerbung über Anzeigen in anderen Seiten als „Banner" zeigen in der Regel ein schlechtes Resultat – bezogen auf die Kosten der Schaltung.

Gut wirkt die Nennung in den Suchmaschinen. Um dort eingetragen zuwerden, muss die Seite zunächst einmal angemeldet werden. Dazu gibt es kostenlose Software, die von einigen Providern gleich mit angeboten werden. In dieser werden auch die Suchbegriffe eingegeben – je mehr, umso öfter wird die Webseite gelistet. Mehr ist dort nicht machbar. Je nach Kontakthäufigkeit erscheint die Webseite immer weiter vorne in der Liste.

Weiter sollte mit „befreundeten" Webseiten – also Firmenpartnern, Lieferanten etc. – Links ausgetauscht werden, also Querverweise von einer auf die andere Webseite.

Schließlich ist die direkte Werbung durch e-Mail-Informationen ein wirksames Mittel.

Achtung: E-Mail-Sendungen werden rechtlich genauso behandelt wie Telefonanrufe. Unaufgefordert zugesandte e-Mail sind abmahnfähig. Deshalb empfiehlt sich die Einrichtung des e-Mail-Verteilers, in den sich die Besucher in der Webseite eintragen – und jederzeit ihren Eintrag wieder löschen können.

Wirkungsvolle Internetpräsentation als virtuelle Firmenzeitung

Eine wirkungsvolle Website zu entwerfen, ist weniger mit dem Entwurf einer Präsentation oder einer Broschüre, sondern mehr mit der Gestaltung einer neuen Zeitung vergleichbar Zusätzliche mediale Effekte wie Ton und bewegte Bilder verstärken nur die Darstellung. Deshalb weckt der Begriff multimedial für Internetdarstellungen in der Regel zu viele Erwartungen.

Die Kombination von Internet-Präsentation und e-Mail-Funktionen verknüpft Direktmarketing und Werbung zu einer Kommunikationsform mit bislang nie erlebter Geschwindigkeit:

> **Im Internet wird die Schnelligkeit des Telefons wird mit der Dokumentationskraft des geschriebenen Wortes und der Eindrucksstärke des Bildes verknüpft.**

Zum reinen Inhalt und der Frage nach den Reaktionsmöglichkeiten der Leser tritt noch der Faktor „Aktualität". Eine über längeren Zeitraum unveränderte Website verliert den Reiz des Neuen, so wie eine – vielleicht einmal gelesene Broschüre – auch im Staub der Aktenschränke verschwindet.

> **Regelmäßig neue Informationen zu bieten, ist deshalb wesentlich für den kommunikativen Erfolg – sprich Kontakthäufigkeit – einer Website.**

4.2.2 Internet als Basiswerkzeug der Kommunikation

Der teure Trugschluss:

„Die Broschüre ist fertig. Jetzt brauchen wir auch noch einen Internetauftritt. Am einfachsten ist doch, wir stellen die Broschüre ins Netz..."

Die Konsequenz dieser veralteten Vorgehensweise ist:

Alle Bilder müssen neu aufbereitet, alle Texte überarbeitet werden. Und im Ergebnis wird wieder viel Geld ausgegeben – nur für eine digitale Broschüre, die kaum jemand anschaut, auch wenn sie im Internet angeboten wird.

Hier ist der umgekehrte Weg der wirtschaftliche Königsweg:

> **Bereitstellung aller nicht vertraulichen Informationen, Inhalte, Darstellungen und gestalterische Vorgaben für alle Kommunikationsmedien anhand des Internetauftrittes.**

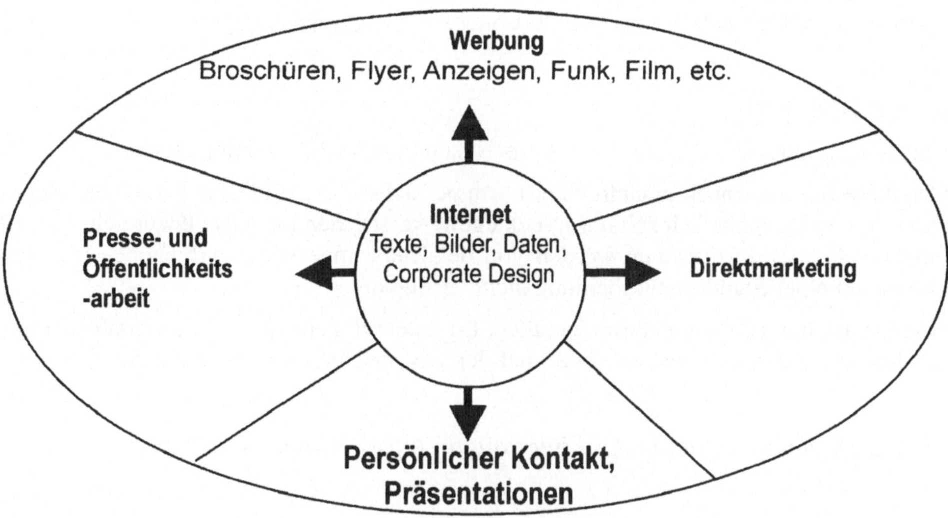

Abb. 4.7: Internet als Basismedium

Seit wenigen Jahren ist die Digitale Technologie soweit entwickelt und verbreitet, dass die bisherige Methode

– 1. Entwicklung eines Auftritts anhand von Basismedien wie Anzeigen, Broschüren, Flyern

– 2. Nachträgliches Umsetzen von Inhalt und Gestaltung in Präsentationen und Internet

wesentlich aufwändiger, teurer und weniger effizient ist.

Da ein Internetauftritt inzwischen obligatorisch ist, kann dieses Vorgehen auch umgedreht werden.

Die Nutzung des Internets als Basismedium für die Unternehmenskommunikation anstelle von geruckten Medien empfiehlt sich aus folgenden Gründen:

1. Effizienz und Effektivität

Das Internet vereint als einziges Medium alle klassischen Kommunikationsformen:

– Werbung und Information, Presse/PR, Direktmarketing und persönliche Kommunikation.

Deshalb sind bei der Erstellung eines wirkungsvollen Internetauftrittes von vornherein alle Kriterien zu berücksichtigen, die bei den unterschiedlichen Kommunikationsformen sonst einzeln bearbeitet werden.

Die Konsequenz ist, dass schon im Vorfeld die entsprechenden Fragen (zum Beispiel Gestaltung oder Inhalt) beantwortet sind.

Die Folge: Wesentlich kürzere Projektlaufzeiten, weniger Aufwand und damit weniger Kosten.

2. Hohe Akzeptanz in der Zielgruppe

Die meisten der anzusprechenden Firmen und Personen nutzen das Internet als Mittel zur Erstinformation, sobald sie sich für den Standort interessieren (Siehe Anlage)

3. Höchste Aktualität

Die Darstellung muss eine Vielzahl von statistischen Standortinformation bieten.

Werden diese Informationen in gedruckter Form publiziert, so sind Daten bereits bei Herausgabe überholt – und je mehr Zeit seit der Drucklegung verstrichen ist, umso unzureichender ist die Information. Presseinformationen werden von der Zielgruppe selten aufgehoben und sind so zum Zeitpunkt einer Standortentscheidung nicht verfügbar.

Irgendwann ist die gedruckte Form veraltet. Im Internet kann die Wirtschaftsförderung die Informationen tagesaktuell oder verzögert auf den gewünschten Termin anbieten.

4. Vermeiden von mehrfacher Archivierung de Informationen und Daten und

5. Einfache und schnelle Umsetzung klassischer Medien

Vorhandene Informationsdatenbanken und Dateien müssen für das Internet in eine besondere Form gebracht werden. Umgekehrt können Daten aus entsprechend konzipierten, modernen Internetdatenbanken

– schnell,

– einfach,

– sicher und

– selektiv

in für andere Werbemedien und Anwendungen geeignete Formen konvertiert werden.

6. Schneller Dialog

Nur per Telefon, Fax oder eben im Internet kann ein Interessent kurzfristig nach der Erstinformation in den direkten Kontakt mit der Akquisition treten.

Im mulimedialen Umfeld des Internets und der damit verbundenen „Ansprache auf mehreren Sinnen" wird die Information jedoch wesentlich besser transportiert.

Aus dem Internet sind – durch entsprechende Sicherheitsmaßnahmen auch vertrauliche – Informationen überall verfügbar.

Das bedeutet:

> **Der Kontakt via Internet erfolgt dann, wenn der Interessent die Informationen noch im Gedächtnis hat und „heiß" ist.**

4.3 Direktmarketing

Direktmarketing in klassischer Form oder via Internet ist für die personenorientierte Akquisition der Bauunternehmen die wichtigste Form der „medialen" Kommunikation.

Der Begriff Direktmarketing fasst alle Maßnahmen zusammen, mit denen eine größere Gruppe von Personen direkt angesprochen wird – also mit

- persönlicher, namentlicher Anrede und mit

- Möglichkeit zum Dialog.

Eingefleischte Direktmarketing-Berater würden das erste Kriterium nicht akzeptieren oder andere Definitionen für treffender halten. Tatsächlich ist dies eher eine interne Methodendiskussion der Berater und für das eigene Geschäft eher unerheblich. Die Tendenz geht in der Investitionsgüter-Kommunikation mit den neuen technischen Möglichkeiten und Kommunikations-Dienstleistungen ohnehin zur grundsätzlichen Dialogmöglichkeit in allen Aktivitäten.

Für Bauunternehmen sind aus dem gesamten Reservoir des Direktmarketings

- Anschreiben oder „Serienbriefe", der

- e-Mail- Verteiler und das sogenannte

- Telefonmarketing

von Bedeutung. Lediglich bei den Bauzulieferern – also Baustoffhandel und -Produzenten kommt Katalogwesen etc. dazu.

Da dieser Markt aber den Marketing-Gesetzen des Handels folgt – und dazu genügend Literatur existiert, soll es hier nicht weiter verfolgt werden.

Die wichtigste Ausstattung für Direktmarketing ist die Bedarfsträgerdatei als Basis für alle Aktivitäten. Mit modernen Datenbankprogrammen können die Daten direkt in die Produktion von Serienbriefen etc. einfließen. Wichtig ist dabei die zentrale Datenverwaltung. Je mehr Doppeleingaben und Abgleiche „per hand" nötig sind, umso mehr Fehler schleichen sich ein.

Im vierten Block des „Datenblatt Bedarfsträger" aus Abschnitt 2.2 sind die sogenannten Wiedervorlagetermine eingetragen. Mit diesem Feld werden die Direktmarketing-Aktivitäten gesteuert.

4.3.1 Serienbriefe und e-Mail

Eine Vielzahl von Informationen über Leistungen und anderen Neuigkeiten zu Ihrem Unternehmen kann für einen größeren Kreis der Bedarfsträger gleichermaßen von Interesse sein. Die persönliche Anrede per Brief ist dann der geeignete Weg, die Information auf persönliche Weise zu verbreiten und damit den persönlichen Charakter der Beziehungen zu halten.

Serienbriefe sind vor allem für zwei Aufgaben besonders geeignet:

– Überbrücken von Zeiten, in denen ein persönlicher Kontakt nicht möglich ist – beispielsweise weil man nicht jeden C-Bedarfsträger monatlich besuchen soll. Dies sind zum Beispiel regelmäßige Aktionen wie

   – Weihnachtsgruß

   – Ostergruß

   – Geburtstagsgruß

   – Versand der Kalender

   – Versand der Kundenzeitung

   – Information über neues im Internet

   – sowie einzelne, fachlich orientierte Aussendungen zu bestimmten Themen:
      wie neue Referenzdarstellungen oder Fachpublikationen von Mitarbeitern.

– Zur „Aktivierung" des Angesprochenen Mit direkten Ansprachen sind die Angesprochenen eher zu motivieren, selbst aktiv zu werden. Gelegenheiten zur Ansprache gibt es viele, im Wesentlichen sind es aber

   – Einladungen zu Veranstaltungen und Messen

   – Vorinformationen zu neuen Leistungen, verbunden mit der Aufforderung, weitere Informationen anzufordern.

Allein mit persönlichen Anschreiben ist eine optimale Kontaktfrequenz von zwei Monaten erreichbar – ohne dass dafür wesentlich mehr Zeit als für einen individuellen Brief geopfert werden müsste.

e-Mail oder Serienbrief

Die Vorteile des e-Mail sind bestechend:

– Wenig organisatorischer Aufwand,

– keine Postlaufzeiten,

– direkter Antwortmöglichkeit ohne Gang zum Postkasten,

– keine Produktions- und Portokosten.

Aber e-Mail können Serienbriefe nicht völlig ersetzen.

Telefonmarketing darf beispielsweise nicht durch e-Mail vorbereitet werden. Da in diesem Fall e-Mail vom Gesetzgeber wie ein Telefonanruf gewertet wird – und Anrufe ohne vorherige Einverständniserklärung des Adressaten als aufdringliche Werbung abmahnfähig ist, ist hier ist ein Brief Pflicht.

Außerdem müssen Adressaten ohne e-Mail-Adresse die Information per Post erhalten.

Meistens ist die Kombination e-Mail und Serienbrief möglich.

e-Mails folgen den gleichen kommunikativen Regeln der Serienbriefe – auch wenn die „Gratifikationen" in materieller Form nicht möglich sind. So sind beispielsweise Geburtstagsgrüße per e-Mail eine Alternative zur Postkarte, nicht jedoch für das verschickte Geschenk. Auch ein Gutschein sollte nicht per e-Mail verschickt werden, da vielleicht ein Operator die eingehenden e-Mail des Empfängers sichtet.

Auch die Gestaltung eines e-Mail orientiert sich an den Regeln eines Serienbriefes. Die „zwanglose Form", die in vielen e-Mail gepflegt wird, sollte für Serien-e-Mail unterbleiben: Zu groß ist die Gefahr, Bedarfsträger zu verstimmen.

In den folgenden Abschnitten werden deshalb e-Mail und Serienbriefe unter dem Begriff „Serienbrief" zusammengefasst.

Planung

Zur genaueren Planung eines regelmäßigen „Informationskontaktes" dient der „Versandplan Serienbriefe". Dort sind die geplanten Aussendungen eines Jahres pro Bedarfsträgergruppe verzeichnet. Ziel ist es, je nach Bedarfsträgereinstufung regelmäßig, mindestens alle zwei Monate „etwas von sich hören zu lassen".

Versandplan Serienbriefe	Kostenplan			Jahr	Versandmonate											
	Format/Gewicht/Auflage			Preis												
					J	F	M	A	M	J	J	A	S	O	N	D
Weihnachtsaussendung Gruppe C: Weihnachtskarte/ e-Mail mit Bild															X	
Gruppe B:															X	
Gruppe A:																X

Preis: Produktionskosten + Kosten für Verpackungsmaterial + Kosten für das „Zusammentragen" (Konvektionierung) + Porto + e-Mail;

Siehe auch Checkliste Serienbrief

Abb. 4.8: Versandplan

Elemente eines Mailing

Ein Serienbrief besteht in der Regel aus einem Anschreiben – dem persönlichen Brief – und Anlagen.

Bei immer wiederkehrenden „Anlagen" – wie die neue Ausgabe der Kundenzeitschrift – genügt eine Kurzinformation als Begleitschreiben:

> „Sehr geehrter Herr XY,
>
> vielleicht haben Sie bereits darauf gewartet – anbei sende Ich Ihnen die neueste Ausgabe unseres „Kuriers". Mit freundlichem Gruß...."

Ob in diesem Fall das Begleitschreiben auf einer kleinen Karte oder auf einem Geschäftsbrief gedruckt wird, ist gleich. Um die persönliche Note beizubehalten, sollte dieser Gruß auf jeden Fall mitgeschickt werden.

Spätestens, wenn die Aktion als Aktivierungs- "Mailing" – wie der Fachbegriff für diese Serienbriefe lautet – mit dem Ziel einer Antwort des Adressaten gestaltet wird, ist eine Antwortkarte – Postkarte oder Faxformular – mitzuschicken.

Damit wird dem Adressaten die Antwort erleichtert. Üblicherweise ist ein Antwortformular in Form eines Kurzbriefes mit Ankreuzmöglichkeit gestaltet – Beispielsweise für Veranstaltungen:

> o   Ich komme zur Veranstaltung am _________________
>
> _____________ Personen werden mich begleiten
>
> o   Nein, ich kann leider nicht kommen, senden Sie mir die Informationen zu.
>
> o   Nein, ich kann nicht kommen, vereinbaren Sie mit mir einen Gesprächstermin.
>
> o   Nein, ich habe kein Interesse.

Der genaue Wortlaut ist vom Anlass und den organisatorischen Bedingungen abhängig.

So muss der Angesprochene bei Begleitpersonen auch deren Namen vermerken, wenn vorab Namensschilder vorbereitet werden etc.

Schließlich erhält der Adressat mit Begleitschreiben und Antwortformular informierende Unterlagen zur Veranstaltung. Diese können je nach Zielgruppe im gleichen Mailing differieren. Beispiel Weihnachtsgruß: Eine Gruppe erhält nur Weihnachtskarten, einen andere Gruppe zusätzlich ein kleines Präsent, die dritte Gruppe ein höherwertiges Dankeschön mit einem individuell formulierten Anschreiben etc.

Wenn der Event noch einige Zeit in der Zukunft liegt oder neue Informationen vorliegen, lohnt es sich, zum gleichen Thema in kurzen Abständen mehrere Briefe an die Angesprochenen zu schicken: Typisch sind diese „mehrstufigen Mailing" allerdings nur, wenn neue Bedarfsträger als Kunden gewonnen werden sollen: Dann kann eine erste Stufe auf das nächste Schreiben neugierig machen- und im dritten Schreiben wird zur Antwort aufgefordert. Bei Veranstaltungen mit Kunden genügt es in der Regel, rechtzeitig vorher noch mal anzurufen und zu erinnern.

Mit der Aussendung der Briefe ist die Aktion aber noch nicht vorbei: Bald kommen – telefonisch oder per Brief/Fax – die Antworten. Diese sind weiterzubearbeiten:

–   Erfassen der Kontakte in der Datei,

–   Ggf. erstellen von Kontaktberichten,

–   Weiterleiten der Informationen an die zuständigen Akquisiteure,

–   Veranlassen, dass die gewünschten Informationen/Unterlagen verschickt werden. (Infos, Eintrittskarten, Wegbeschreibungen etc.).

Zur Planung hilft die Checkliste „Serienbrief":

–   Im Listenkopf wird Titel des Mailing sowie der verantwortlichen Projektleiter festgelegt.

–   Der erste Block nennt den Terminplan für die Realisierung der einzelnen Schritte und bestimmt, wer die Einzelmaßnahmen realisiert.

–   Im Block „Kostenplan" werden die Gesamtkosten der Aussendung kalkuliert.

–   Zur Vereinfachung kann hier nur der Materialaufwand als Grundlage genommen werden. Allerdings verfälscht dies natürlich die tatsächlichen Kosten.

–   In den Blöcken „Stückliste" wird der Materialeinsatz geplant.

Die Gestaltung und das Texten solcher Briefe hat sich ein kompletter Spezialistenzweig der Werbebranche auf die Fahnen geschrieben. Für die Baubranche aber sollte gelten:

„Wir sind keine Marktschreier, sondern wollen intelligent informieren." Deshalb sollten solche „Junk-Mails" – bei denen Mitarbeiter des aussendenden Unternehmens noch keinen persönlichen Kontakt mit dem Adressaten hatten – nur in einem ganz besonderen Fall Verwendung finden:

Enthält die Bedarfsträgerkartei zu wenige Bedarfsträger, dann kann über „eingekaufte Adressen" ein Mailing zur Präsentation und mit Bitte um Kontaktaufnahme gestartet werden.

Vor allem für die Akquisition in neuen Regionen / Bereichen ist dies ein gangbarer Weg.

Informieren heißt nicht, langweilig zu sein:

–   Die Briefe sollen entsprechend dem definierten Stil geschrieben werden.

–   Sie sollen unterhaltsam und leicht lesbar sein.

–   Sie sollten nicht mehr als eine Seite in Anspruch nehmen.

–   Sie sollten immer einen direkten Ansprechpartner nennen – mit Telefonnummer und e-Mail.

| Mailingthema: | Aussendung am: | |
| | Projektleitung/Controlling: | |
	Verantwortlich	Erledigt bis
Gesamtkonzeption		
Texterstellung		
Textredaktion		
Anschreiben trägt die Unterschrift von		
Gestaltung/Erstellung e-Mail		
Produktion Serienbriefe/Aufkleber		
Erstellen der Adresslisten		
Telefon. Voranfragen		
Konfektionierung Serienbriefe		
Versand e-Mail		
Versand Serienbriefe		
Telefonisches Nachfassen „Nichtantworter"		
Erfassen / Weiterleiten Rückläufe		
Text Begleitschreiben Antwortpaket		
Konfektionierung Antwortpaket		
Versand Antwortpaket		

Abb. 4.9: Checkliste Serienbrief: a) Zuständigkeiten

Achtung: Bei Aussendungen an unbekannte Bedarfsträger sind Rücklaufquoten von nicht mehr als ein Prozent normal. Diesen Prozentsatz können sie durch begleitendes Telefonmarketing erhöhen.

In der Checkliste ist deshalb Telefon- voranfrage und -nachfassen bereits verankert.

Kostenplan							
Material			Arbeitsstunden				
	Stück	Preis	Leistungsart	Stunden		Stun-den-satz	Preis
				Plan	Ist		
Briefpapier			Konzept				
Beileger							
			Konfektionierung				
Antwortpakete			Versand				
Porto Aussendung			Antwortbearbeitung				
Porto Antwortpakete							
Summen:							

Stückliste Gesamtsummen			Beilagen:	Stück
Anschreiben Seitenzahl:				
Anschreiben Format: Stück:				
Antwortkarte/Faxblatt Format: Stück:				
Kuverts:	Format:	Stärke:	Farbe:	Stück:

Stückliste Gesamtsummen Antwortpaket			Beilagen:	Stück
Anschreiben Seitenzahl:				
Anschreiben Format: Stück:				
Antwortkarte/Faxblatt Format: Stück:				
Kuverts:	Format:	Stärke:	Farbe:	Stück:

Aufkleber	Format:	Fabrikat:	Stückzahl:	Prod.:

Abb. 4.9: Checkliste Serienbrief: b) Stück- und Kostenplan

4.3.2 Telefonmarketing

Im Konsum- und Masseninvestitionsgütersektor ist das Telefonmarketing eines der wichtigsten
Instrumente. Die professionellen Callcenter unterstützen alle Angebote durch die Möglichkeit,
dass der Interessent im Gespräch die Angebote ordern oder Informationen erhalten kann. Für
die Baubranche ist dieses Vorgehen selten möglich.

Telefonmarketing ist jedoch ein unverzichtbares Hilfsmittel für

– Aufbau und Pflege der Bedarfsträgerkartei,

– Vor- und Nachbereiten von Serienbriefen,

– Vor- und Nachbereiten von Besuchen und Veranstaltungen,

– Ermitteln von Marktdaten und Informationen.

Dadurch, dass Telefonmarketing häufig Bestandteil anderer Aktionen ist, wird die Vorbereitung und die Bereitstellung entsprechender Ressourcen wie Personal und Telefonsysteme nicht geplant oder unterschätzt. Welche Bedeutung dieses Mittel aber hat, veranschaulicht eine Maßnahmenliste zu Ermittlung von Bedarfsträgern in einer neuen Region:

1. Beschaffen der Adressen von relevanten Bedarfsträgern

2. Telefonvoranfragen:

Gesamt: Überprüfen / Ermitteln der primären Ansprechpartner einer Adresse

Stichprobe: Interview – (Besteht Interesse am Kontakt, konkrete Problemstellungen?)

3. Aktualisieren der Datenbestände, Überprüfen der Texte anhand der Interviews

4. Versand

5. Telefon-Nachfassen 1:

Keine Antwort: Warum nicht? Ggf. nochmals senden

Absage: Warum, genauere Informationen zusenden?

6. Versand Antwortpakete

7. Telefon-Nachfassen 2: Weitere Informationen gewünscht? Darf Herr XY zu einem Termin kommen?

Deutlich wird: Telefonmarketing und Serienbriefe sind eng verknüpft. Mit einer solchen integrierten Maßnahme kann der Absender die Resonanz auf sein Schreiben vervielfachen.

Die Erfahrung zeigt, dass schon die Telefonvoranfrage Versandkosten spart, da sich die Zahl falscher Adressen und Ansprechpartner wesentlich verringert und die Zahl der Rückläufe „Empfänger unbekannt" minimiert.

Ein telefonische Voranfrage macht darüber hinaus neugierig auf die Sendung: So werden bei mehrstufigen Aussendungen inzwischen vielfach die erste Stufe durch einen Telefonkontakt ersetzt.

Bei einer großen Zahl von geplanten Anrufen nützt die Hilfe einer Telemarketing-Agentur. Neben den klassischen Callcentern bieten in jeder Region „externe Telefonsekretariate" ihre Dienste an. Deren Mitarbeiter schulen sich auf die Besonderheiten des Absenders und telefonieren als freie Assistenten der Akquise – Mitarbeiter. Sie nehmen die Last der frühen Absagen weg und tragen so wesentlich zur Motivation der eigenen Mitarbeiter bei. Diese können sich mit dieser Unterstützung auf die Interessierten Zielpersonen konzentrieren.

Sind dagegen die Ansprechpartner persönlich bekannt, so beschränkt sich das Telefonmarketing auf die organisatorische Hilfestellung: Nachhaken bei Einladungen etc.

Wie auch immer: Auch Telefongespräche müssen vor- und nachbereitet werden.

Führt jemand im Auftrag das Gespräch, so kann er den Akquisiteur nur teilweise ersetzen.

Seine Kompetenzen sind klar einzuschränken. Entwickeln sich die Gesprächsthemen in eine fachlich schwierige Richtung oder werden konkretere Informationen verlangt, muss der Akquisiteur das Gespräch übernehmen – entweder durch Weiterleiten des Gespräch oder durch kurzfristigen Rückruf.

Akquisiteur und Assistent – auch wenn dieser einer Fremdfirma zugehört – müssen ein eingespieltes Team sein. Es lohnt sich deshalb, dass beide die ersten Gespräche gemeinsam im gleichen Raum führen. Nach mehreren Gesprächen wissen beide, worauf der Partner Wert legt.

Ob der Akquisiteur das Gespräch führt oder ein Assistent: Zunächst muss ein Anlass gegeben sein. Dieser findet sich schnell. Schon die Aktualisierung der Kundenliste ist ein ausreichender Grund, dass die Telefonzentrale oder die Sekretärin die nötigen Informationen gibt – und eine Abmahnung wegen belästigender Werbung unterbleibt. Auch die Tatsache, dass vorab Unterlagen zugeschickt wurden, genügt als Anlass.

Mit der Formulierung des Anlasses ergibt sich eine schnelle Gesprächseinleitung. Danach wird der Adressat mit einer Frage zum Dialog aufgefordert.

Die Checkliste Abbildung 4.10 „Gesprächsnotiz Telefonmarketing" ist als interner Gesprächsrapport nutzbar. Sie geht davon aus, dass ein Assistent im Auftrag telefoniert.

Ein Gespräch kann dann wie folgt geplant werden:

– Vorstellung des Interviewers:

   „Guten Tag. Mein Name ist Meier. Ich bin Assistent von Herrn Z, Geschäftsführer der XY Bauunternehmung GmbH."

– Grund des Anrufs:

   „Wir aktualisieren unsere Kundendaten, da wir Ihnen einige aktualisierte Unterlagen zuschicken möchten."

– Fragen:

   „Könnten Sie mir sagen, ob Herr A. Geschäftsführer ist?"

   „Gibt es eigentlich noch weitere Verantwortliche für ...... in Ihrem Haus?"

   „Haben Sie eigentlich die Broschüre ...... schon bekommen?"

Die Daten werden vom Interviewer auf der Checkliste erfasst und weitergeleitet:

– zur Korrektur/Ergänzung der Bedarfsträgerkartei,

– an den zuständigen Akquisiteur für weitere Anrufe,

– etc.

Natürlich ist diese Liste ebenfalls ein Muster und muss dem konkreten Gespräch gemäß erweitert oder modifiziert werden.

<table>
<tr><td colspan="2">Gesprächsnotiz Telefon-Marketing</td><td colspan="2">Aktion:</td></tr>
<tr><td colspan="2">Interviewer:</td><td colspan="2">Gesprächsdatum:</td></tr>
<tr><td colspan="2">Vorstellung des Interviewers</td><td colspan="2"></td></tr>
<tr><td colspan="2">Grund des Anrufs</td><td colspan="2"></td></tr>
<tr><td rowspan="4">Gesprächs-führung</td><td colspan="2">Fragen Interviewer</td><td>Antworten</td></tr>
<tr><td>1</td><td></td><td></td></tr>
<tr><td>2</td><td></td><td></td></tr>
<tr><td>3</td><td></td><td></td></tr>
</table>

Sonstige Themen/Aussagen

Zur weiteren Bearbeitung an: Zur Kenntnis an:

Akquisiteur: _________________ Datenbank: _______________________________

Abb. 4.10: Muster Gesprächsnotiz Telefonmarketing

4.4 Öffentlichkeitsarbeit

In der indirekten Kommunikation stellt die Öffentlichkeitsarbeit für Bauunternehmen die zentrale Methodengruppe dar.

In diesem Sinne sind Direktmarketing und Werbung lediglich unterstützendes Handwerkszeug.

Während die Akquisitionsarbeit im Wesentlichen die direkte Beeinflussung der Bedarfsträger im Auge hat, zielt die Öffentlichkeitsarbeit auf die Schaffung von Bekanntheit und Vertrauensvorschuss.

Interessanterweise wird von den meisten Bauunternehmen die Öffentlichkeitsarbeit als wichtiges Thema gesehen – Werbung dagegen nicht. Also haben hier die Unternehmer intuitiv aufs richtige Pferd gesetzt?

Da Öffentlichkeitsarbeit etwas mit Berichterstattung und damit mit Darstellung von Tatsachen zu tun hat, ist diese Methodik akzeptiert. Werbung dagegen gilt eher als „unter Niveau".

Deshalb folgende Klarstellung:

Öffentlichkeitsarbeit, Werbung, Direktmarketing und Akquisitionsarbeit verfolgen das gleiche Ziel: Leistungen mit Gewinn zu verkaufen.

Die Unterschiede liegen nicht im Inhalt, sondern in der Vorgehensweise. Die ethische Beurteilung der Vorgehensweise ist sehr subjektiv: Auch die direkte Akquisition gilt bei vielen deutschen Technikern als schmutzige, aber notwendige Tätigkeit.

Dass ausländische Kollegen diese Einschätzung nicht teilen, wird vielen deutschen Unternehmen im europäischen Markt zum Verhängnis.

Öffentlichkeitsarbeit besteht aus Leistungen für Multiplikatoren:

– Journalisten,

– Verbandsfunktionäre und

– VIPs (Very Important Persons) und. Multiplikatoren (Lehrer, Pfarrer, Vereinsvorstände etc.).

Einzelne Personen aus der Öffentlichkeit werden davon nur insofern direkt berührt, als sie Nutznießer der Maßnahmen sind und dadurch das Interesse der Multiplikatoren erhöhen – Sie sind also nicht Ziel, sondern Teil der Maßnahme.

Öffentlichkeitsarbeit ist nicht billiger als Werbung. In einer Gesamtkostenrechnung der Maßnahmen – interne Leistungen und Sachkosten zusammengenommen – ist für Bauunternehmen Öffentlichkeitsarbeit regelmäßig teurer als spezifische Werbemaßnahmen.

Trotzdem: Nur mit guter Öffentlichkeitsarbeit ist Akquisition langfristig erfolgreich.

Anschaulich wird dies mit der Darstellung, welchen Kommunikationsweg Öffentlichkeitsarbeit geht. Multiplikatoren streuen Informationen wesentlich stärker, als ein Akquiseiteur es könnte oder sollte. Er hat weder Zeit, noch Geld, noch die Instrumente, Informationen so weit streuen.

Dafür bietet gute Öffentlichkeitsarbeit einen zweiten Kommunikationsweg hin zu den Bedarfsträgern.

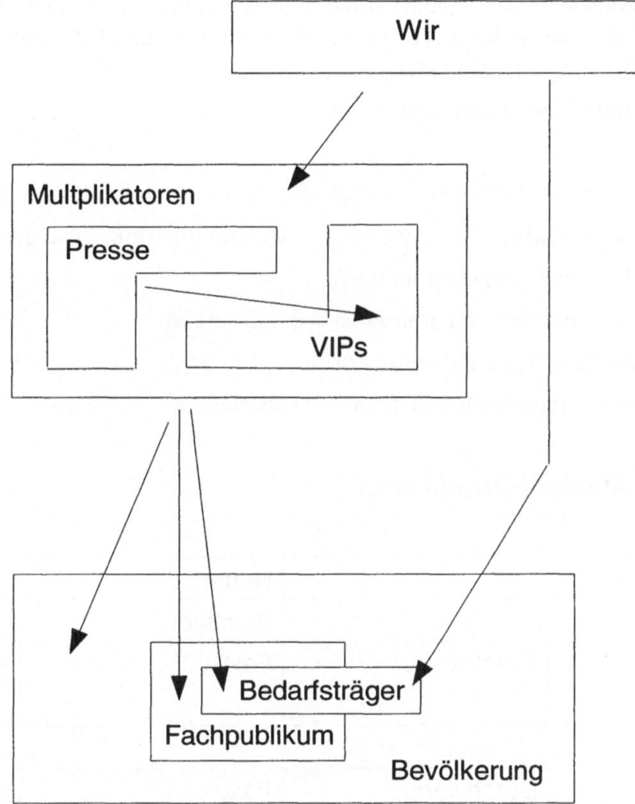

Abb. 4.11: Indirekter Kommunikationsweg Öffentlichkeitsarbeit

Bei den Multiplikatoren sind die „Presseleute" und die „VIPs" die wichtigen Gruppen.

„Presse" sind im Wesentlichen:

–   Regionaljournalisten,

–   Fachjournalisten,

–   Freie Journalisten/Agenturen,

–   Fachverbands-Pressesprecher.

VIPs ("Very Important Persons") sind demgegenüber Personen des „ öffentlichen Lebens" in den akquisitionsrelevanten Region:

Beide Gruppen wirken gleichermaßen: Ihr Wort beeinflusst das Image des Unternehmens in der Öffentlichkeit und dem Fachpublikum – und damit auch bei den Bedarfsträgern und deren Umfeld.

Die Adressen können in der Bedarfsträgerdatei mitverwaltet werden. Eine eigene Datei ist jedoch sinnvoll, da sich in der Regel Ansprache, Aktionen und betreuende Mitarbeiter von der Bedarfsträgerbetreuung unterscheiden.

Muster solcher Karteikarten sind abgedruckt.

Zu vermerken ist bei den Journalisten neben den Adressen und Telekommunikationsnummern:

- Zu welchen regelmäßigen Veranstaltungen der jeweilige Journalist eingeladen wird.
- Welche Publikation (Titel) betreut wird.
- In welchen Themenfelder der Journalist spezialisiert ist.
- Wer den betreffenden Journalisten vertritt.
- Mit welchem Anzeigenberater er zusammenarbeitet.

Journalisten-/Multiplikatorenkartei

Titel:		Name:	
Redaktion:		Position:	
Telefon:	Durchwahl:	Fax:	e-Mail:
Vertreter:			
Telefon:	Durchwahl:	Fax:	e-Mail:
Verlag:			
Besuchsadr.:			PLZ:
Postf.:	PLZ:	Ort:	

Tageszeitung: ___ Fachzeitschrift:___ Wochenzeitung: ___ Agentur/Pressebüro: __

Betreut durch: ____________________ Einladung zu: 1. __2. __3. __4.__5.__6. __

Themenfelder:

____

____

VIP-Kartei

Name:		Vorame:	
Titel:		Position:	
Telefon:	Durchwahl:	Fax:	e-Mail:
Adresse Privat:	PLZ:	Ort:	Straße:
Telefon privat:	e-Mail:		
Verband/Firma:			
Besuchsadr.:			PLZ:
Postf.:	PLZ:	Ort:	

Gruppe: ______

Betreut durch: _________________ Einladung zu: 1. ___2. ___3. ___4.___5.___6.. __

(Anm. In Datenbanken werden die jeweiligen Anreden ergänzt: „Sehr geehrte ...")

Abb. 4.12: Musterdatenmasken Multiplikatoren und VIP-Datenbank

4.4.1 Presse

Pressearbeit ist Arbeit an den Journalisten. Wie schwer diese Arbeit ist, veranschaulicht das Bild, das den Journalisten Informationen zu „verkaufen" sind.

Journalisten verhalten sich dabei ähnlich wie Projektleiter in Ingenieurbüros und Architekturbüros: Sie vermitteln Ihre Leistungen und verkaufen sie an ihre Leser weiter.

Die Leistungen, die sie dabei bringen, sind im Wesentlichen:

– Auswählen der für ihre Leser interessanten Informationen,

– Kommentieren der Ereignisse,

– Veranschaulichen komplexer Sachverhalte.

Erhalten Journalisten Informationen, so bewerten sie diese in einem „Filtersystem", auf das die Anbieter von Informationen keinen Einfluss haben. Aufgrund verschiedener Kriterien entscheiden sie, ob und in welchem Umfang berichtet wird.

Subjektive Filter

Journalisten nutzen die eigene Erfahrung und den Werthorizont als Grundlage für die Beurteilung der Information.

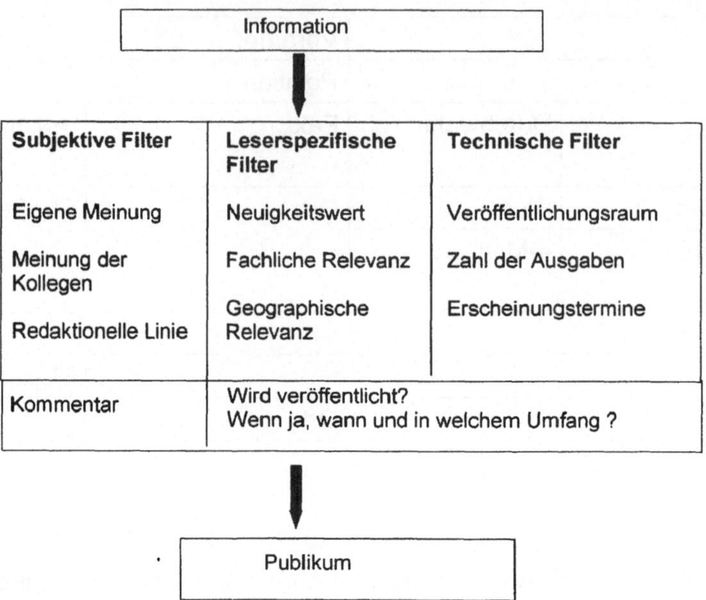

*Abb. 4.13: **Journalistische Informationsfilter***

Sie stehen auch über das eigene Redaktionsteam hinaus in Kontakt mit Kollegen. Deren Meinung bestimmt wesentlich die eigene Beurteilung.

Letztlich steht hinter jeder Redaktion eine vorgegebene Tendenz der Berichterstattung. Schwerpunktthemen und Art der Darstellung sind hier vorgegeben – für die Journalisten sind diese Grundlinien der Berichterstattung verbindlich. Informationen und Berichte, die diesen Vorgaben zuwiderlaufen, könnte ein Redakteur in der Redaktionskonferenz nicht erfolgreich vertreten – selbst wenn er wollte.

Leserspezifische Filter

Jede Zeitung und Zeitschrift lebt davon, dass sie gelesen wird. Um gelesen zu werden, müssen Themen behandelt werden, die mögliche Leser interessiert. Interessant werden die Beiträge, wenn sie Neuigkeiten bieten und fachlich oder geographisch in Bezug zur Person des Lesers steht.

Mit diesem Filter wird auch die Aussage eines Niederlassungsleiters verständlich: „Wenn ein Unfall auf der Baustelle passiert oder sonst ein Problem auftaucht, fallen Sie wie Geier über uns her. Wenn alles glatt läuft, kräht kein Hahn danach.".

Diese Tatsache liegt daran, dass sich kein Leser von unabhängigen Zeitungen für „Alltägliches" interessiert: Die Tendenz, schadensorientiert zu berichten entspringt der Notwendigkeit, Informationen zu verkaufen.

Hier liegt der Vorteil einer Kundenzeitung/Webpräsenz: Erfolge darzustellen ist deren legitime Aufgabe.

Technische Filter

Die technischen Filter sind durch die Faktoren Zeit und Veröffentlichungsraum definiert.

Ein Journalist hat keinen Einfluss auf die Erscheinungstermine der einzelnen Ausgaben. Er muss die Beiträge rechtzeitig in die Produktion geben.

Es besteht nur beschränkt physischer Raum zur Verfügung, auf dem die Informationen dargestellt werden können.

Eine Zeitung hat nur eine beschränkte Seitenzahl, dafür eine Vielzahl möglicher Themen auf de Veröffentlichungsliste.

Mit diesen Kriterien werden auch die Regeln für eine erfolgreiche Pressearbeit deutlich: Ziel ist, das Interesse der Redakteure an den eigenen Informationen über die Variablen innerhalb der Filter zu gewinnen.

Presseverantwortliche sollten – wie Akquisiteure zu Bedarfsträgern – in persönlichen Kontakten die wichtigen Journalisten kennen lernen, für sich gewinnen und damit die subjektiven Filter entsprechend beeinflussen. Dazu müssen sie von den Journalisten als kompetente Sprecher erscheinen, die ihnen gegenüber offen und ehrlich die momentanen Fragen beantworten. Der Begriff „kein Kommentar" ist Bestandteil der Geheimhaltungsdiplomatie und sollte eigentlich nicht zum Wortschatz zählen. Tatsächlich reizt einen Journalisten diese Aussage dazu, Vermutungen anzustellen – und diese zu veröffentlichen. Es erfordert wesentlich mehr als nur eine Richtigstellung, die einmal ausgesprochene Vermutung aus den Köpfen der Leser zu bringen: „Etwas davon wird schon stimmen".

Das Verhalten gegenüber Journalisten gleicht in vielen Fällen dem gegenüber Kunden. Welche Berichterstattung zu einer Veranstaltung ist zu erwarten, wenn ein Journalist unter den Gästen ist, er aber seine Fragen nicht stellen kann, weil der Niederlassungsleiter zu beschäftigt ist und keinen Presseverantwortlichen bestimmt hat?

Fachpressearbeit

Im Gegensatz zu den Pressearbeiten in der lokale- und Regionalpresse ist die Fachpressearbeit im Wesentlichen:

– Berichte über Innovation und innovative Verfahren durch Projektdarstellungen und Arbeitsberichte,

– Berichte über wissenschaftliche und ingenieurtechnische Innovationen.

Hier besteht vor allem das Problem, im Unternehmen Mitarbeiter zu finden, die Artikel schreiben und redigieren. Große Unternehmen unterhalten Abteilungen für „technische Dokumentation", von der die Stichworte, die der Projektleiter zusammenstellt, ggf. in redaktionsgerechte Fachberichte wandeln – und den Kontakt mit den Fachredakteuren hält, bei denen sie die Aufsätze „lanciert" und veröffentlicht.

Welche davon veröffentlicht werden, bestimmt neben der fachlichen Relevanz für die Zielgruppe der jeweiligen Zeitschrift auch der jeweilige Redaktionsplan und die Menge vorliegender Beiträge.

Fachartikel sind frühzeitig zu planen – die Fachbeiträge werden häufig im Rahmen einer Jahresplanung den einzelnen Ausgaben der Fachzeitschrift zugeteilt. Teilweise erscheinen Beiträge erst Monate nach der Einreichung. Wenn der Beitrag erst in einem Jahr veröffentlicht wird – ist er dann noch aktuell?

Manchmal gibt es allerdings die Möglichkeit, den Fachartikel trotzdem zu platzieren. Die in der ausländischen Presse übliche Praxis, das man durch die Schaltung von einigen Anzeigen eine besondere Aufmerksamkeit des Redakteurs erkauft, widerspricht in Deutschland den Grundsätzen der journalistischen Ethik – aber Fachzeitschriften haben regelmäßig „unter der Hand" entsprechende Angebote.

Das Problem für kleinere Unternehmen ist die Ideenfindung – was ist wert, veröffentlicht zu werden – und dann die Zeit zu finden, den Artikel zu schreiben. Hier kann eine sogenannte PR-Agentur helfen. Die Mitarbeiter der Public-Relations-Agenturen sind es gewohnt, geeignete Themen „herauszufiltern" und anschließend Fachtexte unterschiedlicher Branchen anhand von Stichworten und Interviews in Rohmanuskripte umzuwandeln. Dann sind nur noch die immer wieder auftauchenden inhaltlichen Fehler auszumerzen. Die Agentur sorgt parallel für Veröffentlichungsplatz.

Der regionaler Baufachverband unterstützt bei Fragen zur Pressearbeit. Jeder Verband hat einen Pressesprecher, der gegebenenfalls mit Rat und Tat zur Seite steht – und die Adressen der wichtigsten Journalisten zur Verfügung stellt.

Sonderbeilagen

Bei Jubiläen, Gebäudeeinweihungen und anderen besonderen Ereignissen bietet die örtliche Tages- oder Wochenzeitung eine Sonderbeilage an. Deren redaktioneller Umfang ist üblicherweise direkt vom Anzeigenvolumen abhängig.

Der Vorgang dabei ist einfach: Der Bauherr, Generalunternehmer oder Jubilar nennt der Anzeigenabteilung Adressen und Ansprechpartner der Lieferanten und Subunternehmer. Diese werden dann – gemeinsam mit einem Empfehlungsschreiben – von der Zeitung angeschrieben und eine Anzeige in der Sonderbeilage angeboten. Steht der Anzeigenumfang fest, werden entsprechend Platz für redaktionelle Beiträge zum Projekt und zu Ihrem Unternehmen geschrieben und veröffentlicht.

Die Mitarbeiter des präsentierenden Unternehmens haben dabei nur die Aufgabe, den Redakteuren Informationen zukommen zu lassen. Die Redaktion erstellt die Beiträge.

4.4.1.1 Pressemitteilung

Den Redaktionsbüros flattern tagtäglich eine Vielzahl von Einladungen zu Veranstaltungen auf den Schreibtisch. Es kann passieren, das zur gleichen Zeit mehrere Termine stattfinden.

Trotz einer rechtzeitigen Einladung geschieht es, dass ein Journalist kurz am Veranstaltungsort auftaucht und gleich wieder weg ist. Oft kommt schlichtweg niemand.

Deshalb müssen Pressemitteilungen formuliert und den Journalisten ausgehändigt oder der Redaktion zugesandt werden.

Es gibt eine Reihe von Themen, die regelmäßig veröffentlicht werden, so zum Beispiel:

- Personalveränderungen in der Führungsspitze,

- Bedeutende Aufträge,

- Ereignisse im Unternehmen, die eine politische Bedeutung haben: Unternehmenskäufe, Entlassungen von Mitarbeitern Neueinstellungen in   größerer Zahl etc.,

- Angaben zur Wirtschaftlichen Entwicklung des Unternehmens – Bilanzzahlen etc.,

- Innovationen, die vom Unternehmen entwickelt wurden.

Da Journalisten keine Zeit haben, übernehmen sie gerne vorgefertigte Texte, wenn diese im journalistischen Stil formuliert sind.

Reicht der verfügbare Platz in der Ausgabe Platz nicht, kürzen die Redakteure den Text oder formulieren um. Das Kürzen erfolgt traditionell durch Streichen „von hinten": Der Textschluss wird ersatzlos weggestrichen.

Deshalb müssen die wichtigsten Aussagen im Text vorne stehen.

Ist die Mitteilung so getextet, dass der Redakteur umformulieren muss, kann sich schnell ein inhaltlicher Fehler einschleichen. Der Textverantwortliche sieht jedoch den Veröffentlichungstext erst in der Ausgabe selbst und hat damit keine Chance, etwas zu verändern. Er kann dann zwar eine Richtigstellung verlangen, aber „gedruckt ist gedruckt".

Sofern die Fehlmeldung nicht extrem schädigend für die Akquisition ist, sollten der Fehler gegenüber dem Redakteur schriftlich und in „kollegialem Ton" klargestellt werden, ohne weitere Schritte zu verlangen. In der Regel wird der Journalist das Unternehmen zukünftig wesentlich besser beurteilen.

Unternehmen haben keinen Anspruch auf Veröffentlichung ihrer Mitteilung.

Im persönlichen Gespräch ist jedoch häufig ein Redakteur zur Veröffentlichung zu bewegen. Manchmal wird in der Menge der Informationen auch eine Mitteilung schlichtweg vergessen – dann hat das Unternehmen eventuell bei der nächsten Aktion etwas gut.

Nun zu den Regeln, nach denen Pressemitteilungen geschrieben werden sollten:

- Kurze Sätze

  Vermeiden von Schachtelsätzen und wechseln zwischen kurzen und längeren Sätzen – mit einem Nebensatz. Dabei gehört die wichtigste Aussage natürlich in den Hauptsatz

- Kurze Mitteilung: Maximal zwei, optimal eine Seite Text

- Quelle angeben

Bei nennen einer Aussage die nicht exakt stimmt, , entlastet die Nennung der Quelle. Aber Vorsicht: „Gut unterrichtete Kreise" sind als Quellenangabe nebulös und helfen überhaupt nicht.

- Fremdwörter Vermeiden

Fachwörter sind nur dann erlaubt, wenn die deutliche Mehrheit der Leser diese auch versteht.

- Abkürzungen sind nicht erlaubt

Ausnahme: Bei der ersten Nennung von allgemein gebräuchlichen Abkürzungen wird dieser Namen ausgeschrieben und die Abkürzung in Klammern dahinter gesetzt. Bei späteren Nennungen können Sie dann die Abkürzung gebrauchen.

- Zahlen bis zwölf werden ausgeschrieben

- Absätze und Leerzeilen zwischen Blöcken sind zur besseren Übersichtlichkeit erlaubt

- Titel bzw. „Headline"

Häufig entscheidet bereits die Formulierung der Überschrift, ob der Journalist die Nachricht als wert empfindet, veröffentlicht zu werden. „Allerweltsüberschriften" sind der Tod einer Mitteilung.

Das klassische Beispiel veranschaulicht den Sachverhalt:

- „Hund beißt Bauleiter" ist keine Nachricht.

- „Bauleiter beißt Hund" wird schon eher veröffentlicht.

Deshalb müssen Sie die Neuigkeit in der Überschrift – dem Titel – nennen und interessant formulieren. Dabei ist nicht die Veröffentlichung selbst die Neuigkeit, sondern der Inhalt selbst:

- „XY veröffentlicht seine Geschäftszahlen" ist kein Titel.

- XY konnte die Bauleistung des Vorjahres halten" ist einer.

In einem „Untertitel" kann dann der Anlass der Neuigkeit stehen:

„Anlässlich eines Jahrespressegesprächs präsentierte die Geschäftsführung die Bilanz des vergangenen Jahres."

- Text

Im Text stehen die konkreten Informationen – und zwar in der Reihenfolge der Bedeutung:

Die wichtigste Information zuerst, dann die zweitwichtigste etc. Dies ist im Vergleich zu normalen Argumentationen – zum Beispiel bei Vorträgen – gerade die umgekehrte Reihenfolge. Bewährt hat sich eine Stichwortliste vorab, in der die Informationen nach Wichtigkeit geordnet stehen, die in der Mitteilung verarbeiten werden sollen. Im zweiten Schritt werden die Stichworte dann ausformuliert.

- Vermeiden von Monotonie

Wichtig ist ein sachlicher, jedoch lebendiger Stil. So ist persönliche Rede ein gutes Mittel, Langeweile beim Lesen zu vermeiden:

„Trotz der schwierigen Situation im Wohnungsbau konnten wir die Bauleistung auf dem Niveau des Vorjahres halten. Die Margen sind nur leicht zurückgegangen." erläuterte Stephan Meier, Geschäftsführer des Neustadter Unternehmens. „Allerdings mussten erhebliche Defizite im Rohbau durch Gewinne im Schlüsselfertigbau kompensiert werden", führte Meier weiter aus.....

In diesem Beispiel wird ein lebendiger Stil durch Wechsel von persönlicher und indirekter Rede erzeugt – eingestreut in die Informationstexte eines der besten Stilmittel für Pressemitteilungen.

– Nennung von Personennamen

Bei der ersten Nennung wird

- Vorname,

- Zuname und die

- Funktion erläutert,

bei weiteren Nennungen nur noch der Zuname. Titel wie „Dr." müssen, akademiche Grade können bei der ersten Nennung mit angegeben werden.

Bezeichnungen wie „Frau XY" oder „Herr XY" sind verpönt.

– Fotos

Wenn irgend möglich, ergänzen Pressefotos den Text: Gute Fotos werden gerne veröffentlicht, da sie das Bild der Zeitung verbessern – und der zugehörige Text ist auf der jeweiligen Seite besonders hervorgehoben.

Nicht vergessen sollte man einen Vorschlag zur Bildunterschrift: Ein kurzer Satz zum Bild, lebendig formuliert:

„Brücke über die Nahe" ist keine Bildunterschrift.

„5000 Tonnen Stahlbeton wurden zum Bau der Nahe-Brücke bei XY verarbeitet" ist eine.

Noch eine Anmerkung zur Form: Früher wurden die Pressemitteilung 40-spaltig gesetzt und die Zahl der Zeilen angegeben. Damit konnte der Redakteur direkt auf Ihrer Pressemitteilung die Streichungen vornehmen. Dieses Verfahren ist inzwischen nicht mehr üblich. Die Redakteure korrigieren direkt am Bildschirm. Es genügt, wenn die Pressemitteilung auf einem Geschäfts- oder Faxbriefbogen durch die Überschrift „Pressemitteilung" gekennzeichnet wird und – bei Versand per Brief oder Fax" an beiden Seiten genügend Platz für Anmerkungen des Redakteurs bleibt.

Zu vermerken ist auf der Pressemitteilung ein Ansprechpartner im Unternehmen mit Name und Telefonnummer (für Rückfragen und zur Kenntlichmachung des für den Inhalt Verantwortlichen).

Der Versand erfolgt üblicherweise per e-Mail. Deshalb hat sich in der Pressefotografie die Digitaltechnik durchgesetzt: Das Foto wird kurz nach der Veranstaltung mit dem Text per e-Mail an die Redaktionen verschickt. Der Redakteur kann Text und Bild direkt in sein Seitenaufbauprogramm einspielen.

Es ist freigestellt, einen Termin als „Sperrfrist" zu nennen – also ab wann die Nachricht in den Nachrichten verbreitet werden darf. Am besten ist es allerdings, die Nachricht wird erst zu dem Zeitpunkt weitergegeben, wenn die Informationen nicht mehr vertraulich ist.

4.4.1.2 Pressekonferenzen

Wenn eine Presseerklärung nicht ausreicht, zum Beispiel, wenn mehrere Referenten ihre Statements abgeben und immer dann, wenn Rückfragen von Journalisten im größeren Umfang zu erwarten sind, bieten sich Pressekonferenzen oder – im kleineren Rahmen – Pressegespräche an. Regelmäßige Pressegespräche haben zudem den Vorteil, dass mit den Journalisten wieder ein persönlicher Kontakt zustande kommt.

Das Thema einer Pressekonferenz muss für die Leser einer Zeitung wichtig genug sein und greifbare „News" und Fakten bieten, damit die Journalisten auch teilnehmen.

Eine gute Resonanz ist zu erwarten bei:

– Jahrespressegesprächen, bei denen die Geschäftsentwicklung des Unternehmens präsentiert wird,

– Baustellenpressegespräche anlässlich Veranstaltungen, bei denen die Journalisten sowieso „vor Ort" sind und sie detaillierte Informationen über das Projekt erhalten,

– Pressegespräche zu besonderen geschäftspolitischen Ereignissen, die „geschaffen" werden können. Vom Tag der offenen Tür über Jubiläumsveranstaltung bis zu besonders bedeutenden Projektaufträgen ist vieles möglich,

– Pressegespräche in Krisen, wenn Unfälle stattfanden, Mitarbeiter sich einen Vergehens schuldig machten etc.

Bei börsennotierten Unternehmen existiert darüber hinaus eine Informationspflicht bei kursbeeinflussenden Ereignissen. Auf diese Themen soll hier nicht weiter eingegangen werden, da dies nur wenige betrifft und entsprechende Verhaltens-Fahrpläne existieren.

Die wichtigsten Elemente der Vorbereitung sind:

– Themenfestlegung,

– Einladungsverwaltung,

– Referentenbestimmung und Vorbereitung der Referats- und Präsentationsunterlagen,

– Erstellung der zu verteilenden Unterlagen,

– Raumauswahl, Ausstattung und Zugangsorganisation,

– Bewirtung,

– Personalbestimmung für die Organisation.

Das Thema muss klar definiert sein. Mit einem besonders gut bekannten Journalisten können Thema und Inhalt der Veranstaltung vorab besprochen und so getestet werden.

Thema:

Datum der Veranstaltung: _________ Uhrzeit: _________ (Möglichst zwischen 10 und 12 Uhr)

Quervergleich: Parallele Presseveranstaltungen ( ) Alle Referenten verfügbar ( )

Adresse:____

Gebäude: _____________________ Raum: _________________________________

Stockwerk: __________ Anfahrts-/Wegbeschreibung liegt vor ( )

Projektleiter: ____

Auswahl der Teilnehmer:____

Leiter der Konferenz: ____

Zahl der Teilnehmer: _________ davon Gäste: _________ Mitarbeiter: __________

Referenten:

Name	Thema	Dauer Minuten	Medien				
			Vid.	Dia	Ovh	PC/Beamer	Flip
1.____________ ___________ _____			( )	( )	( )	( )	( )
2.____________ ___________ _____			( )	( )	( )	( )	( )
3.____________ ___________ _____			( )	( )	( )	(.)	( )

Inhalt der Pressemappe:

Redetext: 1 2 3   Kurzfassung: 1 2 3   Pressemitteilung: ( )

Pressefotos: ____

Notizblock: ( )   Kugelschreiber /Bleistift   Give away: ______________

Druckschriften/Studien
etc.____

____

____

Verantwortlich für:

Versand Einladungen/

Bearbeiten der Rückläufe: ____

organisatorischen Ablauf: ____

Anwesenheitsliste: ____

Materialausgabe/Auslage: ____

Abb. 4.14: Checkliste Pressekonferenz

Anzahl Parkplätze: __________   Pförtner informiert ( ) Gästeliste übergeben ( )

Hinweisschilder   vor dem Gebäude   ( )   Im Gebäude ( )

Raumausstattung: Reserviert von _________ bis ________

Anordnung der Tische: ____________________ Zahl der Plätze: ____________

Bewirtung auf den Tischen: ____

Podium: Zahl der Plätze: _______ Erhöht: ___________ Alt. Bew.: ___________

Mikrofone   auf dem Podium: _______ im Raum: _________ Lautsprecher: ______

Projektoren Dia ( )Ovh. ( )   Film ( )   Beamer ( )   Projektionsdistanz: ___m

Leinwand ( )   Wandtafel ( )   Flip ( )   Fernsehgerät ( )   Videogerät ( )
Videoprojektor ( )

Besondere Beleuchtung: ____

Kontaktpersonen für den Raum (Name. Tel.):

Buchung: ___________________   Bewirtung:____________________

Techniker : ___________________   Kellner: _____________________

Garderobe:___________________   Sanitäter:_____________________

Bewirtung vorher: ____
____

Bewirtung danach: ____
____

Gemeinsames Mittagessen, Ort: ____

Speisefolge: ____

Weitere Räume:

Vorbesprechung: ________________ Interviews: ______________________

Weitere Technik:

Nächtes Telefon: ________________ Fax.: ________________________

Weiter zu beachten:
____
____
____
____

Abb. 4.14: Checkliste Pressekonferenz (Fortsetzung)

Einladung

Bei einer schriftlichen Einladung per Brief oder – kurzfristig – per Fax oder e-Mail ist auf vollständige Angaben zu achten:

– Wer lädt ein?

– Zu welchem Thema/Anlass

– Datum, Uhrzeit, Ort

– Name und Funktion der Referenten

Bei „krisenfreien" Konferenzen – die also nicht kurzfristig einberufen werden – sollten eine Antwortpostkarte/Antwortfax mitgesendet werden. Auf diese Weise können Absagen nochmals nachgefragt und evtl. doch zum Erscheinen motiviert werden. Bei unbeantworteten Einladungen ist nachzufragen, ob die Einladung übersehen wurde.

> **Ziel ist, die Journalisten zu einer positiven Berichterstattung zu motivieren. Alle Maßnahmen müssen darauf abgestimmt sein.**

Zeitplanung

Pressekonferenzen finden üblicherweise zwischen 10 und 11 Uhr morgens statt. So können die Journalisten der Tageszeitungen ihre Berichte noch in der Ausgabe des kommenden Tages unterbringen. Häufig verlassen diese Journalisten den Ort schon vor Ende der Veranstaltung oder direkt danach fluchtartig: Es bleiben nur wenige Stunden, um den Bericht – gemeinsam mit anderen – zu schreiben und einzubauen. Deshalb sollte eine Konferenz auch nicht länger als eine Stunde dauern.

Außerdem ist darauf zu achten, dass der Termin nicht gleichzeitig mit zu vielen anderen Presseveranstaltungen anderer Veranstalter stattfindet – Journalisten können nur begrenzt delegieren.

Referentenwahl

Die Wahl der Referenten bestimmt wesentlich den Erfolg der Veranstaltung:

Wenn die Journalisten bei einer Jahrespressekonferenz einschlafen, weil ein Referent kein Ende findet und die gezeigten Overheadfolien weitgehend unleserlich und wenig interessant im Inhalt waren, werden die Journalisten wenig Interesse an späteren Veranstaltungen zeigen. Es gibt nur wenige Möglichkeiten, den Vortrag des Referenten zu beeinflussen. Lediglich durch die Auswahl der Referenten und durch die rechtzeitige Vorbereitung und Kontrolle der Unterlagen kann hier gestaltend eingegriffen werden – und auch da sind durch die Themenwahl und die internen Strukturen des Unternehmens Grenzen gesetzt. Hier ist also Diplomatie gefordert, um die Referenten psychologisch gut zu betreuen und ein optimaler Vortrag zu ermöglichen.

Die Zahl der Referenten und die voraussichtliche Zahl der Teilnehmer bestimmt den Ort der Konferenz.

Ausstattung

Die Ausstattung des Raumes wird von den benötigten Vortragstechniken bestimmt. Themen und Vortragsformen werden vorab mit den Referenten abgestimmt und das nötige Equipment bestellt.

Zu achten ist auf die Funktionstüchtigkeit der Geräte und die entsprechende Leistungsfähigkeit: Die Projektionen müssen gut sichtbar sein, jedes Wort muss in jedem Winkel des Raumes verstanden werden.

Bei Außenveranstaltungen ist ggf. ein Zelt und/oder Heizung sowie Regenschirme in ausreichender Menge zu besorgen.

Pressemappe

Auf der Basis der Vorträge entstehen die Unterlagen für die Pressemappe, die für jede Person auf der Anwesenheitsliste zuzüglich einiger Exemplare in Reserve zusammengestellt wird:

–   Eine dem Ort der Veranstaltung adäquate Verpackung: Ordner, Hefter, Tasche etc.,

–   Der komplette Redetext des Hauptvortrages,

–   Die Reden der Koreferenten in Kurzfassung,

–   Eine übergreifende Pressemitteilung als Vorschlag für die Veröffentlichung,

–   Fotos und Charts, soweit sie zur Veröffentlichung geeignet sind,

–   Ergänzende Informationen in Broschüren, Quellenbelege etc.,

–   Als Give away: Block und Bleistift bzw. Kugelschreiber aus der Werbemittelliste,

–   Ggf. ein weiteres Werbegeschenk – sofern es dem Anlass entspricht.

Bei umfangreichen Unterlagen ist es sinnvoll, die Mappen vorab in die Redaktion zu schicken. Auf jeden Fall sollten die Unterlagen zu Beginn der Konferenz ausgeteilt werden. Die Unterlagen erhalten einen Sperrvermerk.

–   Sperr- und Sendesperrfrist bis ...... (Datum, Uhrzeit).

Dies ist vor allem dann von Bedeutung, wenn Vertreter von Presseagenturen anwesend sind oder die Informationen vorab erhalten. Die Sperrfrist gilt nur für die Veröffentlichung in den Publikationen. Da Agenturen aber nicht offiziell verbreiten, sondern nur weitergeben, müssen die gelieferten Texte auch eine Weitergabe- bzw. Sendefrist enthalten. Die anwesenden Journalisten wären sonst im Nachteil. Außerdem sind nicht nur Redaktionen an die Vertriebssysteme der Agenturen angeschlossen, sondern auch andere Unternehmen und Informationsdienste.

Praktisches zur Organisation

Ausreichend Personal ist wichtig: Von der Materialverteilung bis zum Garderobendienst sollte die Organisation stehen, um Improvisationen weitgehend auszuschalten.

Für den organisatorischen Ablauf ist eine Anwesenheitsliste wichtig: Redaktionen, die nicht vertreten sind, erhalten direkt nach Ende der Konferenz eine Pressemitteilung gefaxt oder gemailt. Da nicht jede Zusage auch eingehalten wird, ist die Anwesenheit zu überprüfen und die nicht anwesenden Redaktionen der Sendeliste zuzufügen (In der Regel erscheinen rund ein Fünftel weniger Gäste als angemeldet).

Die Journalisten sollten ohne Schwierigkeiten den Weg zum Veranstaltungsort finden: Bei der Einladung empfiehlt sich eine Wegskizze. Es müssen genügend Parkplatz reserviert sein, die Ausschilderung vor und im Gebäude muss gut sichtbar sein und den Weg eindeutig darstellen.

Pförtner sind gehalten, nur angemeldete Personen in das Gebäude zu lassen. Er muss deshalb über die Veranstaltung informiert werden. Ggf. Eine Gästeliste erhalten.

4.4.1.3 Interviews

Ein wichtiges Stilmittel für die Berichterstattung sind Interviews. Die Journalisten können damit den „O-Ton" Ihrer Quellen an die Leser/Hörer/Zuschauer weitergeben.

Interviews sind persönliche Statements gegenüber einer einzelnen Redaktion und bedeuten deshalb üblicherweise einen Informationsvorsprung des Journalisten gegenüber seinem Wettbewerb. Dies „vergütet" er normalerweise mit einer besonders positiven oder umfangreicheren Darstellung.

Man kann zwei Arten von Interviews unterscheiden: redaktionelle und situative Interviews.

Redaktionelle Interviews

Gespräche zu bestimmten Themen können unabhängig von Ereignissen geplant werden. Auf Veranlassung eines Journalisten – oder auf Vorschlag des Presseverantwortlichen – findet ein Gesprächstermin zu einem bestimmten Thema statt. Redaktionelle Interviews sind also nichts anderes wie eine bestimmte Form von Pressemitteilungen – und können entsprechend vorbereitet werden.

- Bei einem Vorgespräch werden die Themen und Inhalte grob festgelegt.

- In der Regel teilt der Journalisten vorab mit, welche Fragen er stellen wird. Das kann soweit gehen, dass die Fragen fertig formuliert vorab schriftlich vorliegen und die Antworten entsprechend vorbereitet und vorformulieren gegeben werden können.

- Die „Hintergrundszene" wird entsprechend vorbereitetet: Hintergrundbilder bzw. Hintergrundgeräusche können entsprechend dem gewünschten Effekt geplant werden: Ruhe, Aktivitäten im Hintergrund etc.

- Zu achten ist trotz fertiger Formulierungen auf freie Rede – Wenn sichtbar wird, dass die Antworten ablesen werden, erhält das Interview einen negativen „Touch".

- Kurze Sätze beim Interview erzeugen Lebendigkeit. Die Regeln zu Inhalt und Stil für Pressemitteilungen gelten auch für Interviews.

- Ein Interview für Rundfunk und Fernsehen sollte nicht mehr als zwei oder drei Kernthemen beinhalten. Die Zuhörer können nicht mehr in der Erinnerung behalten.

- Vor der Aufnahme ist der Redakteur immer bereit, ein kurzes Training für die korrekte Mimik, Gestik und Körperhaltung zu geben. Wenn der Befragte nach der Aufnahme nicht mit dem Auftritt zufrieden ist, wiederholt der Redakteur gerne solange, bis der Befragte einen guten Eindruck von seinem Auftritt hat.

> **Der Interviewer ist Partner und nicht Gegner des Befragten. Beide wollen ein für die Zuschauer/Zuhörer interessantes Interview erzeugen.**

Situative Interviews

Im Zusammenhang mit Veranstaltungen und Ereignissen, bei denen Presse auf Einladung oder unaufgefordert anwesend ist, fordern Berichterstatter regelmäßig Statements von Repräsentanten.

Bei einer Konferenz, zu der Rundfunk- und Fernsehjournalisten anwesend sind, werden diese die Referenten an Mikrofon rufen, um den „O-Ton" aufzunehmen und damit den Beitrag optisch und akustisch aufzuwerten.

Das bedeutet für die Vor- und Nachbereitung:

- Referenten und Repräsentanten sollten vorab über die Anwesenheit der Presse informiert werden.

- Referenten und Repräsentanten müssen auf optisch korrekte Kleidung und Frisur achten. Gestreifte Kleidung sollte nicht getragen werden, da damit die Bildqualität leidet.

- Inhaltlich werden sich die Interviews auf die Vorträge konzentrieren. Die Referenten sollten sich deshalb vorab kurze Statements zu den Kernthemen des jeweiligen Themas überlegen und die Repräsentanten auf allgemeine Aussagen zum Thema und zum Unternehmen vorbereitet sein.

- Ein separater Raum oder ruhiger Ort sollte reserviert werden, an dem die Interviews stattfinden:

  - Die Interviews können ungestört und konzentriert durchgeführt werden.

  - Hintergrundgeräusche sollen auf ein Minimum reduziert sein

- Der optische Hintergrund soll dem Thema entsprechen: Entweder durch Wahl des Ortes oder durch eine dem Thema entsprechende Hintergrundgestaltung mit einer Präsentationswand.

- Der Beitrag soll nach dem Schnitt digital vorliegen. Auf diese Weise können die Beiträge sowohl für ein Firmenvideo Verwendung finden wie auch auf der Webseite mit angeboten werden: die Maßnahme wirkt wesentlich länger.

- Der Journalist gibt auf Nachfrage Auskunft, in welcher Sendung zu welchem Zeitpunkt der Beitrag gesendet wird. Eine Kopie des Beitrages soll später zur Verfügung stehen- entweder liefert die Redaktion den Beitrag oder ein Mitarbeiter schneidet zuhause mit.

- Gegebenenfalls kann mit dem Journalisten nachträglich noch ein kritisches Gespräch geführt werden – weil wichtige Passagen entfremdet oder herausgeschnitten wurden. In solchen Fällen gilt das gleiche Reklamationsverhalten wie bei „verzerrten" Pressemitteilungen.

4.4.1.4 Regeln zur Krisenarbeit

Häufig wird Pressearbeit dann hektisch, wenn aus gegebenem Anlass kurzfristig Informationen an die Öffentlichkeit gegeben werden. In solchen Fällen ist es nicht mehr möglich, auf wohlformuliert Inhalte zurückzugreifen – Die Situation erfordert kurzfristiges Handeln mit dem Ziel, die Öffentlichkeit zu überzeugen, dass das momentane Problem im Griff ist, bzw. konkrete Maßnahmen zur Lösung in Angriff genommen wurden..

Krisenfälle – sei es technische Probleme oder Unfälle auf Baustellen oder wirtschaftliche Schwierigkeiten oder auch Fehlhandlungen von Mitarbeitern erfordern vor allem Ruhe und Zeit zum Lösen der Probleme. Die Öffentlichkeitsarbeit zielt deshalb auf:

– Beruhigen der Öffentlichkeit,

– Glaubwürdige Darstellung des Sachverhalts,

– Glaubwürdige Darstellung der eigenen Aktivitäten zur Lösung des Problems.

Damit hat die Pressearbeit in Krisenzeiten eigene Gesetze. Vor allem sind folgende Rahmenbedingungen zu beachten:

Wenn das Unternehmen in einen Vorfall verwickelt wurde, besteht keine Chance, sich „rauszuwinden". „Andere sind Schuld" wird regelmäßig als Aussage im Sinne von „Getroffene Hunde bellen" und somit als potentielle Lüge aufgefasst. Außerdem ist die Schuldfrage in der Öffentlichkeit zweitrangig und sollte insofern in den Hintergrund gestellt werden, als sie Teil der Analyse der Schadensursache ist. Zu erläutern sind dagegen ausführlich die Maßnahmen, mit denen Sicherheit hergestellt und der Schaden behoben wird.

Krisen treffen das Unternehmen normalerweise plötzlich und unerwartet. Sie gelten dann immer als dringend und erfordern kurzfristige Reaktionen. Diesen Gegebenheiten ist nur zu begegnen, wenn sich die Mitarbeiter „in Friedenszeiten" durch Planspiele, Bereitstellung entsprechender Ressourcen und Maßnahmenpläne darauf vorbereiten. Die Checkliste „Krisen- Öffentlichkeitsarbeit" führt auf, welche Punkte festzulegen sind.

Die Glaubwürdigkeit der eigenen Aussagen muss sichergestellt sein. Haben sich in vergangenen Fällen Aussagen gegenüber den Journalisten als Finten erwiesen, so ist es im akuten Fall schwer, die Vermutungen und Meinungen der Presse in die tatsächliche Richtung zu bringen.
Krisenarbeit ist reaktive Arbeit: das heißt, auf Anfragen kompetent und schnell zu reagieren. Schwammige Aussagen oder Unwissenheit über die tatsächlichen Ereignisse führen dazu, dass die Journalisten den Unternehmenssprecher nicht mehr als „gute Quelle" anerkennen. Er verliert damit wesentlich an Einfluss auf die Berichterstattung.
Eine offene Darstellung des Sachverhaltes schafft Vertrauen in die Kompetenz. Alles, was verschwiegen oder nicht kompetent erläutert wird, kann sich in der Berichterstattung als Bumerang erweisen.
Bei betroffenen Mitarbeitern müssen deren Persönlichkeitsrechte gewahrt bleiben: So ist die Nennung von Namen grundsätzlich verpönt. ausgenommen, der Mitarbeiter will sich selbst zu erkennen geben. Gestatten Sie ihm dies aber nicht vorn vornherein. Seine Aussagen könnten ihm selbst und Ihrem Unternehmen schaden.

Auf der anderen Seite ist daruas durch rasches Handeln und klare Maßnahmen die Kompetenz des Unternehmens im Krisenmanagement stellen. Personelle Konsequenzen sind deshalb genauso zu erläutern wie technische Maßnahmen. Die Maßnahmen sollten von den Journalisten als ausreichend empfunden werden: Halbherzig empfundene Maßnahmen werden auch entsprechend kommentiert.

Schwierig sind Wiederholungsfälle, da mit diesen die üblicherweise vorhanden Zweifel an der Wahrhaftigkeit beim letzten Mal bestätigt werden könnten. In diesem Fall ist Kreativität gefordert.

Solche Wiederholungsfälle sind nicht selten. Dabei spielt die Tatsache eine Rolle, dass in der Öffentlichkeit jeder Vorfall unabhängig von der technischen Relevanz beurteilt wird: Ein Unfall auf einer Baustelle ist ein Unfall, egal warum und wo. Der Meldung folgt regelmäßig eine Grundsatzkritik am Management. In der Krisenarbeit sind die Maßnahmen so darzustellen, dass offensichtlich die bislang ergriffenen Maßnahmen nicht ausreichten und deshalb nun noch stärkere Konsequenzen gezogen werden. Ziel ist, mit einem „blauen Auge" davonzukommen.

Der Zeitfaktor spielt auch in der Maßnahmenbegründung eine wesentliche Rolle. Wenn vor Jahren eine Prognose über negative Tendenzen aufgestellt wurden und diese tatsächlich eingetreten sind, so ist der Hinweis auf die damalige Aussage kein gutes Argument. Auch hier muss positiv nach vorne verwiesen und „Licht am Ende des Tunnels" vermittelt werden.

Krisenmanagement ist eine Aufgabe des Top-Managements. Alle Maßnahmen hängen davon ab, dass

– die Unternehmensführung bzw. der jeweilige Niederlassungsleiter rechtzeitig informiert ist, um die bestmögliche Argumentation zu entwickeln und

– der Sprecher das gesellschaftspolitische Umfeld korrekt beurteilt und die Argumentation darauf abstimmt,

– flexibel und offen ist, so dass er auch bei persönlicher Kritik sich nicht „schmollend" zeigt oder gar die Gespräche abbricht,

– klare Verantwortlichkeiten vorab definiert sind und die Kompetenzzuweisungen auch in der Krise beibehält,

– dass die Ereignisse und Reaktionen dokumentiert werden.

Um dies alles in bestmöglicher Weise sicherzustellen, sollten mit den Mitarbeitern Krisenszenarien anhand von Notfallplänen durchgespielt werden.

Notfallpläne enthalten deshalb Angaben über

– Einsatz technischer Mittel,

– Angaben, wer auf welchem Weg zu informieren ist,

– Verhaltensanweisungen für die Mitarbeiter enthalten und

– Querverweise auf die entsprechenden Pläne zur Krisen-Öffentlichkeitsarbeit.

Wichtig ist, dass die Informationswege nicht nur nach außen gehen, sondern auch alle informationsrelevanten Mitarbeiter erreichen.

Krisenteam

Alle möglichen Szenarien gehen davon aus, das ein Krisenteam die Maßnahmen steuert. Die Pressebetreuung wird dabei nicht von dem koordinierenden Teamleiter, sondern von einem Mitarbeiter durchgeführt, der absolute Sprecherkompetenz hat. Was er sagt, ist die Aussage des Unternehmens. Dafür muss er sich hinter verschlossenen Türen regelmäßig mit dem Krisenteam abstimmen.

(Leider ist es regelmäßig der Fall, dass bei Krisen der „Chef" sowohl die Krisenleitung wie auch die Pressearbeit übernimmt. Das Ergebnisse waren haarsträubende Presseberichte – da der Chef nicht genügend Zeit hat, sich ausreichend um die Presse zu kümmern).

Die weiteren Mitglieder des Teams ergeben sich aus den Verantwortlichen für die Information der Mitarbeiter – sinnvoller weise ein Betriebsrat – und aus Spezialisten zum konkreten Vorfall, die einzelne Maßnahmen steuern.

Im Team sind die Kompetenzen klar zu verteilen – und niemand sollte dem Kollegen Kompetenzen streitig machen.

Es hat keinen Wert, wenn der Projektleiter dem Pressesprecher ins Wort fällt oder dessen Aussagen korrigiert: Der Pressesprecher wird dann von den Journalisten nicht mehr als kompetenter Ansprechpartner betrachtet.

Bewährt hat sich die Klärung der Zuständigkeiten und Abläufe vorab:
- Telefonlisten:

  „Insiderliste": Wer ist intern und extern detailliert zu informieren – und wer ist für die Weitergabe der Information verantwortlich?
- „Publikationsliste": Wer erhält die formulierten Pressemitteilungen, wer wird zur „vor Ort" – Information bzw. einer Pressekonferenz eingeladen?
- Infrastrukturen: Wer ist für die notwendigen Systeme verantwortlich und wo sind diese gelagert (Kommunikationssysteme, Aufenthaltsräume, Büros, ggf. Zelte).
- Hilfspersonal: Welches Personal steht für Auf- und Abbau bereit, welches für Telefondienst?
- Pressemeldung: Wer erstellt die erste Meldung, wer muss dem Text zustimmen?

Nach Ablauf der Krisenzeit muss innerhalb einer vertretbaren Zeit eine Pressemeldung verschickt wird, in dem das Unternehmen die Ereignisse nochmals klarstellt und beleuchtet. Damit wird dem Fakt begegnet, dass der Vorfall das Image des Unternehmens negativ beeinflusst hat, auch wenn der konkrete Vorfall vielleicht vergessen wurde. Das Aufgreifen des Themas im Nachhinein mit der Bestätigung „es ist alles abgearbeitet" schafft neues Vertrauen.

Vorfallbeschreibung: Störfall ( )   Wirtschaftlicher Crash ( ) Personalvorfälle ( )

Sonstiges:____

Adressenliste extern komplett:

Behörden ( )   Journalisten ( ) Verbände ( )   _______________________ ( )

Adressenliste intern komplett (Name Stabsmitglieder, Telefon etc.) ( )

Info an

Mitarbeiter   ( )   Betriebsrat   ( )   Übergeordnete Stelle   ( ) Pressestelle ( )

_____________________   ( )   _______________   ( )

_____________________   ( )   _______________   ( )

Definition des Krisenstabes:

Leiter: _____________________________ Pressereferent: ___________________

Betriebsrat: ____________________ Infrastruktur-Leiter: _________________

Experten/Berater: ___________________   ___________________________

____________________________________   ___________________________

Dokumentierende Stelle: ____

Materialverwaltung: ____

Zuständig für Räume/ Zelte: _______________________________________

Zuständig für Telekommunikationssysteme: ___________________________

Formulierung der Ersten Pressemitteilung zur Beruhigung der Öffentlichkeit
durch:____

Informationsketten: Wer informierte welche relevanten Stellen? ______________

(z. B. Feuerwehr, Polizei, Behörden, Berufsgenossenschaften, Krankenhäuser, Familienangehörige)

Mitarbeiter für Telefondienst: _____________________________________

Aufbaupersonal steht bereit: ( )

Ort für Pressekonferenzen und Interviews eingerichtet: ( )

Sonstiges: ____

____

Abb. 4.15: Checkliste Krisen-Öffentlichkeitsarbeit

4.4.2 VIP-Betreuung

Nachdem bislang der Schwerpunkt auf die Presse-Arbeit gelegt wurde, soll nun das Augenmerk auf einige andere Bereiche der Öffentlichkeitsarbeit gerichtet werden.

Schon angesprochen wurde die zweite Hauptgruppe der Multiplikatoren:

Die VIPs – Very Important Persons oder zu deutsch „wichtige Persönlichkeiten"

Praktisch definiert: Der Sammelbegriff fasst alle Personen zusammen, die bei einem gesellschaftlichen Ereignis einzuladen sind.

Inhaber Politischer Ämter

- Parlamentsabgeordnete für Land- und Bundestag
- Landräte
- Bürgermeister
- Parteivorsitzende

Verbandsfunktionäre

- Leiter der Kammern
- Präsident und Geschäftsführer des zuständigen Bauverbandes
- Vorsitzende lokaler Verbände und Vereine

Gewerkschaftsfunktionäre

- Bevollmächtigte für die Region

Verwaltungsleiter

- Leiter der Bauämter

Führende Persönlichkeiten in

- Kirchen,
- Bundeswehr
- Polizei
- Vorstandsvorsitzende, Geschäftsführer in Großunternehmen

Lehrtätige:

- Professoren und Dozenten relevanter Hochschulen
- Fachausbilder etc.

Dabei ist das geographische Akquisitionsgebiet eine wichtige Eingrenzung der Einladungsliste: Je weiter die VIPs vom Büro entfernt ihren Sitz haben, um so weniger sind sie von Bedeutung.

Weiter grenzt die Bedeutung Ihres Unternehmens für die jeweilige Region die Liste der VIPs weiter ein: Ein kleines Unternehmen hat nicht die Mittel, umfangreiche VIP-Arbeit zu finanzieren. Umgekehrt sind für VIPs kleinere Unternehmen wesentlich weniger interessant.

Wichtig ist sicher der Kontakt mit den regionalen Abgeordneten und mit den Personen, deren Unternehmen oder Organisationen zu Ihrem Kundenkreis zählen.

Eine gute Gelegenheit, den VIP-Kreis einzugrenzen und zu bestimmen sind Festveranstaltungen und Jubiläen des Unternehmens. Zu diesen Anlässen erhalten die relevanten Personen eine Einladung. In den Kontakten, die der Einladung folgen, kann die jeweilige Position des Eingeladenen und dessen Einstellungen zum Unternehmen festgestellt werden.

VIP-Arbeit ist im Wesentlichen das Verteilen von Gratifikationen:

- Einladungen zu Sport- und Kulturveranstaltungen,

- Einladungen zu besonderen Betriebsfesten – zum Beispiel anlässlich von Jubiläen,

- Einladungen zu Baustellenveranstaltungen auf besonderen Baustellen,

- Einladungen zu Empfängen anderer VIPs etc.

Bei allen Veranstaltungen zahlt das Unternehmen die entstehenden Kosten – von der Eintrittskarte über die Bewirtung bis zum Gastgeschenk. Die Anfahrtskosten werden dagegen nur bei größeren Entfernungen übernommen – Kostenerstattung in bar sind nicht üblich, alle Leistungen werden gegenüber dem VIP ohne Beleg bzw. gegen vorab überreichte Gutscheine etc. erbracht werden..

Die Regel ist, dass VIPs wie die Journalisten zu gesellschaftspolitischen Veranstaltungen des Unternehmen eingeladen werden – und gegebenenfalls die Kundenzeitung erhalten. Allerdings werden sie nicht mit geschäftspolitischen Fragen des Unternehmens behelligt: Die VIPs sollen sich eine schöne Zeit auf Kosten des Hauses machen und dabei einen guten Eindruck vom Unternehmen erhalten – dass dann in Gesprächen an Bedarfsträger weitergegeben wird und bei anstehenden Aufträgen ggf. ein zusätzlicher Motivationsfaktor zugunsten des eigenen Angebotes ergibt.

VIPs können – wie bei den Bedarfsträgern – in A-,B- und C Kategorien gewichtet werden.

- Bei der A-Kategorie sollte regelmäßiger, monatlicher Kontakt bestehen. Darüber hinaus sind sie bei allen kulturellen Einladungen zu berücksichtigen.

- Die B-Kategorie wird ein- bis zweimal mal pro Jahr kontaktiert, zum Beispiel zu Weihnachten und bei besonderen Veranstaltungen.

- Die C-Kategorie wird nur im Einzelfall zu einzelnen Veranstaltungen in die Auswahlliste hineingenommen.

4.4.3 Verbands-/Vereinsarbeit

Die Arbeit in Fachverbänden ist eines der Punkte, über die Führungskräfte gerne stöhnen: Bringt nichts, kostet Zeit und Nerven etc.

Sie ist trotzdem sinnvoll. Zumindest werden Mitarbeiter mit möglichen Bedarfsträgern und Kooperationspartner bekannt.

Darüber hinaus sind diese Organisationen Drehscheiben von Informationen: In den Gremien treffen sich Leute, die aus unterschiedlichen beruflichen Sphären stammen – und selbst Bedarfsträger sind oder mit Bedarfsträgern in Kontakt stehen. Damit bietet die aktive Arbeit in Verbänden und Vereinen die Möglichkeit, neue Kontakte zu knüpfen, neue Informationskanäle aufzubauen – und diese im zweiten Schritt auch in der Akquisition zu nutzen.

Häufig wird argumentiert, dass dabei die Investitionen den Ertrag bei weitem übersteigen. Wenn im Verein die falschen Leute sitzen, nützt er wenig. Es zählen die Gruppen, bei denen die wichtigsten Bedarfsträger und Multiplikatoren zu finden sind. Vom Lions-Club angefangen bis hin zum örtlichen Gesangverein, bei dem alle lokalen Größen Mitglied sind.

Vertretung ist nicht unbedingt Aufgabe des Chefs. Auch Mitarbeiter können Vertretungsaufgaben übernehmen. Wenn dann über ein Mitarbeiter ein Auftrag angebahnt wird, kann er im Rahmen eines Prämiensystems besonders berücksichtigt werden.

Gegebenenfalls bestehen solche Vertretungen bereits inoffiziell. Der besseren Übersicht dient eine Liste aktiver Mitarbeiter mit folgenden Angaben:
-   Name, Vorname

-   Abteilung

-   Position, Titel

-   Führendes Mitglied in...

-   Er erhält an internen Informationen ...

Die gelisteten Mitarbeiter sollten in eigenen Informationsschreiben zusätzliche Informationen über die Entwicklung des Unternehmens erhalten. Freistellungen im begrenzten Rahmen für die ehrenamtlich Tätigkeit sollten selbstverständlich sein – genauso wie Berichte über deren Aktivitäten in der Mitarbeiter- und in Ausnahmefällen auch in der Kundenzeitschrift.

In vielen Fällen werden die Mitarbeiter das Unternehmen um Unterstützung von Aktivitäten der Vereine bitten. Ein entsprechendes Budget sollte im Rahmen des Sponsorings eingeplant werden.

4.4.4 Schüler- und Studentenarbeit

Die Öffentlichkeitsarbeit spielt in der Nachwuchswerbung eine immer größere Rolle – vor allem für den gewerblichen Bereich. Das liegt vor allem daran, dass immer weniger wirklich gute Schüler Interesse am Bauhandwerk zeigen.

Daran sind vielfach die Bauunternehmen selbst schuld. Viel zu lange wurde die entsprechende Öffentlichkeitsarbeit vernachlässigt – und noch immer sind viel zu viele Negativpunkte im Image über das „Team vom Bau" zu beobachten.

Einem Einzelunternehmen bleibt nicht viel übrig, als beim Verband geeignete Maßnahmen weiter einzufordern – und vor der eigenen Haustüre zu kehren. Und dazu gibt es einige Möglichkeiten.

Die wesentliche Voraussetzung ist der überzeugende Auftritt des Unternehmens und der Mitarbeiter in der Öffentlichkeit.

– Wie steht es mit dem einheitlichen Auftritt?

– Wieweit sprechen die Mitarbeiter von „unserem" Unternehmen?

– Wieweit sind die Mitarbeiter in der Arbeit motiviert?

Sind diese Punkte positiv beantwortet, genügt ein geringer Aufwand in der Öffentlichkeitsarbeit zur Akquise der wirklich guten Nachwuchskräfte.

Aufgabe der Öffentlichkeitsarbeit ist es dabei, die Schüler und Studenten für das Unternehmen zu interessieren. Ziel ist:

– sie als Praktikanten in das Unternehmen zubringen,

– sie dort so zu betreuen, dass ihnen die Arbeit Spaß macht und

– dass sie nach Schulabschluss eine Bewerbung schicken.

Ähnlich ist es übrigens bei Bauingenieuren: Wenn ein Student ein Praxissemester im Unternehmen absolviert hat und es ihm gefiel – dann wird es zumindest in seine engere Wahl kommen.

Die gebräuchlichen – und erfolgreichen – Maßnahmen in diesem Bereich der Öffentlichkeitsarbeit sind:

– Patenschaften und

– Schüler-/Studenten- Leistungspreise.

– Solche Auslobungen können hervorragend öffentlichkeitswirksam in Szene gesetzt werden:

– Preisverleihungen,

– Aktionen,

– etc.

Patenschaften an Schulen

Mit einer Schule am Unternehmensstandort werden bestimmte Vereinbarungen getroffen. .

Die Patenschaft soll feste Leistungen enthalten, zum Beispiel:

– Regelmäßige Stiftungen zum Unterhalt der Schule oder zur Ausstattung des Lehrmaterials,

– Unterstützung bei Projektwochen: Wie wäre es mit Bau von Unterständen etc. Auf dem Schulgelände durch die Schüler und fachlicher Anleitung eines Mitarbeiter des Unternehmens – natürlich korrekt mit baukaufmännischer Abwicklung in einer entsprechenden Arbeitsgruppe,

–   Schulausflüge auf Baustellen des Unternehmens mit Vorführung der Geräte,

–   Feste Praktikantenangebote und Angebote von Ferienjobs und Facharbeiten.

Maßnahmen wie diese sichern eine vielversprechende Quelle von guten Auszubildenden – und werden gleichzeitig regelmäßig eine gute Presseerwähnung finden.

Im akademischen Bereich ist unter anderem ein Studentenpreis für besondere Leistungen denkbar: Jährlich vergeben, bietet sich ein weiteres Thema und ein Ereignis für die Öffentlichkeitsarbeit.

Aber auch diese Gratifikationen stehen im Wettbewerb mit anderen Anbietern- hier um die Aufmerksamkeit in der Öffentlichkeit: Die fünfzehnte Preisverleihung findet keinen Widerhall mehr. Vor der Auslobung einer entsprechenden Aktion ist zunächst das Wettbewerbsumfeld zu prüfen. Das Strategische Dreieck und die Bedarfspyramide sind auch hier praktische Modelle.

Die Öffentlichkeitsarbeit im Schul- und Universitätsbereich bietet auch langfristig akquisitorische Chancen: E geschieht immer wieder, dass ein ehemaliger Preisträger oder Praktikant mit guten Erinnerungen an seine Zeit im Unternehmen plötzlich in der Bedarfsträgerdatei auftaucht.

4.4.5 Kundenzeitschrift

Um regelmäßige, bedarfsträgerorientierte Öffentlichkeitsarbeit zu schaffen, hat sich die Kundenzeitschrift in vielen Branchen als gängiges Mittel etabliert.

Der alte Vorwurf „ich krieg' so viel Papier auf den Schreibtisch, was soll ich da auch noch eine weitere Kundenzeitschrift lesen" ist berechtigt. Tatsächlich werden die meisten Beiträge nur überflogen – manchmal sogar nur das Inhaltsverzeichnis.

Aber das genügt ja schon. Denn immerhin wandert eine Kundenzeitung nicht gleich in den Abfalleimer – wie so manche Broschüre, die in der Produktion häufig wesentlich teurer ist.

Und manchmal bleibt das Auge dann doch an einem interessanten Inhaltspunkt hängen – und man blättert weiter. Kundenzeitschriften haben wie alle anderen Medien eine um so höhere Resonanz, um so interessanter die Inhalte für die Zielgruppe sind.

Immer wieder erscheinen Elemente einer Mitarbeiterzeitschrift in den Kundenzeitschriften.

Teilweise werden gute Mitarbeiterzeitschriften sogar in der Akquisition und Präqualifikation verteilt. Diese Verwendung bedeutet aber, die Funktion von Mitarbeiter- und Kundenzeitschrift zu verwischen. In einer Mitarbeiterzeitschrift sollen – im gewissen Rahmen – sehr wohl auch kritische Themen zum Unternehmen angesprochen werden. Solche Dinge haben aber in der Kundenzeitung nichts verloren.

> **Aufgabe einer Kundenzeitung ist die Information über Leistungen des Unternehmens im Sinne einer Haus-Fachzeitschrift.**

Gute Kundenzeitschriften haben sich im Laufe der Jahre praktisch verselbständigt und sind kaum noch als Kundenzeitschrift zu erkennen. Ein schönes Beispiel ist die „Gute Fahrt" – die Kundenzeitschrift von Volkswagen – oder der EV-Report von Siemens, eine Kundenzeitschrift für den Bereich Energieübertragung und Verteilung. Diese Zeitung richtet sich nur an Bedarfsträger und Journalisten, die sich mit über Energieverteilungen vom Kraftwerk bis in kommunale und industrielle Netze beschäftigen – eine Zielgruppe, die wesentlich kleiner ist als die der Bauunternehmen.

Um eine Kundenzeitschrift erfolgreich zu machen, braucht es viel Zeit – mindestens zwei Jahre muss das Blatt regelmäßig erscheinen, bis es zur festen Institution wird – dann aber stellt sich eine spürbare imagebildende Wirkung ein.

Die Produktion einer Kundenzeitschrift ist teuer – nur in wenigen solcher Kundenzeitungen werden Anzeigen externer Unternehmen zugelassen. So sind pro Jahr schon einige zehntausend Euro einzukalkulieren, bis die Ausgaben produziert und verteilt sind.

Eine preiswerte Lösung ist ein Kunden-Informationsbrief. Dabei werden Informationen als regelmäßige Berichte in Kurzform den Kunden zugeschickt – eine preiswerte Form der regelmäßigen Arbeit. Dies ist übrigens auch ein guter Test in der Anfangsphase. Wenn der Informationsbrief auf längere Zeit regelmäßig erscheint, entwickelt sich daraus ggf. eine Kundenzeitschrift. Aus der Redaktionsarbeit hat sich dann nämlich ein Redaktionsteam gebildet, das auf Dauer arbeiten kann. Die Erfahrung zeigt: Kundenzeitschrift und Informationsbrief sind auf Dauer niemals die Leistung eines Einzelnen. „One Man Shows" sind in kürzester Zeit eingeschlafen.

Zur Einrichtung eines Redaktionsteams hilft die Checkliste zur Kundenzeitung. Übrigens: die Checkliste ist identisch mit der einer Mitarbeiterzeitung und ähnlich bei der Pflege eines Internet-Auftritts. Tatsächlich ist die Arbeit die gleiche – Nur die Rubriken und die Themen unterscheiden sich.

Die abgebildete Checkliste (Abb. 4.16) beschreibt den Redaktionsplan einer Ausgabe und wiederholt sich mit neuen Terminangaben bei jeder Ausgabe.

Die Produktion und Endredaktion liegt dabei entweder in den Händen von Mitarbeitern die auf entsprechende Layoutsysteme geschult sind und die Inhalte in eine vorgegebnes Layout einfügen oder die Seiten werden von vornherein extern aufgebaut.

Auf jeden Fall macht es in den üblichen Organisation Sinn, die Redaktion von der Layouterstellung zu trennen. Die Redaktionsmitglieder müssen Ihre Arbeit ja zusätzlich zu den eigentlichen Aufgaben ihres Jobs erledigen – das Auslagern so vieler Tätigkeiten wie möglich schafft Platz im Terminkalender. Ganz geht es aber nicht: Die Kontakte mit den Mitarbeitern – von denen ja die Informationen kommen – muss intern erfolgen. Zu viele vertrauliche Informationen laufen entlang diesen informellen Kanälen. Ganz davon abgesehen, ist der Datenschutz in solchen internen Netzwerken wesentlich besser kontrolliert.

Auf der anderen Seite kann mit der Einbindung einer Agentur deren Erfahrung in der Erstellung einer Kundenzeitung einfließen. Das ist besonders im Anfang von Bedeutung, bis sich ein geeignetes Layout und ein Text- und Bildstil entwickelt haben, die zum Unternehmen und zu den Lesern passen. Nach mehreren Ausgaben stellt sich dann Routine ein: Die Redaktionsmitglieder brauchen weniger Zeit und entwickeln eigen Ideen. Die Agentur tritt dann mehr und mehr in den Hintergrund – und stellt im Notfall Fachleute zur Verfügung.

<table>
<tr><td colspan="2">

Redaktionsteam   Ausgabe Nr: _______ Jahr: ________

(Name, Telefon)

Intern: ____

Extern: ____

Projektleiter: ____

Koordinierender Redakteur:________________________________

1. Redaktionssitzung   Datum: ________ Protokollführer: _______________

o   Kritik der vorhergehenden Ausgabe

o   Themenplan für die neue Ausgabe

o   Welche Artikel werden direkt nach Eingang auf der Webseite publiziert?

o   Welcher Redakteur schreibt zu welchem Thema?

o   Welche Themen werden von anderen Mitarbeitern / Externen bearbeitet?

o   Was wird Aufmacher, Editorial, Berichte, Personalien?

o   Sind alle Rubriken berücksichtigt

o   Grobplanung: Welche Themen auf welche Seite, Grobumfang der Themen

o   Abgabetermin für die Manuskripte/Fotos (Redaktionsschluss)

2. Redaktionssitzung   Datum: ________ Protokollführer: _______________

o   Sind alle Aufträge vergeben

o   Neue Beiträge, sonstige Änderungen

Redaktionsschluss (Koordinierender Redakteur) Datum: __________

o   Noch anzumahnende Beiträge?

    Texte an die Redakteure: Redigieren, Kürzen, ergänzen, Überschriften formulieren

3. Redaktionssitzung   Datum: ________ Protokollführer: _______________

o   Müssen Artikel ersetzt werden? Wer besorgt sie?

o   Textredaktionen besprechen

o   Gibt es Anmerkungen zum Layout?

o   Verteiler überprüft/ergänzt?

o   Texte auf PC, Daten zum Layout

4. Redaktionssitzung   Datum: __________ Protokollführer: _______________

o   Layoutbesprechung. Bilderauswahl- und Positionierung abschließen

o   Information der für die Verteilung Verantwortlichen

</td></tr>
</table>

Abb. 4.16: Checkliste Redaktionsplan Kundenzeitschrift

---

5. Redaktionssitzung   Datum: _________   Protokollführer: _______________

o Verteilung organisiert?

o Themen für die nächste Ausgabe?

o Längerfristige Themen

o Festlegen der Lieferanschriften / zugehörige Teilauflagen

o Festlegen des Termins der ersten Redaktionssitzung für die nächste Ausgabe

Erscheinungstag: ______________   Auslieferung:_________________

Abb. 4.16: Checkliste Redaktionsplan Kundenzeitschrift (Fortsetzung)

Die wichtigste Sitzung einer Redaktion ist immer die erste zu einer Ausgabe: Dort wird Manöverkritik zur letzten Ausgabe gehalten und der Themen- und Arbeitsplan für die kommende Ausgabe besprochen und festgelegt. Die weiteren Sitzungen dienen dazu, den Plan auszuführen – und ggf. zu korrigieren.

Zunächst ist die Aufgabe der Redaktion, die Beiträge zu beschaffen: Selbst zu schreiben oder Mitarbeiter zu motivieren, Beiträge zu liefern. Für diese Motivation gibt es unterschiedliche Anreize.

Selten wird eine Geldprämie angeboten. Dafür bleibt nach Abzug der Steuern wenig für den Mitarbeiter übrig. Häufig werden deshalb Sachgeschenke angeboten – beispielsweise Gegenstände aus dem Werbemittel-Lager. Auch „Redakteurfahrten", an denen die „freien Redaktionsmitarbeiter" teilnehmen, sind gängige Methoden. Trotzdem bleibt die Beschaffung von Beiträgen ein Problem für die Redakteure: bis die Mitarbeiter erkannt haben, dass die Beiträge auch Nutzen bringen, nämlich von Bedarfsträgern gelesen werden und deshalb auch dem Geschäftserfolg dienen.

Erste wenn die Manuskripte redigiert und die Bilder ausgewählt sind, werden die Texte der „Grafik" übergeben.

Diese erstellt dann ein „Layout", das heißt, sie entwickelt einen Vorschlag für die Anordnung der Texte und Bilder auf den einzelnen Seiten: Dazu sollte sie die Vorgaben zum Erscheinungsbild des Unternehmens nutzen.

In der vierten Konferenz wird das Layout besprochen, Korrekturwünsche an die Agentur weitergegeben, und der Startschuss für die Produktion fällt.

Die letzte Redaktionssitzung prüft lediglich die Verteilungsstrukturen und -vorgaben: Wer erhält die Ausgaben über den internen Postweg wer erhält seine Zeitung per Post, wer bekommt sie von den Akquisiteuren überreicht etc.

An dieser Sitzung wird auch der Termin für die erste Redaktionssitzung der neuen Ausgabe festgelegt – der Kreis schließt sich.

Bei Internet-Zeitungen fallen die Sitzungen 2, 3 und 4 aus. Dafür werden nur einzelne Artikel aktualisiert und die Sitzungen i. d. R. ein- bis zwei wöchentlich gehalten.

4.5 Werbung

4.5.1 Mediaplanung

Die bekannteste Hauptgruppe der Maßnahmen für „Massenkommunikation" ist die Werbung. Leider hat Werbung in der Bauwirtschaft einen schlechten Ruf – man erwartet, dass sie manipulieren will, es nicht so genau mit der Wahrheit genommen wird – und Unmengen von Geld verschluckt. Für die Bauwirtschaft kommt noch die Legende dazu: „Durch Werbung kriege ich keinen einzigen Auftrag mehr als ohne".

Tatsächlich ist Werbung für die Akquisitionstätigkeit von Bauunternehmen lediglich ein unterstützendes Mittel – bis auf eine Ausnahme: Personalwerbung.

Da die Suche nach guten Mitarbeitern häufig ein Wettlauf mit der Zeit ist – die Arbeit nimmt überhand, vakante Planstellen sind kurzfristig zu besetzen etc. – muss der Bedarf kurzfristig einer breiten Öffentlichkeit bekannt gemacht werden. Über das Arbeitsamt werden auch nur Personen vermittelt, die konkret und offiziell auf der Suche nach einem neuen Job sind.

Dabei ist der Anteil an wirklich guten Fachleuten doch unterdurchschnittlich. Dementsprechend ist Werbung der schnellste, direkteste und effektivste Weg.

Was im Personalbereich üblich ist, kann in der Akquisition nicht übernommen werden. Logisch: Bau-Akquisition ist auf langfristige Wirkung bedacht, Bedarf an Bauleistung kann nicht erzeugt werden, Bedarf wird nach VOB veröffentlicht etc.

So wird Werbung höchstens als „Gefälligkeit- oder Verpflichtungswerbung" durchgeführt: Der Bauherr berichtet in einer Sonderbeilage einer Zeitung über das abgeschlossene Projekt, Bedarfsträger aus der A-Klasse erwarten eine Anzeige des Unternehmens in einer Zeitung eines Vereins, dem er besonders verbunden ist etc..

Solche Werbung wird häufig direkt dem Baustellenkonto belastet, das dem betreffenden Bedarfsträger zugeordnet ist. Entsprechend wird es als Aufwand ohne weitere Zielsetzung bewertet.

Damit wird der Werbung unrecht getan und Chancen vergeben.

> **Richtig geplant, ist klassische Werbung gerade für die Akquisition ein wirksames Mittel**

Mit einer Einschränkung: Werbung darf die Öffentlichkeitsarbeit nur ergänzen – nicht ersetzen.

Werbung unterstützt die Öffentlichkeitsarbeit, indem sie:

- Zeitliche Löcher in der öffentlichen Präsenz des Unternehmens ausfüllt,

- Maßnahmen der Öffentlichkeitsarbeit über reine Pressemeldungen hinaus bekannt macht,

- Inhalte der Maßnahmen in der Öffentlichkeitsarbeit unabhängig von der Meinung und Interpretation von Journalisten kommentiert und verbreitet.

So kann auch Gefälligkeitswerbung hinaus über die Person, die den Wunsch geäußert hat, recht wirksam sein – wenn sie intelligent gemacht ist und von anderen Bedarfsträgern gelesen wird.

In einigen Fällen leistet Werbung dem Unternehmen gute Dienste:

- Sie erhöht die Reichweite von Öffentlichkeitsarbeit und Direktmarketing.

- Das positive Bild des Unternehmens in der Öffentlichkeit – und bei den Bedarfsträgern – kann gesteigert werden.

- Ihr Unternehmen wird bekannter.

- Auf Ihr Unternehmen können bislang unbekannte Bedarfsträger neugierig werden.

Welche Rahmenbedingungen bestimmen nun bei der Werbung deren Effizienz?

Werbemedien sind üblicherweise Medien, die lediglich einen Kurzkontakt mit Bedarfsträgern ermöglichen: Der Leser einer Anzeige entscheidet innerhalb einer halben Sekunde, ob das Thema der Anzeige wert ist, sich näher mit dem Inhalt zu beschäftigen. Kann die Anzeige sein Interesse wecken, ist das Werbeziel schon erreicht.

Werbung ist teuer. Die Regel ist: Je höher die Zahl möglicher Kontakte – die sogenannte Reichweite, um so teurer ist die Anzeige. Dabei ist normalerweise die Zahl der Kontakte mit Bedarfsträgern von Bedeutung: Die Gesamtzahl der möglichen Kontakte, die von Anbietern in der Regel angegeben werden, ist um die Zahl von Kontakten mit „Nicht-Bedarfsträgern" zu reduzieren – erst dann so ergibt sich ein Anhaltspunkt für die akquisitorische Wirksamkeit eines Mediums.

Die Werbeträger sind nur begrenzte Zeit im Kontakt mit dem Bedarfsträger. Das bedeutet, man muss die Maßnahmen wiederholen oder mehrere Träger gleichzeitig nutzen, damit eine größere Zahl an Bedarfsträgern Kontakt mit der Botschaft erhält.

Die andere Möglichkeit ist, Träger zu nutzen, die regelmäßig in Kontakt mit den Bedarfsträgern stehen.

Neben der Quantität ist die Qualität entscheidend: Wann interessiert sich ein Leser für den Inhalt?

Bei Werbung wird häufig das eigene „Werbekonsumverhalten" als Maßstab für die Wirksamkeit zugrundegelegt – zumindest das Verhalten, wie man meint, dass man es an den Tag legen würde.

Deshalb wird häufig als Argument gegen Werbung ins Feld geführt:„Werbung liest niemand – es gibt zuviel und es steht nichts Interessantes drin."

Die Antwort darauf lautet schlichtweg: wenn Werbung schlecht gemacht ist oder in eine Unmenge von Werbung untergeht – liegt das dann an der Werbung an sich oder daran, dass die Werbung schlecht gemacht wurde?

In den meisten Fällen sind die Empfänger der Werbung nicht am Thema interessiert. Grund ist das geringe „Involvement" oder „Betroffenheit":

> **Je weniger eine Empfänger einer Werbung sich nicht schon im Vorfeld mit dem The-
> ma der Botschaft befasste, um so weniger wird er die Werbung wahrnehmen.**

Ein weiteres Problem liegt in der Anhängigkeit der Wahrnehmungsbereitschaft von den angesprochenen Sinnen:

– Sehen von unbewegten Dingen

– Sehen von bewegten Dingen

– Hören

– Fühlen

– Riechen

– Schmecken

> **Sensitivitätsgrundsatz:**
>
> **Je mehr Sinne des Empfängers durch das Medium angesprochen werden,**
>
> **um so stärker ist die Wahrnehmung und**
>
> **die Erinnerung an die Botschaft.**

Damit wird auch deutlich, warum Baustellenbesuche so wirkungsvoll sind: In solchen Events
werden alle Sinne angesprochen. Werbung spricht dagegen je nach Medium nur wenige Sinne an.

Als weiteres Problem ist anzusprechen, dass Werbung in einem sehr komplexen Prozess mit
vielen unbekannten Variablen produziert wird. Werbung erfolgreich zu machen, ist Ziel einer
Vielzahl von Instrumenten: Teure Agenturen und noch teurere Berater und Kreative, qualitative
und quantitative Tests, Mediauntersuchungen etc. Bei den Budgets, die Bauunternehmungen für
Werbung zu Verfügung haben, ist praktisch keines dieser qualitätssteigernden Methoden finan-
zierbar.

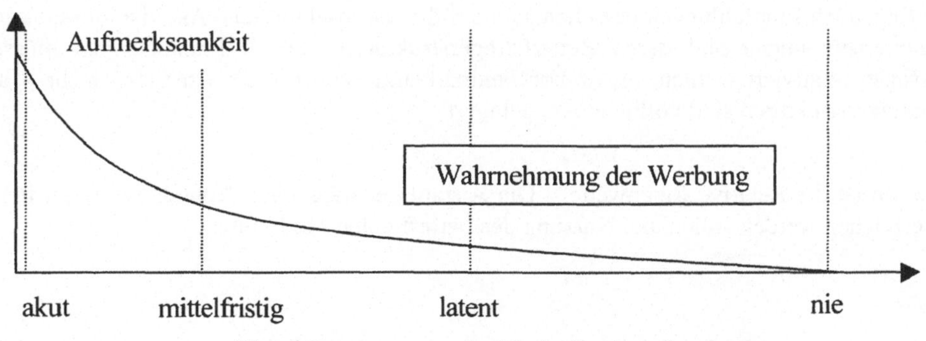

Abb. 4.17: Involvement

Eigeninitiative ist gefordert. Werbung ist in der Baubranche relativ einfach mit Erfolg zu betreiben. Auch hier helfen die Fragestellungen nach dem strategischen Dreieck.

- Mit welchen Medien erreiche ich meine Bedarfsträger?

- Welche Inhalte sind für den Bedarfsträger interessant?

- Wie grenze ich mich vom Wettbewerb ab?

Die Antwort auf die Frage nach dem Interesse wird von der Interessenslage des Bedarfsträgers zum Zeitpunkt des Anzeigenkontaktes bestimmt.

„Bedarfsinteresse"

Steht in naher Zukunft ein Projekt an, bei dem Leistungen benötigt werden wie die, die in der Anzeige ausgelobt werden?

Dann wird die Anzeige sein Interesse finden, wenn die Leistung erkennbar – und im Vergleich zum Wettbewerb – kompetent dargestellt wurde. Darüber hinaus muss der Bedarfsträger einen Wechsel des bisherigen Lieferanten oder eine Erweiterung der bestehenden Lieferantenbeziehungen ins Auge gefasst haben.

„Fachinteresse"

Steht die Leistung in Bezug zu seiner täglichen Arbeit, wird die Anzeige sein Interesse finde, wenn sie in der Darstellung aus dem Umfeld positiv hervorsticht. Wenn zwar momentan kein Bedarf besteht, vielleicht lohnt sich trotzdem ein Kontakt. Schließlich kann man die Leistung irgendwann einmal gebrauchen.

In beiden Fällen bietet sich über die Werbung ein Anknüpfungspunkt für Akquisitionskontakte – und die Chance, die Bedarfsträgerkartei zu erweitern. Ziel der Werbung ist es, von „Bedarfsinteressierten" gelesen zu werden. Die Fachinteressierten werden dann mit den gleichen Maßnahme „mitgenommen".

Baurelevante Medien und deren Relevanz für die Bedarfsträger

Die folgenden Empfehlungen beziehen sich auf die durchschnittliche Akquisitionssituation von Bauunternehmungen und deren Bedarfsträgerstrukturen. Bei SF-Bauleistungen müssen die Aussagen relativiert werden, im Immobilienmarketing stimmen die Aussagen nicht – die Bedarfsträgerstrukturen sind völlig anders gelagert.

Maßstab ist die Relative Reichweite – Die Anzahl der möglichen Kontakte mit den Personen, die erreichen werden sollen, bei Nutzung des betreffenden Mediums.

Absolute Reichweite: Nutzer des Mediums als Teilgruppe der Bevölkerung	**Streuverlust**: Gruppe der Nutzer, die nicht Teil der Zielgruppe sind: Der Kontakt mit ihnen wird in den Anzeigenpreisen mit bezahlt, bringt dem Inserenten jedoch nichts: Je höher der Streuverlust, umso teurer wird der einzelne Kontakt in den Zielgruppen
Relative Reichweite: Nutzer des Mediums, die gleichzeitig Personen in der anzusprechenden Zielsgruppe sind	**Zielgruppenrelevanz**: Anteil der Zielgruppen, die mit dem betreffenden Medium nicht erreicht werden: Je geringer die Relevanz, umso weniger ist das Medium geeignet
Zielgruppe: Summe der Personen, die mit der Anzeige/Spot angesprochen werden sollen	

Abb. 4.18: Relative Reichweiten eines Mediums

– *„Technische" Fachzeitschriften*

Die Werbung in Fachzeitschriften ist eines der gebräuchlichen Methoden der Werbung. Der Vorteil liegt sicher darin, dass die Fachzeitschriften enge Zielgruppen ansprechen und Anzeigen somit gute Chancen haben, von den richtigen Personen gelesen zu werden. Sie erreichen damit sowohl Fach- wie auch Bedarfsinteressierte. Vor allem sind Fachzeitschriften für Bauingenieure und Architekten von Interesse.

Eine Sondergruppe sind Illustrierten, die sich speziell an Bauherren wenden. Diese könnten interessante Medien sein, wenn das Akquisitionsgebiet weite Teile des Vertriebsgebietes der Zeitschrift umfasst. Für regional orientierte Bauunternehmen haben sie wenig Sinn.

– *Tageszeitungen*

sind schnell nicht mehr aktuell und werden dann mitsamt den Anzeigen weggeworfen. Deshalb sind Tageszeitungen für Investitionsgüter und die Baukommunikation ein sehr teures Werbemedium. Zu empfehlen sind diese Medien nur in Verbindung mit den genannten Sonderbeilagen.

– *Illustrierte und Wochenzeitschriften*

Überregionale Zeitschriften weisen große Streuverluste aus.

Lokale und regionale Wochenzeitungen – zum Beispiel die für Leser kostenlosen Anzeigenblätter – können schon interessanter sein. Trotzdem sind hier Streuverluste kaum zu vermeiden.

– *Sonderbeilagen*

Inzwischen bieten alle Verlage in den Publikationen themenspezifische Sonderbeilagen an. Hier ist eine Anzeigenschaltung denkbar – trotzdem ist bei jedem Angebot zu prüfen, wie hoch die Streuverluste sind.

Von Beilegern, also Broschüren, die den Zeitungen beigelegt und mit diesen verteilt werden, ist in der Regel abzuraten. Sie landen zu schnell im Müll. Einfache Karten mit „Memo" Effekt finden sich jedoch immer wieder in den Ablagen von Bedarfsträgern.

– *Adressbücher*

Inzwischen werden eine Vielzahl von Adressbüchern im Markt angeboten – insbesondere von Anzeigen-Akquisiteuren. Insertionen sind kritisch. Die Ausgaben verstauben zu häufig in den Regalen.

Ein „Muss" sind dagegen gute Einträge in den amtlichen Telefonbüchern und den „Gelben Seiten": Diese Bücher sind einfach erste Lieferantenquelle, wenn man Dienstleistungen und die Beratung darüber sucht. Schließlich möchte sich ein Bedarfsträger auch kurzfristig persönlich mit dem möglichen Lieferanten treffen – das geht leichter, wenn man am gleichen Ort wohnt. Deshalb sucht sich der Bedarfsträger einen Anbieter aus dem Telefonbuch aus – interessanterweise im Wesentlichen die besonders hervorgehobenen Einträge.

– *„Organisations-Publikationen"*

Regelmäßige Titel von Verbandszeitschriften wie Kammer- und IHK-Zeitschriften oder Amtsblätter sind gute Anzeigenmedien. Gerade die Amtsblätter werden häufig vernachlässigt. Gerade dort, wo Ausschreibungen veröffentlicht werden, werden mindestens die Personen die entsprechenden Rubriken lesen, die für die Ausschreibung verantwortlich sind. Eine Anzeige an dieser Stelle ist dementsprechend eine gute Chance zum Kontakt.

Neben den Anzeigenmedien gibt es noch eine Reihe weiterer Mittel. Neben Messen – die in Abschnitt 4.7 besprochen werden – sind dabei – der Vollständigkeit halber – zu nennen:

– Fernseh-Spots im TV: Damit wird praktisch die Öffentlichkeit komplett angesprochen – mit entsprechend großem großen Streuverlust.

– Filmspots im Kino: Hier ist die Zielgruppen genauer zu betrachten. Gerade für Nachwuchswerbung können Kinospots sinnvoll sein – aber auch hier nur ergänzend zu anderen Medien.

– Funkspots im Rundfunk. Auch wenn die Streuverluste der Rundfunkwerbung geringer sind als die des TV-Spots, in der Regel ist Rundfunkwerbung für Bauunternehmen dritte Wahl. Interessant können diese Spots zur Ankündigung von Veranstaltungen sein – aber auch hier nur unterstützend.

– Plakate und City-Licht-Poster: Eine attraktive Gestaltung der Baustellen ist immer wirkungsvoller als die Flächen von angemieteten Plakatwänden.

– Bandenwerbung: Die Abbildung des Logos in Sportplätzen etc. ist genauso wenig zu empfehlen wie die Plakatierungen. Eine Ausnahme: Manchmal ist Bandenwerbung im Rahmen eines Sponsoring-Konzeptes sinnvoll.

Akquisitionsunterstützend wirken diese Medien nur, wenn das Unternehmen einem weiten Publikum bekannt werden soll – unabhängig davon, ob die Zuschauer/Zuhörer nun Bedarfsträger sind oder nicht. Das bedeutet also vor allem dann, wenn private Auftraggeber „aufgerissen werden sollen".

In der Regel ist es wirkungsvoller, die verfügbaren Mittel nicht in Werbung, sondern in Öffentlichkeitsarbeit zu investieren – Die Zielsetzung ist die gleiche, die Effizienz der Öffentlichkeitsarbeit aber regelmäßig höher.

Das bedeutet aber nicht, dass auf die Maßnahmen verzichtet werden könnte. Die Medien sollten jedoch aktionsbezogen auf die zielgruppenspezifische Relevanz hin überprüft und ausgewählt werden. So sollten Ankündigung von Veranstaltungen in allen Medien erfolgen: Die Anzeige in der Wochen- und Tageszeitung als Hauptmedium, gestützt durch Rundfunkspots. Fernsehspots – auch in lokalen Sendern – ist selten im Ergebnis das Geld wert. Die Zielgruppen, die man erreichen wollte, waren bislang jedes mal über andere Medien besser zu erreichen.

Ein interessantes Medium ist übrigens die Postwurfsendungen: Eine A4-Seite gestaltet, in ausreichender Stückzahl produziert und durch entsprechende Dienstleister preiswert in die Briefkästen verteilt – mit großer Sicherheit nehmen im Verteilgebiet praktisch alle Bedarfsträger davon Kenntnis.

Medienauswahl

Eine einfache Methode der Medienauswahl ist:

Befragen von zwei oder drei Personen pro Stadt oder Kreis aus der Bedarfsträgerdatei, welche Zeitungen/Zeitschriften sie regelmäßig lesen.

Für die genannten Titel werden von den Anzeigen-Vertriebsabteilungen (stehen jeweils im Impressum) die sogenannten „Mediadaten" und ggf. einige Ausgaben als Belegexemplare angefordert. Der Fragekatalog Medianutzung (Abb. 4.19) hilft dabei.

Die Mediadaten geben Aufschluss über Arten und Preise von Anzeigen im jeweiligen Titel. Darüber hinaus enthalten sie üblicherweise eine Liste von Ausgaben, in denen Schwerpunktthemen veröffentlicht werden – zum Beispiel, wann die nächste Beilage „Bauen und Wohnen" erscheint.

Im Belegexemplar ist nachzuprüfen, ob die redaktionell behandelten Themen tatsächlich für die Bedarfsträger von Interesse sind. Ist dies der Fall , dann sollte bei diesen Aussagen eine Anzeige eingeplant werden – Es bestehen gute Chancen, den Bedarfsträgern eine Botschaft nahe zu bringen.

Nun geht es in die Jahresplanung: Mit den Daten, die über die Befragung und die Auswertung der relevanten Titel zur Verfügung stehen, entsteht ein Jahres-Rahmenwerbeplan.

Fragebogen Medianutzung

Name des Befragten: ____

Telefonnummer: ____

Bedarfsträgergruppe:

Entscheider ( )   Bauherr ( )   Architekt/Beratender Ingenieur ( )

Region (Postleitzone):   __________

Regelmäßige gelesene Titel: überflogen   nur interessante   meistens alles
                                              Teile gelesen   gelesen

Tageszeitungen/ Wochenzeitungen:

_________________________________( )   ( )   ( )

_________________________________( )   ( )   ( )

_________________________________( )   ( )   ( )

Fachzeitschriften

_________________________________( )   ( )   ( )

_________________________________ ( )   ( )   ( )

_________________________________( )   ( )   ( )

Adressbücher

_________________________________( )   ( )   ( )

_________________________________( )   ( )   ( )

_________________________________ ( )   ( )   ( )

Anmerkungen/sonstiges:

____

____

Abb. 4.19: Medianutzung

In diesem Plan werden die Medien eingetragen nach:

- Titel,

- Preis pro Anzeige,

- Datum der „Schaltung", also dem Erscheinungstermin der Ausgabe, in der die Anzeige erscheint,

- Dauer bis zum Erscheinen der nächsten Ausgabe dieses Titels. Diese Angabe gibt einen groben Hinweis darauf, wie lange die Anzeige „gültig" ist.

Neben dem Erscheinungstermin von Sonderausgaben sind Anzeigen im Vorfeld von Messen von Interesse. Pausieren sollte man im Advent – da sind persönliche Besuche angesagt – und in den Sommerferien, wo sich bei den Bedarfsträgern die Postberge türmen und kaum Zeit zum Lesen bleibt.

Für alle weiteren Planungen gilt: Eine Anzeigenpräsenz in den zielgruppenspezifischen Titeln ist zu empfehlen, wenn keine anderen öffentlichkeitswirksamen Maßnahmen anstehen.

In der Tabelle „Rahmenwerbeplan" ist ein Planungsbeispiel aufgeführt, das durch die eigenen Recherchen ergänzen werden soll.

Die Mediaplanung kann auch eine Agentur durchführen. Agenturen erhalten ggf. Rabatte von den Verlagen. Agenturkunden können sich diese teilweise wieder erstatten lassen. Insgesamt hängt das Engagement einer Agentur natürlich vom Gesamtwerbeaufkommen ab: Jahresbudgets von weniger als 50 000 EUR lassen eine Agentur üblicherweise ziemlich kalt.

Wichtig ist deshalb, dass alle Anzeigen eines Jahres dokumentiert und in einem Sammelkonto erfasst werden. Viele Unternehmen waren bislang überrascht von den Summen, die sie dafür ausgeben (vgl. dazu Abschnitt 5.2) Auf der Anderen Seite wird eine Anzeigen-Euphorie durch die Planung der Jahreskosten schnell gedämpft: Die Budgets geben regelmäßig nur wenige Schaltungen her.

Titel	Schaltungen pro Monat											
	J	F	M	A	M	J	J	A	S	O	N	D
Amtliches Telefonbuch; Örtliche Telefonbücher, Gelbe Seiten												
Muster: XY-Nachrichten: dreimonatlich	p 250	x	x	p 250	x	x				p 250	x	x
Summe der Produktions- und Schaltkosten												

Einträge unter „Monat":

1. Grund der Schaltung: P(Präsenz), M (Messeeinladung), S (Sonderthema im Titel)
2. Kosten (Produktion + Schaltung)
3. Reichweite bis zum Erscheinen der nächsten Ausgabe: X

Abb. 4.20: Media-Rahmenplan

Gerade bei Bauunternehmern werden Maßnahmen nach dem „Me-To-Verfahren" auswählt: „Wenn der Wettbewerb Werbung gemacht hat, die mir aufgefallen ist, muss ich das gleiche machen." Dabei wird dann nicht mehr diskutiert, ob die Maßnahme tatsächlich sinnvoll war, ob die Kosten pro qualifiziertem Kontakt passten etc. Der Verdacht liegt nahe, dass sich die Bauingenieure dabei selbst als Maßstab nehmen – und dann daneben liegen: Sie sind durch den Kontakt mit dem Wettbewerb auf deren Aktivitäten besonders sensibilisiert und reagieren emotional. Es heißt nicht, dass die beobachtete Aktion falsch sein muss. Aber ungeprüft sollte man sie dann doch nicht übernehmen.

4.5.2 Anzeigen

Auch wenn nun im nächsten Abschnitt einige Regeln zur Gestaltung von Anzeigen erläutert werden: Die ersten Anzeigen sollte ein ausgebildeter Grafiker gestalten (In den „gelben Seiten" stehen entsprechende Adressen). Die Verlage bieten zwar regelmäßig einen Service zur Anzeigenproduktion. Da deren Fachleute Anzeigen aber regelmäßig unter Zeitdruck als Massenware produzieren, kommt selten ein gute Anzeige heraus. Der Vorteil der Agentur ist, dass sie ggf. dem Auftraggeber widerspricht und Alternativen zum Inhalt empfiehlt: Diskussionen mit Fachfremden nehmen so manche Augenbinde weg und erhöhen regelmäßig die Qualität der Werbung.

Die Anforderung an Anzeigen sind hoch: Sie stehen in einem Umfeld, wo sie leicht übersehen werden – Entweder im „Sumpf" – also dem Anzeigenteil – im Wettbewerb um die Aufmerksamkeit des Lesers mit unzähligen anderen Anzeigen oder im redaktionellen Teil im Wettbewerb zu den Inhalten der jeweiligen Beiträge.

Deshalb werden in Anzeigen die Anforderungen an Inhalt und Gestaltung der gesamten Kommunikation eines Unternehmens konzentriert. Bei Wettbewerbspräsentationen entwickeln die Agenturen häufig die Inhalte und Visualisierungen, indem sie Anzeigen entwerfen – der Rest ist dann nur Anpassungsarbeit.

Anzeigeninhalt

Streng nach dem strategischen Dreieck werden Anzeigen vom Inhalt her entwickelt.

Die Planungsliste hilft, die richtigen Inhalte zufinden.

Jede einzelne Anzeige kostet genügend Geld, dass man sich Gedanken über den Inhalt machen sollte.

Planung Anzeigeninhalt

Schaltung in: _______________________________Format der Anzeige _____________

Grund der Schaltung: ____

Redaktionelles Thema: ____

Weitere Anzeigen des Unternehmens in der gleichen Ausgabe ?

Wenn ja, welche Themen: ____

Wer ist Absender: (Unternehmen, Abteilung etc.?): ___________________________

Mit welcher Handlung sollen die Leser reagieren:

Information im Gedächtnis behalten   ( )

Weitere Informationen anfordern

per Telefon ( ) per Fax ( )   per Brief ( )   per e-Mail ( ) Besuch anfordern: ( )

Mit welchen Gründen (Inhalten, Aussagen) sollen die Leser motiviert werden:

Hauptaussage (Inhalt der Aussage wird vom Wettbewerb in dessen Werbung nicht verwendet):____

Weitere Aussagen bzw. Begründungen zur Hauptaussage:

1. ____

2. ____

3. ____

Welche Illustrationen/Fotos sollen in der Anzeige erscheinen? Warum?

Welche Aussage wird mit diesen verknüpft?

____

____

Abb. 4.21: Planung Anzeigeninhalt

Zum einen die Hauptaussage:

Sie sollte auch der Inhalt der Überschrift sein – zumindest sollte die Überschrift auf die Hauptaussage hinweisen.

Die Hauptaussage erfüllt für die Anzeigen die Aufgabe des strategischen Wettbewerbsvorteils: Sie muss die Anzeige für die Bedarfsträger wichtig und interessant machen – und vom Wettbewerb abheben.

Deshalb darf der Inhalt der Hauptaussage vom Wettbewerber nicht verwendet werden.

Sie kann sehr wohl auch auf den Wettbewerb zutreffen. In der Massenkommunikation kommt es darauf an, dass man diese Aussage als erster nennt und „besetzt", also quasi für sich reserviert. Dem Wettbewerb bleibt dann höchstens noch ein „Das kann ich doch auch" – und ist sofort im Nachteil.

Klare Argumente müssen die Hauptaussage stützen. Sie begründen die Hauptaussage, geben erste Informationen – und sollen den Leser neugierig machen und bewegen, weitere Informationen anzufordern.

Reine Informationsanzeigen sind für Bauunternehmen nicht sinnvoll: Deshalb müssen sie eine Kontaktadresse mit angeben. Wichtig ist auch, dass der Absender klar und unverwechselbar ist. Das Logo reicht da gegebenenfalls nicht: Die Angabe der Abteilung, des Geschäftsfeldes etc. hilft dem Leser bei seiner Suche nach weiteren Informationen.

Es muss klar sein, wie der Leser reagieren soll:

„Er soll uns Aufträge geben" ist hier keine zulässige Aussage. Soll er Informationen im Wesentlichen nur abspeichern (Imagebildung) oder soll er konkret reagieren – wenn ja , wie ?

Vorab ist zu klären, mit welchen visuellen Informationen die Aussage gestützt werden soll. Bei abgebildeten Referenzen müssen Bildunterschriften begründen, warum dieses Objekt ein Beispiel für die Aussage ist.

Neben Ihrem Logo sollten nicht mehr drei Bilder in einer Anzeige erscheinen. Optimal ist eine einzige sachlich orientierte Darstellung. Diese kann noch durch ein „emotional" wirkendes Element – Foto, Illustration, Grafik, Zeichnung etc. – ergänzt werden.

Anzeigen-Gestaltung

Den Aufbau einer Anzeige bestimmen fünf Faktoren:

- der Inhalt (wie vorab beschrieben),
- die Vorgaben des Unternehmens, wie der Inhalt darzustellen ist,
- Gestaltungsvorgaben (Schrift, Raumaufteilung, Logo),
- Formulierungsvorgaben: In welchem Stil soll der Text/die Anzeige gehalten werden,
- Die Vorlagen: welche Fotos etc. stehen in guter Qualität zu Verfügung (wie vorab beschrieben),
- das Anzeigenformat,
- wie viel Platz steht zur Verfügung, wie viele Farben können verwendet werden,
- die Positionierung der Anzeige im Blatt.

Gestaltungsgrundsätze

In den Gestaltungsrichtlinien für das Unternehmen wurden die Regeln zur Aufteilung einer Broschüren-Titelseite bereits definiert. Eine Anzeige muss natürlich nicht dem Aufbau eines Titelblattes entsprechen. Es erleichtert die Arbeit aber, wenn die gleichen Regeln gelten. Darüber hinaus wird der Auftritt des Unternehmens noch besser vereinheitlicht: Die Anzeige und die Broschüren erhalten den gleichen „Stil":

- Das Logo und die Überschrift sind in beiden Medien an der gleichen Stelle positioniert.

- Texte und Farben entsprechen sich.

- Die Raumaufteilung ist ähnlich.

Darüber hinaus sollten in der Gestaltung der Anzeigen noch folgende Regeln beachtet werden, mit denen die Wirkung hinsichtlich Aufmerksamkeit und „emotionalen Ausdruck" gesteigert wird:

- Farbanzeigen erwecken höhere Aufmerksamkeit als einfarbig schwarze Anzeigen.

- Regel sollte sein: Schwarz + eine Zusatzfarbe – oder vierfarbig (also bunt).

- Großzüge Raumaufteilung erhöht die Aufmerksamkeit – „Vollklatschen" mit Text und Bildern macht einen chaotischen, unseriösen Eindruck.

- Das Logo bzw. Firmenzeichen darf nur ein einziges Mal in der Anzeige auftauchen. Andernfalls entsteht ein „Inflationseffekt", der das Firmenzeichen abwertet.

- Nur kurze Sätze verwenden.

- Kreative Formulierungen nutzen: Bei Anzeigen sind alle Stilmittel erlaubt, die nicht unter die moralische Gürtellinie zielen: Zu vermeiden sind lediglich Begriffe und Formulierungen, die Menschen oder Leistungen diffamieren oder abwerten.

- Allerweltsaussagen (zum Beispiel „Qualität ist wichtig", "wir sind kompetent", „Partner der Kunden" oder „alles aus einer Hand") und inhaltliche Duplizierungen sind im Text einer Anzeige zu vermeiden. Sie bringen nichts und verlängern nur den Text.

- Immer eine Kontaktadresse mit Telefaxnummer und e-MailAdresse / website angeben.

- Soll die Anzeige konkret zur Anfrage auffordern, ist ein Antwortcoupon zum Ausschneiden wirkungsvoll. Tatsächlich spielen manche Charaktere gern und schneiden einen solchen Coupon aus.

- Aus dem gleichen Grund sollten ein Give away für die Personen ausgelobt sein, die auf die Anzeige antworten. Das kann ein Unternehmens- oder berufsbezogenes Produkt sein. Auch hier ist Kreativität und Zielgruppenbezogenheit gefordert: Vom Berechnungsprogramm bis zum Ziegelstein ist alles möglich.

- Aus der Augenführung beim Lesen einer Anzeige ergibt sich die Empfehlung, die Headline über die Fotos/Grafiken zustellen und das Logo im oberen oder unteren Teil der Anzeige zu platzieren.

Anzeigenformat und Positionierung

Die Größe einer Anzeige ist direkt abhängig von dem Budget, das man investieren will.

Berechnet wird es üblicherweise in Seitenpreise, Zeilenpreise und Sonderformaten, wobei für jede Zusatzfarbe ein spezifischer Aufschlag Verlangt wird.

Weitere Aufschläge gibt es für besondere Positionierungen: Anzeigen im „Redaktionellen Teil", also außerhalb der eigentlichen Anzeigenseiten sind teuere, genauso – bei Illustrierten, Zeitschriften und Katalogen – Anzeigen auf den „Umschlagseiten.": Zweite Seite, vorletzte Seite und Rückseite.

Einige Fachzeitschriften bieten auch die Möglichkeit, ein Firmenmotiv als Titelblattfoto zu platzieren – meistens natürlich gegen Bezahlung.

Die teuerste Preisstellung ist der Zeilenpreis pro Spalte. In besonderen Formaten – Eckfeld- und Streifenanzeigen gibt es „Sammelrabbatte".

Aus dem Leseverhalten kann man als Faustregeln nennen:

–   Je größer die Anzeige, um so mehr Aufmerksamkeit weckt sie.

–   Rechts positionierte Anzeigen werden eher beachtet.

–   Oben positionierte Anzeigen werden zuerst gelesen und fallen dadurch seltener in ein „Flüchtigkeitsloch".

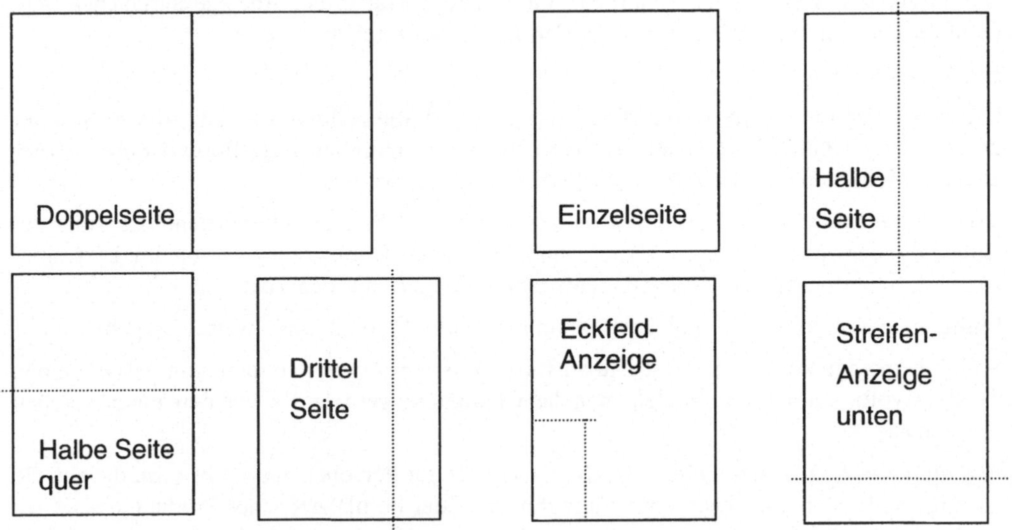

Abb. 4.22: Beispiele von Anzeigenformaten

Anmerkungen zu Personalanzeigen

Bei der Stellensuche folgen Leser anderen Regeln als bei der Lektüre von Werbeanzeigen. Insbesondere, wenn der Interessent gerade aktuell an einem Wechsel interessiert ist, orientiert er sich bei der Lektüre von Stellenanzeigen klaren Regeln. Diesen Regeln sollten die Anzeigen folgen:

- Erste Information wird über die Nennung der Position in der Überschrift gesucht (Bauleiter Rohbau, Niederlassungsleiter SF-Bau etc.).

- Als Informationen werden Angaben über das Unternehmen selbst gesucht (Name, Kurze Selbstdarstellung).

- Dritte Information muss dann der Standort der Arbeitsstelle sein.

- Dann gleichwertig die eigentliche Stellenbeschreibung, die Anforderungen bzw. Einstellungsvoraussetzungen und die Gratifikationsangebote.

Die Gestaltung sollte diesen Aufbau unterstützen:

- Schwerpunkt des Entwurfs liegt auf Textgestaltung.

- Die Überschrift soll sich deutlich vom Text abheben: 12 p größer als der Fließtext und fett gedruckt.

- Die inzwischen beliebte Gestaltung mit Fotos bringt nicht all zu viel. Die Investition in eine Zusatzfarbe ist wirksamer.

Überprüfung der Anzeigen-Wirkung

Für Bauunternehmen ist die Wirkung einer Anzeige schwer zu prüfen.

Bei Verwendung eines Coupons können die Rückläufe als Maßstab dienen.

Bei Anrufen oder Kontakten mit bisher Unbekannten sollte immer nachgefragt werden, wie der Interessent auf das Unternehmen gestoßen ist.

Das ist natürlich alles nur Stückwerk. Tests sind aber insgesamt sehr kostspielig und helfen nur begrenzt. Ein klassischer Test durch entsprechende Unternehmen ist zu teuer und steht in keinem Verhältnis zu den Investitionen: Anzeigenkampagnen mit Budgets über 125000 Euro lohnen einen Test.

Wirkungsvoll ist ein Minitest: Die fertige Anzeige wird von einem „Unbeteiligten" beurteilt. Gut als Testperson ist dabei der Lebenspartner – oder auch ein privater Bekannte. Deren Vorschläge sollten jedoch nicht unkritisch übernommen werden – auch Ratgeber irren gelegentlich.

Eine erste Schaltung einer neuen Anzeige soll immer als Testversuch laufen. Nachfragen bei Bekannten aus der Zielgruppe geben Hinweise, ob die Anzeigen gelesen wird – und wie sie gefällt.

4.6 Weitere akquisitionsunterstützende Maßnahmen

4.6.1 Sponsoring

Von allen Maßnahmengruppen ist das Sponsoring eines der „akquisitionswirksamsten" Werkzeuge. Sponsoring sollte immer eine Mehrfachfunktion haben, das heißt, mehrere Ziele gleichzeitig verfolgen.

– Sponsoring soll das Unternehmen bekannter machen.

– Sponsoring soll die VIPs und A-Bedarfsträger besonders berücksichtigen.

– Sponsoring soll die Mitarbeiter für das Unternehmen motivieren.

Die Behauptung, Sponsoring hätte in der Öffentlichkeit eine imagesteigernde Wirkung, kann man getrost als Legende vergessen.

Wer ändert seine Einstellung zu einem Automobilunternehmen und dessen Marke, wenn es Tennisturniere unterstützt?

Wirklich wirkungsvoll wird Sponsoring erst, wenn um die reine „Leistung" ein komplettes Kommunikations-Maßnahmenpaket geschnürt ist.

Die Ausprägungen von Sponsoring sind vielfältig. In der Regel betreffen sie aber die Unterstützung von,

Organisationen und Veranstaltungen aus den Bereichen:

– Kultur,

– Sport,

– Umweltschutz und -pflege,

– Sozialengagements wie für Kinder, Behinderte, Senioren etc.

Sponsoring erfolgt im Kern durch:

– Unterstützung einer Veranstaltung,

– einmalige oder wiederholte Spende,

– Auslobung von Förderpreisen,

– Kontinuierliche Zuwendungen evtl. als Stiftung (Die Schulpatenschaft ist ein Beispiel einer solchen kontinuierlichen Zuwendung).

Die Form der Zuwendung ist dabei unterschiedlich. Sie reicht von der Anzeigenschaltung im Vereinsblatt oder Veranstaltungsprogramm über die komplette Organisation von Veranstaltungen bis hin zur Einrichtung von Organisationen mit entsprechenden finanziellen Ressourcen – zum Beispiel Stiftungen.

Damit wird deutlich, dass Sponsoring nicht unbedingt auf finanzielle Zuwendungen beschränkt sein muss: Arbeitsleistung von Mitarbeitern und Sachspenden sind in gleicher Weiße mögliche Zuwendungen.

Bauunternehmen sollten sich in der Jahresplanung auf ein Sponsoring-Konzept festlegen. Zu leicht sind im Laufe eines Jahres Kosten an anderer Stelle wieder einzusparen, weil diese oder jene Veranstaltung unbedingt unterstützt werden muss.

Sponsoring-Maßnahmen kann man akquisitionswirksam aufbauen, wenn die Zuwendung mit gesellschaftlichen Ereignissen verbunden werden kann: Dies ergibt einen öffentlichkeitswirksamen Anlass, gleichzeitig die Bedarfsträger zu einer Veranstaltung einzuladen, sie persönlich zu betreuen – und einigen Mitarbeitern einen schönen, motivierenden Abend zu bereiten.

Am Einfachsten ist die Darstellung von wirkungsorientiertem Sponsoring an einem Beispiel:

– Anlass:

Unterstützung eines klassischen Benefiz-Konzertes mit hochkarätigen Künstlern als Hauptsponsor

– Sponsoring-Anlass:

Ein A-Bedarfsträger ist Mitglied in der ausrichtenden Vereinigung.

– Beschreibung der Einzelmaßnahmen:

  – Ankündigung der Veranstaltung über

    – Pressekonferenz,

    – Anzeigen sowie

    – Schriftliche Einladung von VIPs und A-Bedarfsträgern,

  – Konzert, anschließend

  – Empfang mit den Künstlern

  – Nach-Berichterstattung über die Presse

  – Sponsoring-Leistungen:

    – Geldspende zur Ausrichtung

    – Produktion der Werbematerialien

    – Bereitstellung von Ordnerpersonal bei der Veranstaltung

    – Ausrichtung der Bewirtung beim Empfang

  – Sponsoring-Gegenleistung

    – Kostenlose Eintrittskarten für VIP-Bereich inkl. Einladung zum Empfang

    – Stark preisermäßigte Eintrittskarten für Mitarbeiter

    – Kooperative Pressebetreuung

  – Interne Maßnahmen

    – Akquisition

      – Einladung an A-Bedarfsträger und VIPs

      – Betreuung der Gäste beim Konzert und Empfang

    – Einkauf

      – Produktion der Informationsmaterialien (Plakate, Programm, Eintrittskarten)

      – Ausbildung/sonstige Abteilungen

      – Bereitstellung von freiwilligen für den Ordnerdienst

– Betriebsrat: Angebot der Eintrittskarten an die Mitarbeiter
– Leitung

   – Erstellung von Presseinformationen

   – Bereitstellen eines „Pressesprechers" des Unternehmens

   – Kontakt zu den Veranstaltern

   – Unterstützung der Akquisition

   – Grußrede während des Empfangs

Gesamtbudget der Maßnahme für das Unternehmen: 7.500,- € (zzgl. Arbeitszeit).

Dieses – auf zwei tatsächlichen realisierten Veranstaltungen beruhende – Beispiel verdeutlicht die Vorteile eines veranstaltungsorientierten Sponsoring-Konzeptes:

Mit einer einzelnen Maßnahme werden praktisch alle relevanten Zielgruppen erreicht.

Mit dem Sponsoring „erkauft" sich das Unternehmen zusätzlich den Anlass und Thema für wirksame Aktivitäten.

Durch den hohen gesellschaftlichen Wert der Veranstaltung

– ehrt es die vom Unternehmen eingeladenen Gäste,

– sorgt für private Kontakte der Akquisiteure mit den Bedarfsträgern,

– betont die Verantwortung des Unternehmens für die Region,

– bindet den Betriebsrat in das Unternehmensgeschehen mit ein und gibt ihm so Gelegenheit zur Profilierung (was sich bei den nächsten Diskussionen auszahlen kann),

– ermöglicht den Mitarbeitern die Teilnahme, für das Ordnerpersonal sogar den Blick hinter die Kulissen.

Fazit – Gut organisiert, ist Sponsoring eine rundum wirksame Aktion.

Dieses Beispiel verdeutlicht auch, warum man bei Sponsoring-Geldern nur bedingt das Gießkannenprinzip anwenden sollte:

Viele professionelle Sponsoring-Organisatoren bieten für unterschiedliche Veranstaltungen Beteiligungen als Nebensponsoren an. Solche Maßnahmen sollten nur dann wahrgenommen werden, wenn zumindest eine Kontaktmöglichkeit der Akquisiteure mit Bedarfsträgern möglich ist – oder ein A-Bedarfsträger eine Beteiligung Ihres Unternehmens wünscht, sonst aber keine weiteren Vorteile zu sehen sind.

Entsprechend sind gute Sponsoring-Maßnahmen teuer und dürfen deshalb nicht im Laufe eines Geschäftsjahres zusätzlich in die Aufwandsplanung hineingenommen werden.

Einzuplanen ist deshalb ein Sonderposten für Kleinsponsoring – Anzeigen zur Unterstützung von Vereinen etc..

Die größeren Maßnahmen bilden jedoch selbständige Posten im Budgetplan.

4.6.2 Nachwuchswerbung/ Personalwerbung

Patenschaften und Studentenpreise sind als mögliche öffentlichkeitswirksame Formen Spielarten des Sponsorings, allerdings nicht mehr gezielt auf die Akquisitionsarbeit, sondern eben auf mögliche neue Mitarbeiter gerichtet.

Mit den bereits erläuterten Regeln die Forderungen und Regeln für die Gestaltung von Personalanzeigen bei akutem Bedarf zur Besetzung von Planstellen stehen bereits die wichtigsten Regeln für langfristig und sehr kurzfristig wirksame Maßnahmen zur Verfügung. Mittelfristige Maßnahmen müssen nun in einem erfolgreichen Konzept diese Aktivitäten ergänzen.

Im Wesentlichen sind dies:

– Imageorientierte Werbung,

– Informationsveranstaltungen,

– Beteiligung an Informationsveranstaltungen.

Image-Personalwerbung

Neben den üblichen Stellenanzeigen in Fach- und Tageszeitungen geben Verlage regelmäßig Sonderausgaben zu Personalthemen heraus. Solche Publikationen – sei es als Beilage oder Themenschwerpunkt einer Ausgabe – werden von den Verlagen in deren Leserschaft besonders beworben.

Personen, die – wenn auch nicht konkret – zu einem Unternehmenswechsel bereit sind, lesen die entsprechenden Teile relativ aufmerksam.

Das bedeutet, dass entsprechend gute Anzeigen das Interesse an einer Mitarbeit im Unternehmen wecken.

In der Gestaltung folgt eine entsprechende Anzeige den Regeln des Unternehmensauftritts. Der Text muss hier durch Bilder/Illustrationen ergänzt werden, sonst fällt er im Umfeld der anderen Anzeigen ab. Die abgrenzende Gestaltung reicht aber nicht aus: Der Textinhalt selbst muss wieder den Regeln des Strategische Dreiecks gerecht werden:

Was ist für den Potentiellen Mitarbeiter interessant und grenzt – gleichzeitig – vom Wettbewerb ab?

In diesem Fall sind dies noch schwierigere Fragen als in der Bauleistungs-Akquisition. Dort besteht die Möglichkeit, sich auf persönliche Beziehungen zu stützen, hier steht dieses Werkzeug nur sehr begrenzt zur Verfügung: Die Zahl der möglichen Mitarbeiter ist zu groß, als dass sie mit den gleichen Werkzeugen bearbeitet werden könnten wie die Bedarfsträger.

Deutlich wird es, im Vergleich der verschiedenen Anzeigen in den entsprechenden Publikationen. Auffällig sind zwei Argumentationslinien:

- Wir sind technologieorientiert.

- Wir sind spezialisiert – oder generalisiert.

- Wir sind „Partner unserer Kunden".

- Wir bauen an tollen Projekten.

- Wir haben einen Namen in der Branche.

- Wir bieten überdurchschnittliche Sozial- und Weiterbildungsleistungen.

- Wir bieten gute Aufstiegschancen.

Also darf eine erfolgreiche Argumentation diese Formulierungen gerade nicht enthalten. Sie grenzen nicht ab.

Als notwendige, aber nicht hinreichende Argumente, können diese Punkte lediglich in einem Nebensatz erscheinen:

„Natürlich bieten wir ....., selbstverständlich sind wir ...., aber vor allem ......"

Einzige Ausnahme ist, wenn im Vergleich zum Wettbewerb in einem der Argumente eine „Führerschaft" besteht. Dann allerdings ist diese Führungsposition auch direkt in der Argumentation zu belegen. Eine reine Zugehörigkeit zur Spitzengruppe ist zuwenig.

Vielleicht findet sich in der Bearbeitung der folgenden Fragen ein möglicher Wettbewerbsvorteil:

- Existiert ein Weiterbildungskonzept, dass der Wettbewerb nicht bietet?

- Gibt es besondere Formen der Mitarbeiterbeteiligungen?

- Existieren besondere technologische Ansprüche?

- Wird ein besonderes Führungskonzept eingesetzt?

- Werden besondere Tätigkeitsarten angeboten?

Wie immer in der Werbung kommt es zunächst darauf an, eine Besonderheit zu nennen, die der Wettbewerb noch nicht in seiner Argumentation herausgestellt hat – auch wenn er die gleiche Leitung bietet.

In der Personalwerbung ist es kein Problem für den Wettbewerb, hinreichende Positionierungsargumente in den Bereich der nur noch notwendigen Argumente herunterzuziehen.

Also ist hier in der Regel ein mitarbeiterbezogenes Dienstleistungsangebot zu entwickeln und zu verwirklichen (Beispiele unter „Mitarbeiter-Motivation").

Mit einer entsprechenden Besonderheit steht zusätzlich zur Anzeige sogar die Möglichkeit eines Pressebeitrages ins Haus.

Wie bei jeder Innovation berichten die Redaktionen über fachbezogenen „News": Besonderheiten des Ausbildungskonzeptes, positive Erfahrungen im Verbesserungs- Vorschlagswesen etc.

Informationsveranstaltungen im eigenen Haus bzw. Beteiligung an entsprechenden Angeboten

Wie Seminare für Bedarfsträger sind auch Veranstaltungen für potentielle Mitarbeiter eine gute Möglichkeit für persönliche Gespräche. In eigenen Veranstaltungen besteht die Chance, besonders viele persönliche Kontakte zu knüpfen und die Interessenten in besondere Weise mit dem eigenen Unternehmen vertraut zu machen. Bei Beteiligung an Veranstaltungen – zum Beispiel des Arbeitsamtes – ist eine größere Zahl von Interessenten anzutreffen – allerdings ist die „Kontaktzeit" wesentlich kürzer: im Schnitt 5 bis 10 Minuten pro Gesprächskontakt.

Die Anlässe zu „eigenen" Veranstaltungen können unterschiedlich sein:

–   Aktionen im Rahmen von Schulpatenschaften – Praktikumseinführungen, Klassenausflüge, Projektwochen etc.,

–   Tage der offenen Tür – vielleicht auch ein „Tag der offenen Baustelle",

–   Preisverleihungen an Schulen bzw. Universitäten.

Die Resonanz solcher Veranstaltungen ist weitgehend saisonabhängig: Es gibt Schwerpunktzeiten, bei denen sich die zukünftigen Auszubildenden orientieren – darauf abgestimmt müssen die Aktionen laufen

Die Orientierungsphase für Schüler beginnt in der Regel vor Beginn des letzten Schuljahres.

Das bedeutet: den ersten Kontakt im Juni/Juli suchen. In dieser Zeit – kurz vor den Schulferien – bieten sich dann besonders Aktionen zur Patenschaft an.

Nach den Sommerferien beginnt dann die heiße Phase. Hier sind Tage der offenen Tür und Praktikantenaktionen zu empfehlen.

Der dritte Zeitbereich liegt in Januar/Februar: In dieser Zeit erfolgt üblicherweise nochmals eine Überprüfung der Vorentscheidung – und ggf. eine Umorientierung. Hier sollten die Bewerber für Ausbildungsplätze bereits „am Haken" sein. Deshalb ist dies die richtige Zeit, um die ersten Informationen über die neue Tätigkeit an die zukünftigen Auszubildenden zu schicken.

Für Studenten ist der Zeitplan weniger klar gegliedert. Hier kommt es auf eine regelmäßige Präsenz an:

–   Praktikumangebote sollten an den schwarzen Brettern aushängen,

–   Angebote zu Diplomarbeiten sollten über die Professoren an die Studenten gestellt werden,

–   Einzelnen Aktivitäten von Studentenvereinigungen können finanziell unterstützt werden,

–   Üblicherweise bieten studentische Organisationen – häufig in Verbindung mit dem Arbeitsamt – eigene Orientierungsveranstaltungen an: Dort empfiehlt sich ein eigener Stand.

Weitgehend zeitunabhängig ist die Werbung um neue Mitarbeiter, die bereits in anderen Unternehmen aktiv sind. Die beste Methode, diese Zielgruppe zu erreichen: Sich einen Namen in Fachkreisen machen und auf Anfragen warten.

Eine Ausnahme gilt allerdings: Fachkongresse bieten eine gute Plattform für „Personaldrehscheiben". Abwerben läuft dann auf der Basis persönlicher Gespräche, die im inoffiziellen Teil und in den Pausen stattfinden. Dabei kann es von Vorteil sein, wenn das Unternehmen im Foyer oder auf der Messe eine Anlaufstelle hat – einen Treffpunkt. Diese Präsenz ist nicht nur für die Akquisition von Aufträgen gut – es kann auch bei der Personalsuche helfen.

Bei Führungskräften steht neben dem persönlichen Gespräch die Hilfe einer „Personalberatung" zur Verfügung. Diese Agenturen suchen im Auftrag geeignete Führungskräfte – üblicherweise vom Niederlassungsleiter aufwärts. Über diese Schiene ist eine anonyme Akquise möglich: ein wichtiges Argument, um zu verhindern, dass sich der Wettbewerb auf den „verwaisten" Kundenstamm stürzen möchte, bevor die neuen Mitarbeiter mit neuer Kraft dagegen ankämpfen können.

Solche Personalmarketing-Agenturen werden übrigens inzwischen immer mehr zu Komplettanbietern der Personalberatung: Sie erarbeiten mit den Kunden gern die Mitarbeiter-spezifischen Vorteile des Unternehmens und entwickeln daraus ein entsprechendes Konzept.

4.6.3 Gemeinschaftswerbung

Eine Möglichkeit, die eigenen Ressourcen in der Kommunikation wesentlich wirksamer einzusetzen, sind Aktionen, die von mehreren Unternehmen gleichzeitig finanziert und gestützt werden.

Ein Beispiel ist die Arbeit der Bauverbände. Sie vertreten die Interessen ihrer Mitglieder durch intensive Pressearbeit – und ergänzen dies durch überregionale Image- und Personalwerbung.

Gemeinschaftswerbung verfolgt das Ziel, Botschaften zu verbreiten, die im Interesse aller Bauunternehmen stehen. Idealerweise stellen sich dadurch die Bauunternehmen dem Wettbewerb mit Unternehmen anderer Branchen. Gemeinschaftswerbung heißt:

„Ziehen an einem Strang, um den Kuchen gemeinsam an Land zu ziehen, bevor er unter den Beteiligten aufgeteilt wird."

Was die Bauverbände überregional machen, könnten die örtlich ansässigen Unternehmen vor Ort genauso. Wie währe es zum Beispiel mit Kreis-Bauinformationstagen? Oder Imagewerbung für die Bauunternehmen als Repräsentanten der Region? Oder durch einen Gemeinschaftsstand auf einer Regionalmesse? Durch die überschaubare Größe der Bevölkerung ist ein wesentlich besserer „Zugriff" auf einzelnen Personen möglich als über die eher unpersönliche überregionale Kommunikation.

Beispiel Werbung für Auszubildende: Wenn über Gemeinschaftswerbung das Interesse an Bauberufen geweckt wird, sind andere Branchen schon aus dem Wettbewerb geworfen, bevor die Details zur Sprache kommen. Im anderen Fall ist zunächst einmal das allgemeine Interesse am Bau zu wecken, bevor der Interessent für das eigene Unternehmen begeistert werden kann.

Gemeinschaftswerbung ist wesentlich weiter weg von der Akquisitionstätigkeit als alle anderen Organisationsformen der Kommunikation. Deshalb muss sie sich stärker auf die Imagebildung konzentrieren. Das bedeutet bei stark baustellen- oder akquisitionsorientierten Mitarbeitern eine geringe Begeisterung – und damit wenig Engagement.

Leider werden dadurch die Chancen der Gemeinschaftswerbung selten im möglichen Umfang genutzt. Schließlich will man ja nicht für den Wettbewerb Werbung machen. Tatsächlich muss das rechte Maß gelten – sich weder auf die Gemeinschaftswerbung allein verlassen, noch diese Möglichkeiten komplett streichen.

Ein anderer Aspekt sei an dieser Stelle noch erwähnt: Die „interne" Gemeinschaftswerbung. Bei Unternehmen mit mehreren Niederlassungen ist immer wieder festzustellen, dass sich die Niederlassungen abgrenzen wollen. Die Umlage, die Niederlassungen an das „Stammhaus" abführen müssen, ist immer zu hoch, eigentlich braucht man die Zentrale ja überhaupt nicht etc. Dabei werden die Chancen häufig übersehen – auch in der Akquisition. Die interne Gemeinschaftswerbung ist ein Teil davon.

Zumindest können „teure" Anschaffungen zentral beschafft und gelagert werden – beispielsweise Präsentationsunterlagen und Messesysteme. Wenn die Niederlassungs- und Bauleiter dann aber eigene Systeme entwerfen und einsetzen, so ist das schlichtweg Verschwendung: Eigene Darstellungen sollen die zentralen Systeme und Unterlagen lediglich ergänzen, nicht ersetzen. Dafür können die Niederlassungsleiter tatsächlich einen Teil der notwendigen Investitionen aufteilen.

Auch die Mitarbeitermotivation kann teilweise zentralisiert werden. Bei der Gestaltung der Mitarbeiterzeitschrift ist es nicht unüblich, in einen unternehmensweiten „Mantel" einen Niederlassungsteil einzubauen, der nur in die Ausgaben der jeweiligen Niederlassung eingeheftet wird: Für das Unternehmen insgesamt werden die Kosten wesentlich verringert – auch wenn die Redaktionsarbeit trotzdem noch erhalten bleibt.

Das heißt also, Gemeinschaftswerbung verringert die Investitionen, kann sie aber nicht ersetzen.

Für Stabsstellen ist zu empfehlen, einen Jahres-Kommunikationsbericht zusammenzustellen und den verschiedenen Verantwortlichen zu präsentieren. Was haben wir mit dem Umlagegeld gemacht? Gleichzeitig sollte die Unternehmenswerbung einen Jahresplan vorlegen: was wollen wir mit dem Geld im kommenden Jahr machen.

Die übliche Praxis, einen Plan aufzustellen und diesen vom Vorstand korrigieren und genehmigen zu lassen, ist für die Stabsstellen zunächst einfach. Da die Niederlassungsleiter jedoch nicht eingebunden werden, wird die Legitimation nur verschoben – oder sie unterbleibt ganz. Das Ergebnis ist eine schlichtweg minimale Akzeptanz der Unternehmenswerbung über den gesamten Planungszeitraum hinweg – und entsprechender Frust auf beiden Seiten.

4.7 Messen/Veranstaltungen

Während Bauunternehmen selten an Messen teilnehmen, zählt die Veranstaltungsorganisation schon fast zum Tagesgeschäft. Zumindest bei Baustellenveranstaltungen sind Bauunternehmen ja regelmäßig zumindest beteiligt. Auffallend ist dabei, dass die Bauunternehmen sich bei solchen Anlässen gerne „vor der Arbeit drücken" – und Chancen vergeben.

Ist aber die Aussage „Messen bringen nichts" so wirklich korrekt?

Zunächst ist zu unterscheiden zwischen:

- Messen,

  also Ausstellungen mit Vortragen im Rahmenprogramm

- Kongressen,

  als Vortragsveranstaltungen mit Ausstellung im Foyer

- Seminare,

  als Vortragsveranstaltung für eine kleine Gruppe

- Hausmessen,

  also Ausstellungen mit Vorträgen, die von einzelnen Unternehmen ausgerichtet werden.

Wenn bei solchen Veranstaltungen auch die Akquisitionsunterstützung im Vordergrund steht – auch für die Mitarbeitermotivation sind Messen und Veranstaltungen ein wirksames Mittel:

- Das Gemeinschaftsgefühl wird gestärkt.
- Als offizielle Vertreter des Unternehmens wird der Mitarbeiter „geehrt".
- Das Messegeschäft bringt Abwechslung vom „Arbeitsalltag".

Dementsprechend sollten im Maßnahmenkatalog auch die Mitarbeiter berücksichtigt sein.

4.7.1 Messeplanung und Realisation

Die klassische Form der Produkt- und Dienstleistungspräsentation sind Messen.

In der Baubranche sind die Messen jedoch traditionell ein Forum der Bauzulieferer – die Bauunternehmen selbst sind nur wenig vertreten. Als Begründung erscheint wieder der altbekannte Satz „Werbung bringt ja nichts und auf Messen erhält man keine Aufträge". Diese Aussage ist korrekt, wenn man die Messe als Verkaufsinstrument betrachtet.

Das zweite Argument gegen Messen ist, dass Bauunternehmen ja „keine Produkte zeigen können". Wozu also sollte man auf eine „Ausstellung"?

Sieht man sich dann aber Messen aus anderen Sparten mit ähnlichen Akquisitionskriterien an, stellt ein vollkommen anderes Engagement fest. Dort werden Unsummen für Modelle ausgegeben, aufwendige Grafiken beschreiben Arbeitsabläufe und Dienstleistungssysteme etc.: Produkte stehen eher im Hintergrund.

Die Begründung für ein solches Engagement ist immer wieder die gleiche. Beispiel Energieanlagenbau: Unternehmen wie Siemens oder ABB erwarten keine Aufträge, wenn sie auf Messen gehen. Für diese Unternehmen sind Messen „Kommunikationsdrehscheiben", bei denen die Bedarfsträger zu ihnen kommen, mit Ihnen „fachsimpeln" oder nur einfach zusammen einen Kaffee oder Bier trinken. Das eigentlich Geschäft wird im Büro gemacht – wenn die Ausschreibung ansteht oder läuft.

Damit soll nicht gesagt sein, dass man ab sofort auf jeder erreichbaren Messe mit einem eigenen Stand vertreten sein soll. Jeden Messeauftritt von vornherein abzulehnen ist jedoch genauso falsch: Messen sind eine mögliche Unterstützung für die Akquisition und deshalb zu prüfen, ob die angebotene Veranstaltung nicht doch nützlich sein kann.

An dieser Stelle ist eine klassische „Wertbeurteilung" der Maßnahmengruppen angebracht. In der „Wertpyramide" sind Kosten, Effizienz und Reichweite von Maßnahmen zueinander relativiert.

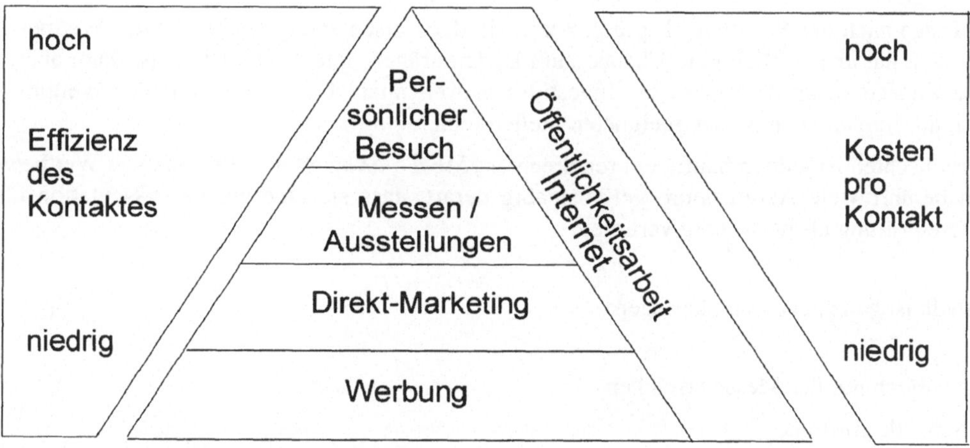

Abb. 4.23: Wertpyramide der Maßnahmengruppen

Berücksichtigt man die Kosten einer Maßnahme inklusive Fahrt- und Arbeitszeiten, so wird klar, dass der persönliche Besuch zwar der intensivste Kontakt ist, er aber sehr viel Zeit in Anspruch nimmt: Das bedeutet, es sind nur relativ wenige Kontakte dieser Art möglich.

Rechnet man maximal zwei Besuche pro Tag, so wird deutlich, wie wenig Kontakte möglich sind. Das Gehalt auf die benötigten Stunden umgelegt, zeigt die hohen Kosten einer solchen Maßnahme.

Bei einer vernünftig vorbereiteten Messe kommen die Bedarfsträger aber zu den Mitarbeitern – und im gleichen Zeitraum finden wesentlich mehr Kontakte statt.

Im Ausgleich dauert ein Gespräch auf einer Messe durchschnittlich nicht länger als fünfzehn Minuten – und man muss seine Bedarfsträger mit anderen Anbietern „teilen".

Übrigens: Öffentlichkeitsarbeit und Internet kommen in der klassischen Pyramide nicht vor. Sie ist hier ergänzt, um zu verdeutlichen, dass Öffentlichkeitsarbeit und Internet alle genannten Maßnahmengruppen gleichzeitig nutzen:

Persönliche Kontakte sind zu den Multiplikatoren unerlässlich, Pressemitteilungen werden in Direktmarketing-Technik bearbeitet etc.

Ein Tipp: Ein Messestand eignet sich gut als ein ausgelagertes Besprechungsbüro.

Messeteilnahme: ja oder nein

Die Frage, ob sie auf einer Messe mit einem eigenen Stand präsent sein sollen, ist von der klaren Zielvorstellung abhängig.

Bei der Frage nach einer Messeteilnahme wird recht häufig auf den Wettbewerb „geschielt". Ist er auch vertreten? Wenn ja, wie groß?

Die Frage nach der Wettbewerbspräsenz kann in der Entscheidung helfen: Ist der Wettbewerb vertreten, hat er natürlich eine Chance zum Bedarfsträgerkontakt. Die Frage ist dann aber, ist diese Chance so groß, dass es die Investitionen wert sind? Oder verpulvert der Wettbewerb Geld, das ihm dann an besser geeigneten Stellen fehlt?

Zu beobachten ist jedoch häufig ein regelrechter „Me-To-Zwang". Die Präsenz von Wettbewerbern berührt viele Akquisiteure gefühlsmäßig derart, dass sie eine eigene Präsentation ohne weitere Prüfung als notwendig vertreten.

Deshalb ist ganz genau zu überlegen:

Was will ich mit der Messe erreichen?
- Schnelle Aufträge
- Aufbau von Neukontakten
- Pflege vorhandener Beziehungen

Wen will ich erreichen?
- Kontakte zu möglichen neuen Mitarbeitern schaffen
- Neue Bedarfsträgerkontakte herstellen
- Bestehende Kontakte zu Bedarfsträgern bzw. zu VIPs pflegen
- Der Öffentlichkeit präsentieren
- Besondere Zielgruppen ansprechen

Die Antwort auf diese Fragen ergeben sich im Abgleich der Bedarfsträgerdatei mit den Besucherstrukturen der jeweils angebotenen Messe.

Fachmessen – und Regionalmessen mit einem baufachbezogenen Teil werden regelmäßig besucht von:

- Schülern und Ausbildungsinteressenten,

- Verbandsfunktionären,

- Fachleute aus Bauämtern,

- Regionalen Politiker,

- Bauunternehmern, die sich über Bauzulieferer informieren,

- Zukünftigen Bauherren, die sich Ideen und mögliche Lieferanten suchen.

Messen sind im Wesentlichen regional orientiert, das heißt, die Besucher kommen aus der näheren Umgebung des Messestandortes.

Lediglich bei der „Bau" als zentrale deutsche Baumesse sowie der „Bautec" und „Baufach" mit einem technologischen Schwerpunkt ist zur Zeit eine stärker überregional orientierte Besucherstruktur zu beobachten.

Die verfeinerte Frage lautete also: Was sind die Ziele in der Region, in der die Messe veranstaltet wird.

Bauunternehmen sollten an einer Fachmesse teilnehmen, wenn die Bedarfsträgerdatei in der Region große Lücken aufweist: Sind weniger als 10 Prozent der möglichen regionalen Bedarfsträger erfasst, dann ist eine stärker öffentliche Präsenz notwendig.

Dann dürfte auch kein nennenswertes Projekt in der Region laufen – und damit auch keine Möglichkeit bestehen, Bedarfsträger auf die Baustelle einzuladen.

In diesem Fall muss natürlich das Ziel bestehen, langfristig in den regionalen Markt hineinzugehen – und dem Wettbewerb Marktanteile abzugraben.

Wenn nun eine Messebeteiligung in Betracht gezogen wird, ist zu prüfen, ob es im Laufe des Jahres noch Alternativen gibt: Präsentationsmöglichkeiten im kleineren Rahmen, Baustellenveranstaltungen, Gemeinschaftsveranstaltungen etc. Sind diese geplanten Veranstaltungen Alternativen zur Messe – oder lediglich Ergänzungen, die keinen besonderen zusätzlichen Nutzen bringen?

Darstellung

Nach der Entscheidung für eine Teilnehmen stellt sich die Frage nach dem Inhalt der Präsentation. Mit der Zielsetzung definiert sich die Darstellung:

Wenn das Unternehmen sich und sein Leistungsspektrum bekannt machen will, empfiehlt es sich, Referenzen, Leistungsschwerpunkte – und den strategischen Wettbewerbsvorteil zu präsentieren. Dabei sollte der Schwerpunkt auf „Handfestem" liegen: Bilder von Baustellen zeigen nicht viel. Können vielleicht besondere Strukturen oder standardisierte Arbeitsabläufe gezeigt werden (sofern sie für die Bedarfsträger interessant sind). Oder besondere Geräte im Modell? Hier ist Kreativität gefordert.

Wenn die Messe zu Gesprächen genutzt werden soll, sollte ein Schwerpunkt der Standgestaltung auf der Einrichtung von Besprechungsräumen liegen. Die Ausstellung selbst wird dann nur Besprechungs-unterstützend konzipiert: Präsentationstechniken wie Großprojektionen, Video etc. stehen dann im Vordergrund.

Bei Kongressen, aber auch bei Messen, die im Wesentlichen zur Kontaktpflege dienen, empfiehlt sich ein „kleiner" Stand: ein Treffpunkt. Dort steht die Theke im Mittelpunkt. Die Ausstellung reduziert sich zur Dekoration, die Bewirtung und die „Gastgeschenke" sollen eine angenehme Erinnerung hinterlassen. – und spätere Kontakte „zuhause" optimal vorbereiten.

Wenn Mitarbeiter Vorträge halten, müssen die Vortragsthemen auch Bestandteil der Ausstellung sein. Schließlich soll der Hörer sein Thema am Stand sofort finden.

Nicht notwendig ist die Anschrift des Unternehmens auf einer Infotafel – kein Besucher hat Lust, sich etwas im Vorübergehen aufzuschreiben: Besser ist die Bereitstellung eines Infoblatts, bei dem die Adresse angegeben ist. Als Faxformular konzipiert und die wesentlichen dargestellten Themen zum Ankreuzen angegeben: schon ist ein preiswertes Resonanzmedium an der Hand, das auch eilige Besucher mitnehmen können. (Nicht zu vergessen: Die Alternative Internet-Kontaktadresse).

Mit diesen Schwerpunkten im Hinterkopf sind alle Daten für die Kostenschätzung zusammengetragen.

Kostenschätzung „Messe"

Die Kostenrechnung ergibt sich durch die Schätzung der Kosten für:

- Bedarfsträgervorinformation,

- Begleitende Werbung,

- Bewirtungskosten,

- Standbau,

- Miet- und Infrastrukturkosten,

- Öffentlichkeitsarbeit,

- Besucher-Nachbetreuung.

Entsprechend den Ausstellungs- und Referatsthemen sollte ein Standmotto festgelegt werden – die Überschrift der Präsentation.

Dieses Standmotto erscheint später entsprechend in der Standdekoration, ebenso bei der Presseinformation und den Einladungen.Die Checkliste Vorplanung geht nun davon aus, dass die Entscheidung einer Messeteilnahme bereits getroffen wurde und fasst die grundlegenden Kalkulationsdaten zusammen.

Relevante Messe____

Postleitzonen, in denen die Messe Beachtung findet: _________________
Ziel der Messe:

für die Geschäftfelder:	Mitarbeiter-werbung	Bedarfs-trägerpflege	Bedarfs-trägerfindung	Zahl der erfas-sten Personen
_______________	( )	( )	( )	_______
_______________	( )	( )	( )	_______
_______________	( )	( )	( )	_______
_______________	( )	( )	( )	_______

Bekanntheitsgrad des Unternehmens bei Bedarfsträgern der Postleitzone:____ %

Konzeptions-Schwerpunkt:

Präsentation ( ) Projektorientierte Besprechungen ( )   „Treffpunkt" ( )

Präsentationsinhalte:

Themen: Infotafeln (Thema)   Exponate (Thema,Standfläche, Höhe)

_______ _______________   _____________________

_______ _______________   _____________________

_______ _______________   _____________________

_______ _______________   _____________________

_______ _______________   _____________________

„**Motto**" /**zentrales Thema** des Standes:_______________________________

Bedarf an **Besprechungszimmern:** Zahl und entsprechende Bestuhlung: ______

Überschlagsrechnung Flächenbedarf:

– Flächenbedarf aller Exponate : ______ qm x 2 (Freiraum um Exponat) = ___

– Zahl der Infotafeln/Großfotos: ______ x 0,75 (Freiraum Lauffläche)=   ___

– Thekengröße: _______ m² x 5 (Lager, Sitz und Personalbereich)=   ___

– Sitzplätze: ____ x 0,75m² + Tische auf dem Stand __ x 1qm   ___

                        Voraussichtlicher Flächenbedarf m²   ___

Standmiete pro qm _______ T€ x 5 =   Plan Gesamtbudget   ___ T€

Abb. 4.24: Checkliste Messebeteiligung, Vorplanung

Als Faustregel bei der Budgetplanung gilt:

Standmiete x fünf: Kostenvoranschlag für die Beteiligung zuzüglich dem Personalaufwand.

Die „festen" Ausstellungsteile – Infotafeln, Modelle etc. werden bei dem Faktor fünf anteilig berechnet, also bei geplanter dreimaliger Verwendung bis zu einem Drittel der Produktionskosten.

Die Kosten für Vorführungen und Präsentationen sind komplett zu rechnen.

Die Höhe der Standmiete ist abhängig von der gemieteten Fläche in Quadratmetern. Kleiner ist dabei nicht unbedingt sinnvoll. Es ist empirisch nachgewiesen, dass die Resonanz einer Messebeteiligung mit de Größe des Standes korreliert: Je größer der Stand, um so höher die Beachtung durch die Messebesucher.

Ein Stand teilt sich in die folgenden Bereiche auf:

– Präsentation,

– Besprechung,

– Bewirtung,

– Lager und Infrastruktur.

Davon ausgehend, dass ein Sitzplatz mit rund einem dreiviertel Quadratmeter kalkuliert wird müssen und noch Platz zum Durchlaufen nötig ist, sollte von einer Standfläche nicht unter 15 Quadratmetern ausgegangen werden.

Zum Schluss der Vorplanung ist abzuklären: Wer zahlt?

Auf welche Kostenstelle werden die Kosten gebucht und an welche Kostenstelle werden sie – ggf. zu welchen Anteilen – weiterberechnet. Die jeweiligen Kostenstellenverantwortlichen sind vorab zu informieren und sie müssen ihr „OK" geben.

Zur Realisierung der Maßnahmen hilft die Checkliste Messeplanung (siehe Abbildung 4.25).

Maßnahme	Für Organisation verantwortlich	Erledigt von – bis
1. Messeteam		
1.1. Projektleiter		
1.2. Standleiter		
1.3. Pressesprecher		
1.4. Büromannschaft		
1.5.1. Standdienst Bedarfsträgerkontakt		
1.5.2. Standdienst Organisation/Bewirtung/Technik		
1.6. Standdienst-Schulung		
1.7. Standdienst-Ausstattung		
2. Einladungen		
2.1. Persönliche Einladung (Akquisition)		
2.2. Serienbriefe: Bedarfsträger/VIPs/Presse		
2.3. Internet		
2.3.1. Änderung Veranstaltungshinweise		
2.3.2. Versandplan e-Mail-Info		
2.3.2. Präsentation Standthemen		
2.4. Anzeigen		
2.4.1. Anzeigen/Einträge im Ausstellerverzeichnis		
2.4.2 Messehinweise in der Fachpresse		
2.5. Messehinweise auf Broschüren (Aufkleber)		
2.6. Messehinweis auf Postausgängen (Aufkleber)		
2.7. Pressemitteilung		
2.7.1. an Fachmedien		
2.7.2. an Publikumsmedien		
2.8. Intern		
2.8.1. Mitarbeiterzeitschrift		
2.8.2. Schwarze Bretter		
2.8.3. Rundschreiben / Intranet-Verteiler		
2.8.4. Persönliche Einladungen		

Abb. 4.25: Checkliste Messeplanung

Maßnahme	Für Organisation verantwortlich	Erledigt von – bis
2.9. Vor Ort		
2.9.1. Plakatierung (Stadtbereich/Messegelände)		
2.9.2. Verteilung von Handzettein auf dem Stand		
3. Resonanzbearbeitung		
3.1. Aktualisierung Bedarfsträgerdatei		
3.2. Verwaltung/ Versand Eintrittsgutscheine		
3.3. Versand Informationsmaterial		
4. Informationsmaterial		
4.1. Pressemappe		
4.2. Druckschriften		
4.3. Streuartikel		
4.4. Gastgeschenke		
4.5. Vortragsmanuskripte/Dokumentationen		
5. Terminliste		
5.1. Pressekonferenz		
5.2. Presse-Interview		
5.3. VIP-Besuche		
5.4. Sonderpräsentationen		
6. Bewirtung		
6.1. Getränke		
6.2. Speisen		
6.3. Standdienst		

Abb. 4.25: Checkliste Messeplanung (Fortsetzung)

Maßnahme	Für Organisation verantwortlich	Erledigt von – bis
7. Ausstellung		
7.1. Exponateliste		
7.2. Infotafeln/Großfotos		
7.3. Shows/ Sonstige Präsentationen		
7.4. Video/Multimedia		
7.5. Lager		
7.5.1. Druckschriften: Titel / Mengen		
7.5.2. Geschenke: Bezeichnung / Mengen		
8. Standbau		
8.1.Standplan/ bauliche Genehmigungen/ Abnahme		
8.2. Standtechnik		
8.2.1. Zuleitungen Strom 380/220V		
8.2.2. Zuleitungen Wasser/ Druckluft		
8.2.3. Abwasserentsorgung/Mülleimerleerung		
8.3. Kommunikationstechnik		
8.3.1. Telefon		
8.3.2. Telefax		
8.3.3. Datenleitungen, EDV		
8.4. Bürotechnik		
8.4.1. Computer		
8.4.2. Drucker		
8.4.3. Kopierer		
8.4.4. Stempel		
8.4.5. Blöcke/Bleistifte/Kugelschreiber/Bespr.notizen		
8.5. Einrichtung/Ausstattung		
8.5.1. Möbel: Tische/Sitzgelegenheiten/Theke		
8.5.2. Pflanzen		
8.5.3. Geschirr		
8.5.4. Ascher, Papierkörbe, Mülleimer, Putzmittel		
8.5.5. Garderobe		
8.5.6. Prospektständer		

Abb. 4.25: Checkliste Messeplanung (Fortsetzung)

Maßnahme	Für Organisation verantwortlich	Erledigt von – bis
8.6. Standreinigung		
8.6.1. Grundreinigung		
8.6.2. Gerätepflege		
8.6.3. Lager Verpackungsmaterialien		
8.7. Versicherungen		
8.7.1. Transport		
8.7.2. Stand/ Exponate		
8.7.3. Personal		
8.7.4. Bewachungsdienst		
8.8. Logistik		
8.8.1. Spedition: Termine Exponate- Anlieferung		
8.8.2. Geräte für Exponate- Aufstellung		
8.8.3. Parkplätze/Parkscheine		
8.8.4. Aussteller- und Aufbauausweise		
8.9. Standfotograf		
8.10. Sonstiges		
8.10.1. Anwesenheitstafel Mitarbeiter		
8.10.2. Speisenkarte		
8.10.3. Stadtplan		
8.10.4. Telefonbuch Messe / Unternehmen		
9. Standbau		
9.1. Standarchitektur		
9.1.1. Messesystem		
9.1.2. Exponate – Vitrinen, Podeste		
9.1.3. Beleuchtung		
9.1.4. Bodenbelag		
9.2. Beschriftungen an den Wänden		
9.3. Exponate- Beschriftungen		
9.4. Projektionsflächen		
9.5. Info-Tafel-Flächen		

Abb. 4.25: Checkliste Messeplanung (Fortsetzung)

Maßnahme	Für Organisation verantwortlich	Erledigt von – bis
10. Reiseplanung		
10.1. Hotelreservierungen		
10.2. Reiseplanung /Reservierungen		
11. Rahmenprogramm		
11.1. Vorträge auf dem Stand		
11.2. Vorträge im Rahmen des Messekongresses		
11.3. Abendveranstaltungen Kunden /Mitarbeiter		
12. Manöverkritik		
12.1. Pressebeobachtung		
12.2. Standdienstdiskussion		
12.3. Veränderungen in der Bedarfsträgerdatei		
12.4. Abschlussbericht		
13. Controlling		
13.1. Budgetplanung		
13.2. Kaufmännische Abwicklung		
13.3. Abschlussrechnung		
14. Projektspezifische Planbereiche		

Abb. 4.25: Checkliste Messeplanung (Fortsetzung)

Bei Messen sind eine Vielzahl von Einzelheiten zu berücksichtigen – vergleichbar einem Umzug in neue Bürogebäude.

Zunächst ist schnellstmöglich der Standplatz zu reservieren: Hier sind teilweise Vorlaufzeiten von über einem Jahr notwendig. In der Regel gilt: wer zuerst reserviert, bekommt den besten Platz – nämlich den, der direkt an den Besucherhauptgängen liegt. Und sind die Plätze bereits vergeben, kann die Messeplanung abgebrochen werden. Vielleicht gibt es noch eine Chance – auf einem Gemeinschaftsstand vertreten zu sein. Solche Gemeinschaftsstände bieten Wirtschaftsverbände üblicherweise an. Eine Teilnahme dort ist zwar nie so wirkungsvoll wie ein eigener Stand, aber er ist durch gemeinschaftliche Nutzung von Infrastrukturen für das einzelne Unternehmen billiger und besser als nichts.

Messeteam

Je nach Größe der Teilnahme müssen die Funktionen im Team von einzelnen Mitarbeitern übernommen werden – bei kleineren Veranstaltungen kann ein Mitarbeiter mehrere Aufgaben übernehmen.

Wichtig ist, dass während der Messe ein Pressesprecher jederzeit für Journalisten zur Verfügung steht.

Das gleiche gilt für das Beratungspersonal: Plötzlich „auftauchende" Bedarfsträger dürfen nicht allein gelassen werden – sie verschwinden vielleicht zum Wettbewerb.

Weiterhin wird Personal für die Bewirtung, für Information und – ggf. zeitweise – für die Technik benötigt.

Das Standpersonal muss geschult werden. Vorbesprechungen sind notwendig:

– Spätesten eine Woche vor Messebeginn mit den Themen

  Standthemen, Programm, Aufgabenzuordnung, Kleidung und Verhaltensregeln,

  Übergabe Ausstellerausweise, Unterlagen etc.

– Nach Abschluss des Standaufbaus

  Einweisung in Exponate, Standstruktur, Lagerbestände, Dienstpläne, Infrastrukturen etc.

Der nächste Schritt ist die Planung und Durchführung der Einladungen und Werbung:

– Mit welchen Unterlagen soll eingeladen werden, wer der Eingeladenen erhält Eintrittskarten bzw. die von der Messe ausgestellten Eintrittsgutscheine.

– Wo können Interessenten weitere Informationsunterlagen anfordern?

Die Einladungen selbst können nach den Verfahren durchgeführt werden, wie sie in Abschnitt „Direktmarketing/Pressearbeit und Werbung" – beschrieben sind. Auch hier ist die Bedarfsträger- und Journalistenkartei wieder Datenbasis. Auch hier muss wieder die Bearbeitung der Rückläufe organisatorisch und inhaltlich festgelegt werden: Wer bearbeitet/verschickt was?

Die Messeveranstalter bieten selbst eine Vielzahl von Anzeigenmöglichkeiten an.

Erfahrungsgemäß genügt jedoch der einfache Eintrag in das Aussteller- und Angebotsverzeichnis des Messekatalogs. Nur wenn das Unternehmen einen neuen Markt aufbauen will, kann sich eine Anzeigenserie in Messemedien – Katalog. Sonderbeilage von Zeitschriften etc. lohnen.

Eine Einladung zu einer internen Abendveranstaltung mit Mitarbeitern, Gästen und Bedarfsträgern ist eine gute zusätzliche akquisitionswirksame Maßnahme.

Rechtzeitig muss mit der Erstellung von Druckschriften und sonstigen Unterlagen, die auf dem Stand verteilt werden sollen, begonnen werden: Die Produktion einer Druckschrift benötigt von der „Bedarfsfeststellung" bis zu Anlieferung teilweise mehrere Monate. Auch Gastgeschenke haben Lieferzeiten und müssen rechtzeitig geordert werden.

Ebenfalls rechtzeitig ist das Rahmenprogramm zu erstellen. Der Messeausrichter setzt Anmeldefristen für Fachvorträge etc. Welche Vorträge können angeboten werden- sei es auf dem Stand, sei es im Rahmen der messebegleitenden Vortragsreihen? Diese Vorträge sollten sich dann in Exponaten/Infotafeln etc. auf dem Stand wiederfinden. Üblicherweise werden die meisten Fragen zu Vorträgen nicht im Vortragsraum gestellt – die Interessenten kommen an den Stand und fragen direkt. Deshalb sollten dort auch Vortragsunterlagen in ausreichender Stückzahl vorrätig sein.

Im Rahmenprogramm sollte auch festgehalten sein, welcher VIP an den Stand kommt und zu welchem Zeitpunkt. Ist der Besuch auch ein Thema für die Presse? Dann sollten die Presse zu diesem Besuch mit eingeladen werden.

Eingeladen sollten die persönlich bekannten Journalisten auch zu einem Pressegespräch – sofern es etwas „Neues" gibt. Die Journalisten sind üblicherweise auf einer Messe vertreten, so dass sie leichter zu einem Besuch zu bewegen sind, als wenn sie von Ihrer Redaktion aus „starten" müssten.

In der Vorbereitung wird auch die Bewirtung festgelegt und bestellt: Was wird am Stand ausgeschenkt, wie ist die Verpflegung der Besucher: Mittagessen, Snacks, Knabbereien, etc. Hier bilden sich teilweise Traditionen aus: Bier, oder Sekt, warme Würstchen oder Obst – alles ist möglich, sofern es in das Budget passt. Denn je aufwendiger die Bewirtung, um so teurer ist sie, um so mehr Platz und Personal ist nötig.

Weiterhin ist eine exakte Liste mit allen Ausstellungsstücken/Infotafeln und Großfotos nötig. Dabei werden die Daten der Vorplanung übernommen und detailliert ausgeführt: Jedes Wort und jedes Bild, jedes Exponat mitsamt dem Text der dazugehörigen Beschriftung soll frühzeitig festgelegt sein.

Zu beachten ist bei „schweren" Ausstellungsstücken das Gewicht: Betonteile sind schwer und können das für den Hallenboden zulässige Gewicht überschreiten. Das ist häufig bei Ausstellungen in Foyers ein Problem. In solchen Fällen müssen sie entweder ein Podest mit entsprechend großer Standfläche anfertigen lassen – oder das Exponat muss an einer Stelle außerhalb des Messestandes ausgestellt werden – dann mit Hinweis, wo sich der zughörige Stand befindet und welche Informationen der Besucher dort erhält.

In der Präsentation auf dem Stand ist alles möglich: von professionellen Showeinlagen, Vorführungen, Wettbewerben, Multimediapräsentationen, direkte Internetanbindung mit Präsentation der Webseiten etc.

Kreative Ideen machen die Gesamtpräsentation attraktiv – aber erzeugen auch Kosten. Alle Aktionen kosten Platz, Zeit und Geld. Und häufig stellt man in der Nachbesprechung fest, dass die Aktionen zwar gut angekommen sind, aber für die Akquisition eigentlich nichts brachten. Auffallen um jeden Preis ist für Bauunternehmen nicht notwendig.

Nachdem nun alles festgelegt wurde, was auf dem Stand „los" sein soll, kann mit der Planung des Standes selbst begonnen werden. Orientieren bietet der Zweck des Standes und die Gestaltungsrichtlinien des Unternehmens.

Mit der Vorplanungsliste und den Gestaltungsrichtlinien kann man sich an ein Messebauunternehmen wenden: Die Messegesellschaften vermitteln gegebenenfalls Kontakte.

Der „Messebauer" wird die Checkliste durchgehen und die Punkte durch eigene Technik und Personal ergänzen, die das Unternehmen nicht intern organisiert.

Eine wesentliche Entscheidung ist die Wahl eines geeigneten Standbausystems. Die Messeveranstalter bieten in der Regel fertige Kabinen an, vor die die eigenen Präsentationssysteme gestellt oder auch Tafeln direkt an die Kabinenwände angebracht werden.

Wird der Stand von einem Messebauunternehmen erstellt, dann wird in der Regel von diesem ein geeignetes Wandsystem angemietet. Der „Messebauer" montiert dann die Wände und bringt alle entsprechenden zusätzlichen Elemente an: Decken, Beleuchtung, Bodenbelag etc.

Inzwischen sind auch eine Reihe von Messebausystemen auf dem Markt, die einfach und schnell von eigenen Mitarbeitern aufgebaut werden können. Diese Systeme sind dann natürlich anzukaufen und müssen entsprechend auch zwischen den Einsätzen gelagert werden. Dieses Vorgehen lohnt sich nur dann, wenn sehr viele Messen mit einem ähnlichen Stand und Inhalt besucht werden (ca. 20 Präsentationen pro Jahr).

Tatsächlich ist der Rest der Checkliste im Wesentlichen Technik – und eine Hilfe, in der Budgetplanung nichts zu vergessen.

Auch in der Ausführung selbst sollte nicht nach dem Motto verfahren werden: „Darauf kommt es nun auch nicht mehr an". Gerne wird auch der Spruch gebraucht: „Wenn wir schon soviel investiert haben, muss auch alles stimmen". Mit diesen Aussagen wurden die Planbudgets im Ist manchmal um das Doppelte übertroffen. Und einen Monat nach der Messe wird im Wesentlichen nur nach den Kosten gefragt.

Auch aus diesem Grund ist die Manöverkritik nach Messe-Ende wichtig: Soll die Messeteilnahme wiederholt werden? Was ist zu ändern? Und schließlich: Was hat es gekostet und – falls es Überschreitungen gab – wodurch sind sie begründet?

4.7.2 Preiswerte Präsentationssysteme

Im vorigen Abschnitt war häufig die Rede von Infotafeln: Das sind Präsentationstafeln im Großformat, üblicherweise in 40 cm bis ein Meter Breite und achtzig bis 1,20 Meter Höhe. Standardisierte Messesysteme orientieren sich an Messetafeln von 1mX1m. Sie werden an die eigentlichen Wände des gewählten oder bereitgestellten Messewandsystems gehängt.

Im Schwerpunkt werden diese Tafeln als Träger für „schmückende" Großfotos oder für Grafiken und Textdarstellungen verwendet. Bewährt hat sich, die Tafeln entweder den Regeln einer Anzeige, besser jedoch den Regeln für Präsentationsfolien zu gestalten: Damit können bereits produzierte Vorlagen einfach vergrößert werden.

Die Verwendung des Firmenzeichens ist eine ewige Diskussionsquelle. Wenn die Tafeln später einmal auch „allein" verwendet werden sollen, dann ist das Logo abzubilden. Werden die Tafeln aber grundsätzlich als „Set" verwendet, genügt ein großes Logo auf einer Tafel.

Ist die Messe vorbei, finden sich Info-Tafeln im Lager – und können so lange bei weiteren Messen eingesetzt werden, wie die Thematik aktuell ist. Darüber hinaus werden ehemalige Messe-Infotafeln schon recht häufig als Wandtafeln in Büros und Bürogängen genutzt.

Sind die Tafeln allerdings vergilbt, verschmutzt oder in den Inhalten veraltetet – müssen sie in den Müll.

Mit dem vorigen Abschnitt ist klar, welchen Aufwand Messen bedeuten – und welche Kosten. Eine Reihe von Bauunternehmen werden die Kosten für eine Messe schlichtweg nicht erwirtschaften können. Aber es gibt für kleinere Präsentationen Alternativen:

Für alle Präsentationen, die nicht auf Messen und Kongressen stattfinden, ist der Aufbau eines kompletten Standes in der Regel nicht nötig – hier empfiehlt sich der Einsatz eines standardisierten Präsentationssystems.

Diese Präsentationssysteme bestehen aus einem faltbaren Rahmen bzw. Gerüst, in das Großprojektionen eingehängt werden. Die Gestaltung dieser Großprojektionen ist beliebig: Fotos, Texte und Grafiken. Üblicherweise sind die Großprojektionen in Quadrate oder Bahnen geteilt: vier Bahnen oder 12 Quadrate, die zusammen eine freistehende Präsentationsfläche von rund drei Meter Höhe und vier Metern Breite ergeben.

Für die Gestaltung sollten Regeln entworfen werden, die allgemeingültig den einheitlichen Auftritt festlegen. Sollten andere Niederlassungen entsprechende Systeme produzieren lassen, sind die Systeme zueinander in der Gestaltung kompatibel und können ggf. zusammen zum Einsatz kommen.

Diese Stellwände können ergänzt werden durch Tische, Podeste und Druckschriftenständer. Auf diese Weise steht ein System zur Verfügung, das – erprobter weise – auch im Fluggepäck ohne Aufpreis transportiert werden kann und bei Baustellenveranstaltungen gleichermaßen das Unternehmen präsentieren kann wie in Seminarräumen.

Diese System können regelmäßig verwendet werden. Wenn nicht unbedingt technische Ignoranten die Systeme aufstellen, halten die Gerüste jahrelang. Bei den Bespannungen ist die Haltbarkeit durch die Aktualität begrenzt: Manchmal müssen Grafiken ausgetauscht werden – oder neue Fotos sind zu präsentieren. Wenn die Darstellungen häufiger geändert werden sollen, empfiehlt sich ein 12-Elemente-System, bei längerfristig gültigen Darstellungen ist ein 4-Bahnen-System sinnvoll: die Darstellungen sind mit weniger Unterbrechungen wesentlich attraktiver.

Die Kalkulation einer Stellwand ist einfach: bis 2000,– € für das Traggerüst – und für die Darstellungsflächen die Projektionskosten etwa 500,– €. Dazu kommen noch die Herstellungskosten der Darstellungen selbst: Textfilme, Grafikproduktionen etc.

Im Schnitt rechnet man für eine Präsentationswand nach heutigen Preisen mit zwei- bis dreitausend Euro Kosten – bei einer Lebensdauer von mehreren Jahren.

Die Gestaltung solcher Präsentationswände soll auf maximal ein Thema pro Wandelement zugeschnitten sein. Mehr ist auf Wänden dieser Art nicht so zu präsentieren, dass „Passanten" das Thema und die Inhalte sofort erfassen.

Natürlich können mehrere Beispiele pro Thema erscheinen: Bis zu vier Fotos sind machbar. Allerdings sollte alles zu einem Thema zusammengefasst sein und dieses Thema als Überschrift des Wandelementes gelten.

Gute Erfahrungen wurden mit zwei Präsentationswänden, einem Tisch, einem Druckschriftenständer sowie eine Standardexponat gemacht. Mit diesem Set ist es möglich, genauso auf Studentenveranstaltungen wie auch auf Baustellenveranstaltungen präsent sein. Die Grunddarstellungen auf dem Wänden sind erfahrungsgemäß ähnlich, wenn das übliche Informations-Interesse der Besucher zugrundegelegt wird:

– Darstellung der Daten und Fakten zum Unternehmen:

  – Unternehmensdaten,

  – Mitarbeiterleistungen und

  – Kerntätigkeiten unter dem „Dach" des Slogans.

– Technologische Abgrenzung des Unternehmens zum Wettbewerb.

Je nach Anlass kann man dann noch Angebotsschwerpunkte präsentieren oder komplett darstellen.

Bei Anschaffung lediglich eines Systems sollte dort der strategische Wettbewerbsvorteil des Unternehmens thematisiert sein.

Außerdem besteht die Möglichkeit, für ein einzelnes Gestell mehrere thematisch unterschiedliche Bespannungen bzw. Einlagen produzieren zu lassen: das spart die Kosten für weitere Gestelle, jedoch kann immer nur ein einzelnes Thema wirkungsvoll darstellgestellt werden.

4.7.3 Baustellenveranstaltungen

Grundsteinlegungen, Richtfeste, Baustellenbesichtigungen, Einweihungen, Tage der offenen Tür: Auf der Baustelle gibt es eine Vielzahl unterschiedlicher Gelegenheiten, mit Bedarfsträgern in Kontakt zu kommen – und bislang unbekannte Bedarfsträger auf das eigene Unternehmen aufmerksam zu machen.

Eine gute Präsentationsmöglichkeit sind die vorab genannten Präsentationssysteme – wenn das Unternehmen vom Ausrichter der Veranstaltung eingeladen wurde.

Ist das Unternehmen selbst Ausrichter, dann hilft die Checkliste Baustellenveranstaltung, nichts zu vergessen.

Die Parallelen mit der Messecheckliste fallen bei dieser Liste ins Auge. Auch hier sind die einzelnen Phasen Themenbestimmung, Personenfestlegung, Einladung, Produktion. Da hier aber ein eigener Mitarbeiter für die Termine verantwortlich ist – bei den Messen werden diese von den Messeausrichtern vorgegeben – sind in dieser Liste auch „Deadline-Termine" empfohlen.

Tatsächlich stellt ein aufmerksamer Besucher solcher Veranstaltungen – zum Beispiel Kunden – immer wieder fest, dass viele Details kurzfristig „zusammengeschustert" wurden – kein gutes Bild für ein qualitätsbewusstes Unternehmen.

Im Übrigen ist der Aufwand etwas einfacher: Schließlich sind solche Veranstaltungen eher „Vor Ort-Seminare" denn eine mehrtägige Verlagerung von Büros.

Der Beginn der Vorbereitungen bestimmt sich mit dem Wert des „Festredners": die Terminkalender von zugkräftigen VIPs sind früh voll. Drei Monate vor Termin kann da schon zu spät sein. Mit einem hochkarätigen VIP wird die Veranstaltung aber erst interessant – für andere Bedarfsträger wie für die Journalisten. Liegt der VIP fest, kann mit seinem Namen in der Einladung besonderes Interesse geweckt werden – falls das Projekt sonst nicht vom Hocker reißt.

Wie immer, nützt auch bei diesen Einladungen die Bedarfsträger- und Journalistenkartei.

Darüber hinaus ist der Veranstalter – im Gegensatz zu einer Messeveranstaltung – für die Sicherheit selbst verantwortlich: Polizei, Feuerwehr und Sanitätsdienst müssen genauso organisiert sein wie die Bewirtung und die Beschallung.

Der Bauleiter haftet bei Unfällen persönlich und muss deshalb die absolute und unabhängige Kontrolle bezüglich der Sicherheitsmaßnahmen bei diesen Veranstaltungen haben.

Die notwendigen Genehmigungen muss der Organisationsleiter während der Veranstaltung vorweisen können. Gerade bei öffentlichen Einladungen sind einige Dinge zu beachten, so vor allem:

– Beeinträchtigungen des Verkehrsraumes müssen vorab mit Polizei oder Kommunalbehörde geklärt werden.

– Die Veranstaltung muss bei der zuständigen Kommune genehmigt werden.

– Bei Musikbeschallung kann eine GEMA- Gebühr fällig werden.

– Sollen Speisen frei verkauft werden, so sind die jeweils gültigen Vorgaben des Gesundheitsamtes einzuhalten.

Zu Beginn der Veranstaltung muss dann der Verantwortliche auf der Baustelle auf ein gutes Gesamtbild achten: also müssen die Unternehmen auf der Baustelle angehalten werden, die Baustelle und ihre Geräte in Ordnung zu bringen.

Zwei bis drei Stunden vor Beginn der Veranstaltung sollte der ordnungsgemäße Zustand der Baustelle kontrolliert werden. Ist alles aufgeräumt? Sind alle gefährlichen Punkte an der Baustelle so abgeschirmt, dass Besucher sich nicht dorthin verirren können?

Läuft die Veranstaltung, kann nicht all zu viel improvisiert werden – also sollte soviel als möglich in der Vorbereitung berücksichtigt sein.

Auch hier ist ein eigener Presseverantwortlicher zu benennen und entsprechendes Material bereit zu stellen:

– Pressemitteilungen,

– Druckschriften,

– Gastgeschenk,

– etc.

Darüber hinaus ist natürlich wieder ein Projekt- und ein Organisationsleiter sowie eigene Betreuer für die VIPs nötig.

Die Akquisiteure haben sich während der Veranstaltung ausschließlich um die Bedarfsträger zu kümmern.

Die Kontakte müssen auch bei Baustellenveranstaltungen durch die Akquisition nachbereitet werden:

– Einträge in die Bedarfsträger- und Wettbewerbskartei,

– Nachtermine,

– Informationen zusenden etc.

Die Veranstaltung soll letztlich für die Akquisition wirksam werden.

Und zuletzt: Auch wenn solche Veranstaltungen auf die Baustelle abgerechnet werden, Soll und Ist der Veranstaltungskosten ist abschließend zu überprüfen.

Aufgabe	Spätestens vor Termin	Beauftragter	Extern Verantwortlich	Status
1. Programmbestimmung	8 Wochen			
Datum/ Programmzeiten				
Redner				
Begrüßung				
Auftraggeber				
Politische Vertreter				
Personen des öffentlichen Lebens				
Vertreter des Unternehmens				
Vertreter der Belegschaft				
Programm- "Entertainer"				
Überreichung von Gastgeschenken				
Redner/ wichtige Personen				
Gäste				
„Symbolische" Handlungen				
Polier				
Bauherr				
Sonstige				
Rahmenprogramm				
Musikgruppe(n)				
Ausstellung der beteiligten Firmen				
Budgetplan				
2. Erste Produktionsphase	6 Wochen			
Text/Gestaltung/Druck Einladungen mit Antwortkarte				
Abstimmung mit Ordnungsamt/ Polizei				
Infomaterial/Broschüren/ Pressemitteilungen				

Abb. 4.26: Checkliste Baustellenveranstaltung

Aufgabe	Spätestens vor Termin	Beauftragter	Extern Verantwortlich	Status
3. Einladungsaktion	5 Wochen			
Festlegen der Einladungslisten VIPs, Presse, Mitarbeiter, Firmenvertreter, Kunden, Banken				
Versand der Einladungen				
Erfassen/ Auswerten der Rückläufe				
Nachfragen bei Nichtantworten				
4. Planung der Dekoration/ Infrastruktur	4 Wochen			
Rednerpult/ Bühne				
Zelt (wie viele Personen)				
Energie und Wasserversorgung				
Beschallung				
Toiletten				
Heizungs- und Klimasystem				
Kühlschränke				
Tische/Bänke/ sonstiges Mobiliar				
Tischdecken/Servietten Aschenbecher				
Mülleimer/Entsorgungsstellen				
Videopräsentation/				
Druckschriftenauslagen				
Blumenschmuck				
Parkplatzreservierung				
Dekorationsschilder				
Anfahrtsschilder				

Abb. 4.26: Checkliste Baustellenveranstaltung (Fortsetzung)

Aufgabe	Spätestens vor Termin	Beauftragter	Extern Verantwortlich	Status
5. Festlegen des Personals	4 Wochen			
Organisationsleitung				
Dekorationsauf- und -abbau				
Parkplatz/Verkehrsordner				
VIP-Gäste-Betreuer				
Pressebetreuung				
Bewirtung				
Fotograf				
Führer für Rundgänge				
Sanitätsdienst				
6. Zweite Produktionsphase	3 Wochen			
Namensschilder Personal				
Programmblatt				
Telefonanschluss				
Dekorationen				
Bestellen der Bewirtung etc.				
7. Bereitstellen von Informationen	1 Woche			
Erstellung der eigenen Reden				
Erstellen Pressemitteilung				
Baudokumentation				
8. Beginn Aufbau	1 Tag			
Baustelle Aufräumen				
Kontrolle der gelieferten Materialien				

Abb. 4.26: Checkliste Baustellenveranstaltung (Fortsetzung)

Aufgabe	Spätestens vor Termin	Beauftragter	Extern Verantwortlich	Status
9. Generalprüfung	2 Stunden			
Check der Infrastruktur				
Einweisung der Mitarbeiter				
Kontrolle des Aufbaus				
10. Nachbearbeitung	Nach Ende			
Abräumen/Rückliefern des Inventars				
Kundennachkontakte				
Abrechung/Budgetkontrolle				
11. Nachbestrechung Mitarbeiter	Nach ca. 4 Wochen			
Ergebnisse Kontakte				
Verbesserungsvorschläge				

Abb. 4.26: Checkliste Baustellenveranstaltung (Fortsetzung)

4.7.4 Kongresse

Entgegen Messen sind Kongresse überregionale Veranstaltungen für Fachleute. Im Mittelpunkt stehen die vom Veranstalter nach Vorschlag der Referenten ausgewählten Fachvorträge.

Damit ist diese Gruppe von Veranstaltungen dann von Interesse, wenn überregional akquiriert soll oder das Unternehmen in der Fachpresse präsent sein will.

Für die Teilnahme gibt es ein paar Regeln:

Vorträge rechtzeitig einreichen:

Werden dann ein oder mehrere Vorträge vom Veranstalter ausgewählt, sollte ein „Treffpunkt-Messestand" im Foyer organisiert werden. Dort werden die Vortragsthemen nochmals ausgestellt und im Übrigen die Möglichkeit geschaffen, dass sich Besucher mit den anwesenden Mitarbeitern und den Referenten unterhalten, zusammen etwas trinken und essen können. Eine Präsentationswand aufzustellen ist dabei zu wenig. Nur diese Maßnahme schafft kein adäquates

Umfeld für die Betreuung der Besucher – seien es Bedarfsträger , Journalisten, potentielle neue Mitarbeiter oder Wettbewerber.

Für Gespräche mit Zielgruppen ist ein angenehmes Umfeld wichtig – und ein Ort, wo man ungestört sein kann.

Sind keine Vorträge vorgesehen, sollten – sofern der Kongress in das Fachgebiet des Unternehmens fällt – einige Mitarbeiter trotzdem dort anwesend sein – Ziel ist die Anbahnung von ARGEN und die Beobachtung des Wettbewerbs. Die gesammelten Daten fließen dann in die Wettbewerberdatei ein.

Für die Begleitung von Kongressteilnahmen mit Referenten ergänzt die entsprechende Checkliste die Messe-Checkliste.

Ein Problem ist die Qualität der Vorträge. Leider sind auf den Kongressen häufig Vorträge zu hören, die dem üblichen Qualitätsanspruch deutscher Unternehmer nicht gerecht werden. Wenn ein Konferenzteilnehmer trotz kurzen Redezeiten einschläft oder sich nach dem Ende fragt, was jetzt eigentlich das Besondere an dem Vortrag, der Kern der Aussage war – dann stimmt etwas nicht. Da Vorträge auch viel Zeit und Kosten verursachen – mehrere tausend EURO an Produktionskosten sind nicht unüblich – sollte sich der Referent etwas Mühe geben und seinen Vortrag wieder nach einigen Regeln aufbauen.

Vorträgen, die reine Abläufe beschreiben, sind nicht interessant. Die Zuhörer müssen sich dann während des Vortrages auf die Suche nach der Antwort auf „Warum soll ich eigentlich zuhören" machen – Dabei sollten sie eigentlich auf den Inhalt hören.

Mit folgenden Grundregeln wird ein Vortrag in der Qualität mindestens zufriedenstellend – auch wenn der Referent kein begnadeter Redner ist:

Eine zentrale Aussage entsprechend dem Thema des Referates steht voran.

- „These, Beleg 1,2,3, Fazit" ist Grundstruktur im Aufbau der Rede.

- Gute Visualisierung einsetzen: Die Präsentationstechnik wird in der Regel vom Veranstalter vorgegeben. Konzentration auf die Darstellung ist deshalb wichtig. Die Präsentationstechnik mit Flip-Charts, PC und Beamer, Overhaed etc. soll je nach Neigung des Referenten ausgewählt werden. Damit wird Unsicherheit vermieden.

- Vermeiden von „Kleingedrucktem", dafür „plakativ" darstellen.

- Nach Formulierung des Vortrages soll ein kompetenter „Koreferent" den Vortrag kritisch lesen und inhaltlich wie stilistisch Verbesserungsvorschläge machen.

Schließlich muss für den Treffpunkt einige Kopien des Vortrags- Manuskriptes und der Folien etc. bereitgehalten werden. Die Regel sollte jedoch sein, dass keine Manuskripte herausgeben, sondern dem Interessenten zugesandt werden. Die Inhalte der Visitenkarte ergänzen die Einträge in der entsprechenden Datei.

In der Checkliste sind dann vor allem die referatsbezogenen Termine angegeben: Wann sind die Unterlagen an den Veranstalter zu schicken?

Im Übrigen muss der Standdienst natürlich grob vom Inhalt des Vortrages informiert werden – und zumindest am Tag des Vortrages sollten Mitarbeiter am Stand sein, die sich bei dem betreffenden Thema auskennen.

Checkliste Kongressteilnahme

Kongress: ____

Termin: _______________ Kongress-Stadt: _________________ Halle: __________

Koordinator

Projektleiter „Treffpunkt"

Referenten	Referatsdatum / -Zeit	Thema
	1	
	2	
	3	

Referatsunterlagen:

Referat	Kurz-fassung	Manus-kript	Vortragstechniken/Unterlagen					Zahl Kopien
			Dia	Folien	Video	Multimedia	sonstiges	
1								
2								
3								

Koferenten:

Vortrag 1 : _______________________________________

Vortrag 2: _______________________________________

Vortrag 3: _______________________________________

Abgabetermine:

Kurzfassungen: _________________ Manuskripte: _________________

Dias etc. an Kongresstechnik: _______ Dokumentationen an Standdienst: _______

Referenten am Stand (Name, Datum):

____

Abb. 4.27: Checkliste Kongressteilnahme

4.7.5 Hausmessen/Seminare

Zum Schluss noch eine Idee: Veranstaltung eines eigenen Kongresses.

Hausmessen und Seminar sind eine gute Möglichkeit, Bedarfsträger ins Haus zu holen. Wichtig ist natürlich, dass

- Themen vorhanden sind, die für die Bedarfsträger interessant sind,
- Referenten gefunden werden, die bei den Bedarfsträgern positiv bekannt sind.

Mit Veranstaltungen dieser Art können wieder mehrere Ziele gleichzeitig erreicht werden:

- Bedarfsträger beschäftigen sich längere Zeit mit dem Unternehmen,
- Die Bedarfsträger und stehen zu diesem Zeitpunkt nur den eigenen Betreuern zur Verfügung. Es besteht kein direkter Wettbewerb um die Zeit des Bedarfsträgers,
- Zeit und Zeit und Ort der Veranstaltung können unabhängig von Messetermine geplant werden.

Eine Hausmesse kann auch dann erfolgreich sein, wenn sie zeitgleich mit einer Fachmesse veranstaltet wird. Wenn die Themen der Hausmesse wesentlich interessanter sind als die Angebote der Messe – die oftmals das gleiche zeigen wie bei der vorgehenden Messe – dann besteht die Chance auf ein „volles Haus". Auch hier zählt: Was ist neu, interessant, wichtig und grenzt vom Wettbewerb ab.

Im Übrigen gilt für solche Veranstaltungen im Wesentlichen die Checklisten „Pressekonferenzen" bzw. „Baustellenveranstaltungen".

5 Planung und Controlling der Maßnahmen

5.1 Kostenplanung

In den Musterkontenrahmen, die üblicherweise im Controlling verwendet werden, sind die Maßnahmen für Akquisition nicht explizit ausgewiesen: Sie verstecken sich weitgehend in den unterschiedlichen Konten bzw. sind zu wenigen Konten zusammengefasst. In den verschiedenen Kontenrahmen wird lediglich unterschieden in:

- Anzeigen

- Werbedruck

- Geschenkartikel unter der festgelgten, maximal steuerlich absetzbaren Höhe

- Geschenkartikel über diesem Wert

- Sonstige Werbekosten

- Repräsentationskosten

Für den steuerlichen Bereich – und für die Frage „unter was soll ich die Kosten verbuchen?" mag dies genügen.

Ein guter Kontenplan ist aber wesentlich mehr. Er ist die Grundlage für ein Controlling-System, dass diesen Namen auch verdient:

Als zentrales Planungs-, Projektverfolgungs- und Kontrollinstrument für Projekte in der Akquisition.

Die inzwischen übliche Banken-Praxis, Unternehmen einem Rating zu unterziehen, gibt der strategischen Planung der Werbung erhebliches Gewicht: Schließlich wird gerade hier vorausschauendes Denken der Unternehmensführung in besonderer Weise auch betriebswirtschaftlich deutlich gemacht.

Der abgebildete Teilkontenrahmen ist eine verallgemeinerte Version, die sich in noch detailliertere Form bei der Planung und Bewertung bereits bewährt hat.

Er greift die oben genannten Hauptkonten auf und verfeinert sie entsprechend.

Die angegebenen Ziffernkombinationen ergänzen die jeweiligen Hauptkonten des bestehenden Kontenrahmens.

Geschäftsjahr:		Abrechungsmonat:	Kostenstelle:		
11 0	Erst-, Einmalproduktionen von Druckschriften				
11 1	Nachdruck von Druck- schriften				
12 0	Jährlich zu aktualisierende Druckschriften etc.				
12 1	Referenzdarstellungen (ohne Fachaufsätze etc.)				
12 2	Kundenzeitung				
12 3	Mitarbeiterinformation				
12 4	Gruß/Weihnachtskarten				
13 0	Sonst. AV-Medien				
13 1	Werbefotos				
13 2	Werbevideos				
13 3	Internet				
13 4	Digitale Werbemittel				
13 4	Overheadfolien/Werbedias				
14 0	Werbegeschenke				
14 1	Werbekalender				
14 2	Geschenke abzugsfähig				
14 3	Streuartikel				
14 3	Geschenke nicht abzugsf.				
20 0	Beratungskosten				
30 0	Interne Schulungsmittel Unternehmensauftritt				

Abb. 5.1: Musterkontenrahmen für Sachkosten Akquisition

Kosten-art	Kurzbeschreibung	Plankosten (TDM)	Wesentliche Projekte	Davon laufend	Ist-Kosten	
					abger.	Order
40 0	Messen/Ausstellungen					
41 0	Vorträge					
42 0	Dekorationen					
43 0	Außenwerbeanlagen					
44 0	Baustellenveranstaltungen					
45 0	Sonstige Veranstaltungen					
50 0	Anzeigen					
51 0	Imageanzeigen					
52 0	Personalanzeigen					
53 0	Akquisitionsanzeigen					
54 0	Tel.-/Adressbucheinträge					
60 0	Sponsoring					
70 0	Pressearbeit					
71 0	Presseinformationen					
71 1	Pressekonferenzen					
71 2	Presseaktionen im Zusammenhang mit anderen Veranstaltungen					
80 0	Bilanz-Veröffentlichungen, Jahresabschlüsse etc.					

Abb. 5.1: Musterkontenrahmen für Sachkosten Akquisition (Fortsetzung)

Kostenart 11

Bei Druckschriften wird unterschieden zwischen Erstproduktionen und „Nachdrucken", bei der bestehende Druckschriften mit nur untergeordneten Korrekturen neu aufgelegt werden. Diese Trennung ist deshalb sinnvoll, weil die Neuproduktion einer Druckschrift durch die Text-, Gestaltung-, und Druckvorlagenherstellung wesentlich teurer ist als der Nachdruck, bei dem im Wesentlichen nur die Druckkosten anfallen. (Der Druck selbst macht bei Neuproduktionen teilweise unter 20 Prozent der Gesamtkosten aus – je nach Aufwand für die kreative Arbeit.).

Eine besondere Gruppe sind die Broschüren zu Referenzdarstellungen: Sie werden nach Fertigstellung eines Projektes erstellt. Wie viele Ausgaben dabei pro Jahr anfallen, ist unternehmensspezifischer Erfahrungswert. Die Referenzdarstellungen sind regelmäßige Neuproduktionen mit nur ungefähr planbaren Stückzahlen. Mit der gesonderten Kontierung sind Budgetabweichungen schnell erklärt.

Kostenart 12

Darüber hinaus gibt es Druckschriften, die bei jeder Neuauflage komplett neu gestaltet werden müssen – wie Angaben zu Daten und Fakten, die sich jedes Jahr ändern: dann müssen abgebildete Grafiken und Listen komplett überarbeitet, neue Fotos eingebaut werden etc. – damit kosten die einzelnen Auflagen praktisch genau soviel wie die Erstauflage. Das Gleiche gilt für die Auflagen von Kunden- und Mitarbeiterzeitungen sowie Gruß- und Weihnachtskarten etc.

Kostenart 13

Neben Druckschriften werden die Informationen und Botschaften in Fotos/Videos etc. dargestellt und verwendet. Für Multimedia und Internet bestehe eigene Konten, da die Programme in der Regel individuell und damit mit relativ hohen Kosten erstellt werden.

Bei Fotos und Videos werden reine Dokumentationen nicht erfasst: Diese zählen zu den allgemeinen Kosten einer Baustelle – in der Regel erstellt der Bauleiter selbst mit seiner Kamera die Dokumentationen. Hier werden die Kosten gebucht, die durch das Engagement von Fachleuten entstehen – die ja auch wesentlich höher liegen als die Kosten bei „Eigenproduktionen", dafür aber auch gutes, präsentationsfähiges Material liefern.

Kostenart 14

Die Werbegeschenke werden hier zusätzlich um das Thema Werbekalender angegeben: ein wesentlicher Kostenfaktor in diesem Bereich, der jährlich neu anfällt – und geplant werden kann. Werbegeschenke werden nach den steuerlichen Richtlinien gesondert kontiert.

Zu berücksichtigen sind dabei

–   Streuartikel mit geringem Wert,

–   Werbeartikel, die steuerlich abzugsfähig sind, der Empfänger jedoch namentlich gegenüber dem Finanzamt auf Verlangen genannt werden muss,

–   Werbeartikel, die nicht steuerlich abzugsfähig sind.

Die entsprechenden Kostengrenzen müssen vom Steuerberater erfragt werden.

Für die übrigen Budgets dieser Gruppe muss ein „Erfahrungsbedarf" angegeben werden: Mit der Festlegung des Budgets wird bestimmt, ob im kommenden Jahr hier gespart werden soll – oder alles beim alten bleibt.

Kostenart 20

Umfasst alle aufgelaufenen Beratungskosten für Akquisition und Markt-Kommunikation, die nicht mit Produktionen verbunden sind: beispielsweise Kosten für Unternehmensberatung, Planungskosten etc.

Kostenart 30

Umfasst alle Aufwendungen für interne Schulungsmaßnahmen im Zusammenhang mit dem Unternehmensauftritt. Sie trennen sich damit von den allgemeinen Schulungsaufwendungen, da sie nicht im Zusammenhang mit den Planstellen- fachlichen Schulungen stehen – Ein Bauleiter benötigt diese Informationen nicht für seine Tätigkeit, trotzdem sollte er die Regeln und Vorgaben kennen.

Kostenart 40

Umfasst alle Kosten für Messen und Veranstaltungen, soweit sie nicht unter anderen Kostenarten – Bewirtungskosten, Reisekosten etc. – verbucht werden: Die dabei entstehenden Kosten sind im Wesentlichen Kosten für werbliche oder dokumentarische Dekorationen, Messebau, Präsentationssysteme und -Personal oder auch Kosten für Vortragsunterlagen und Kosten für Einladungsanzeigen/Serienbriefen etc.

Kostenart 50

Anzeigen werden in der Kostenart 50 nach dem Zweck gegliedert angegeben: Reine Imageanzeigen – wie sie zum Beispiel für Sponsoringzwecke gerne verwendet werden – haben keine direkte akquisitorische Zielsetzung – sie präsentieren das Unternehmen. Kostenart 52 ist häufig bereits unter Personalkosten an anderer Stelle des Kontenrahmens gelistet. In diesem Fall fällt 52 weg.

Anzeigen – die akquisitorischen Zwecken dienen, bei denen also gezielt um Anfragen von Bedarfsträgern geworben wird – ggf. in Verbindung mit Serienbriefen -, werden unter 53 gebucht.

Kostenart 60

Umfasst alle Serienbriefe mit gezielt akquisitorischen Charakter, sofern sie als zentrales Medium eingesetzt werden. Stehen zum Beispiel bei einer Weihnachtsaktion im Wesentlichen die Werbegeschenk im Vordergrund, so werden diese unter Kostenart 14 verbucht. Wird das Geschenk jedoch mit Antwortkarten etc. verschickt, so findet sich die Aktion hier. Einladungen zu Veranstaltungen werden entsprechend unter eine der 40er-Kostenarten verbucht.

Kostenart 70

trennt die Kosten für Sponsoring von Veranstaltungskosten, Spenden oder Anzeigen zu Sponsoringzwecken ab. Sponsoring über Spenden ist – steuerlich begründet – ein Konto im Hauptkontenrahmen und fällt damit aus den „Werbesachkosten" heraus. 50 ist damit quasi ein Sammelkonto für „sonstige Sponsoringkosten".

Kostenart 80

Kosten für Pressearbeit werden unter der Kostenart 60 zusammengefasst. Hier können Maßnahmen auftauchen, die normalerweise in anderen Konten verbucht werden. Da die Pressearbeit aber eines der zentralen Maßnahmen der Öffentlichkeitsarbeit von Bauunternehmen sein muss, sind die entsprechenden Kosten separat zu planen und zu beobachten.

Kostenart 90

Falls das Unternehmen gesetzlichen Publikationspflichten unterliegt, werden diese Kosten in einem separaten Konto geplant: Schließlich sind dies „Pflichten", die nicht mit der eigentlichen akquisitorische Tätigkeit zu tun haben. Gleichwohl können solche Maßnahmen akquisitorisch wirksam eingesetzt werden.

Der regelmäßige Ablauf der Planungsarbeit ist einfach.

Zum Geschäftsjahresschluss werden die aufgelaufenen Projekte in den einzelne Kostenarten entsprechend den aufgelaufenen Kosten betrachtet:

Wurden die geplanten Maßnahmen durchgeführt? Was sind die Ursachen für Planabweichungen?

Wurden die Kosten über – oder unterschritten? Warum?

Wesentlich ist hier, dass nicht nach „Schuldigen" für Abweichungen gesucht wird. Ziel ist, die Planungen für das nächste Geschäftsjahr mit den gewonnenen Erkenntnissen realistischer und besser auf die Personen und Strukturen des Unternehmens abzustimmen.

Zum Jahresende werden die anstehenden Projekte mit Maßnahmenbeschreibung und Plankosten angegeben: Damit entsteht quasi ein „Fahrplan" für die zu realisierenden Maßnahmen im kommenden Jahr – und zeitraubende Diskussionen um „zu teuer" oder „brauchen wir das" sind aus der Realisationsphase ausgeklammert – das spart viel interne Arbeitszeit. Natürlich wissen dann auch die Kostenstellenverantwortlichen, was „aus dieser Ecke" im nächsten Geschäftsjahr auf sie zukommt – auch hier erleichtert es die Arbeit.

Ändern sich die Planzahlen des Unternehmens im laufenden Jahr, – die Ergebnisse sind beispielsweise erheblich unter dem Planwert – so kann auf diesem Kontenrahmen flexibel reagiert werden:

Welche Maßnahme wird gestrichen, welche auf das kommende Jahr verschoben etc.

Eine Reihe von Maßnahmen werden nicht einzeln geplant: Die Kosten für solche Maßnahmen fallen – über ein Geschäftsjahr gesehen – regelmäßig im gleichen Umfang an bzw. werden durch „Zufälle" initiiert: So werden beispielsweise Imageanzeigen geschaltet, weil Bedarfsträger eine Beteiligung wünschen – ohne dass dies vorher bekannt war.

Auf der anderen Seite gibt es regelmäßige Auftritte: Telefonbucheintragungen oder festgelegte Auftritte in Lokalpublikationen: Diese Projekte sind sehr wohl planbar – auf der Basis der Auswertung des vergangenen Geschäftsjahres mit dem verfeinerten Kontenrahmen.

Üblicherweise werden die nicht planbaren Projekte in einem „Kostensumpf" zusammengefasst und der Betrag zu den Kosten der geplanten Projekte addiert. Die Höhe des „Sumpf"-Wertes ist von Unternehmen zu Unternehmen verschieden:

Ziel muss es aber sein, den Sumpf so niedrig wie möglich zu halten.

5.2 Planung von Projekten

Mit dem Formular „Auswahlliste für Lieferanten" können über Preisvergleiche die einzelnen Lieferanten ausgewählt werden. Mit der Checkliste Projektplanung sind dann die projektspezifischen Kosten zu planen und zu verfolgen.

Jede akquisitionsunterstützende Maßnahme ist im Grunde eine Kombination unterschiedlicher Leistungen – genau wie Bauleistungen. Ebenso können verschiedenen Personen von einer einzigen Maßnahme profitieren. Deshalb geht die Checkliste davon aus, dass eine Kostenstelle verantwortlich und initiierend wirkt, andere Kostenstellen aber einen Teil der entstehenden Kosten übernehmen.

Dabei wird zunächst auf die Gesamtkosten des Projektes abgezielt: gegebenenfalls entstehen Teile der Kosten erst im kommenden Jahr. Dann wird der Plan entweder neu erstellt oder – falls möglich – bereits intern weiterbelastet. Wichtig ist dabei, zu wissen, welche Kosten im nächsten Jahr noch zu bezahlen und in der Budgetplanung zu berücksichtigen sind.

Wie immer ist ein Projektleiter für die ordnungsgemäße Realisation des Projektes verantwortlich – nicht immer nur der Chef.

Für den Projektleiter sind Projektlaufzeiten verbindlich. Projektbeginn und -ende werden geplant und deshalb vermerkt. Besondere Termine – Anzeigenschluss, Messebeginn und -ende werden dann den einzelnen Teilleistungen des Projektes genauso zugeordnet wie die Plan- und Ist-Kosten – ermittelt gemäß Angebot.

Mit den Angeboten stehen auch die Lieferzeiten zur Verfügung, so das ein Terminplan für die Realisation angeben werden kann.

Ein Projekt soll früh als möglich geplant werden: So ist der Terminplan entzerrt und das Risiko von teueren Überstunden bei den Lieferanten verringert.

Insgesamt wird in der Projektplanung – entsprechend den Kostenarten und den entsprechenden steuerlichen Grundsätzen – in Sach-, Personal- und Bewirtungskosten unterschieden.

Die Personalkosten sind dabei interne Kosten – sie fallen nur dann in der Planung an, wenn die Kosten intern weiterbelastet werden. Externe Personalkosten werden unter den Sachkosten gelistet.

Dabei sind die Bewirtungskosten in der Regel unter Bewirtung von Gästen verbucht, interne Bewirtung von Mitarbeitern fällt ggf. unter „sonstiges".

Üblicherweise können die Sachkosten für werbliche Produktionen direkt in den Aufwand gebucht werden: Das heißt, dass beispielsweise Messen inklusive den verteilten Werbegeschenken und Druckschriften komplett innerhalb eines Geschäftsjahres abgeschrieben werden. Wenn unbedingt Teile aktiviert werden sollen, ist dies über die Anschaffung von Messesystemen und wiederverwertbaren Präsentationsteilen möglich. Über die gültigen Abschreibungsfaktoren geben die Steuerfachleute Auskunft.

Projekt:			Projektnummer:		
Projektleiter:			Haupt-Kostenstelle:		
Projektkostenart:			Geschäftsjahr:		
Projektbeginn:		Projektende	Plan:		Ist:
Einzelmaßnahmen Sachleistungen		Kostenart	Abschlusstermin	Kosten (T€)	
				Plan	Ist
			Sachkosten gesamt:		
Interne Personalkosten					
Stunden Mitarbeiter	Plan:	Ist:	Stundensatz (€):		
Reisekosten	Unterbringung:		Fahrt:		
sonstiges:					
Bewirtungskosten intern für:					
Bewirtungskosten extern:					
			Projektkosten gesamt		

Kosten weiterbelasten an Kostenstellen: Plan Genehmigt:

1: ________________ Nr.: ________ (%) ____   ______________________

2: ________________ Nr.: ________ (%) ____   ______________________

3: ________________ Nr.: ________ (%) ____   ______________________

Plan genehmigt: ______________________   Datum: ____________

         (Leiter Hauptkostenstelle)

Ist genehmigt: ______________________   Datum: ____________

         (Leiter Hauptkostenstelle)

Abb. 5.2: Projektplanung

Im letzten Teil der Liste wird der Plan von den Kostenstellenverantwortlichen genehmigt: Den Plan selbst vom Verantwortlichen der Hauptkostenstelle, von den Leitern der übrigen beteiligten Kostenstellen deren Übernahmebereitschaft für die anteiligen Kosten.

Nach Abschluss des Projektes – wenn alle Rechnungen vorliegen – wird die korrekte Abwicklung vom Hauptkostenstellenverantwortlichen bestätigt – und dann alle Konten entsprechend der Verteilung belastet.

Zum Abschluss noch einige Beispiele für Einzelmaßnahmen in den Sachleistungen.

Typisch ist die Produktion einer Druckschrift. Im Gegensatz zur Messen und Veranstaltungen sind hier die Einzelleistungen gleichzeitig die Produktionsschritte:

1. Konzeption /Text

2. Grafische Gestaltung

3. Satz der Texte nach Layout

4. Druckvorlagenherstellung (auch Lithographie oder Repro genannt)

5. Andruck zur Überprüfung der Druckvorlagen

6. Druck

7. Versand/Verteilung

Bei Anzeigen steht unter „6" anstatt „Druck" dann „Schaltung" – also die Kosten, die vom Verlag für die Veröffentlichung Ihrer Anzeige berechnen werden. Pos. 7 fällt weg.

Bei Wiederholungsanzeigen werden dabei ggf. nur noch Kosten zur Druckvorlagenherstellung angegeben – falls sie keine Druckfilme mehr vorrätig haben – sowie die Schaltkosten.

Ein nur unwesentlich anderes Bild ergeben Serienbriefaktionen:

Dabei werden zusätzlich noch die Positionen

– Verpackungsmaterial,

– Konfektionierung/Versand

benötigt.

Außerdem werden unter „Sonstiges" die Portokosten eingetragen – sofern die Briefe im eigenen Postausgang versendet werden. Bei einem Lieferanten, der die komplette Abwicklung macht, stellt er die Portokosten in Rechnung: es sind dann Sachkosten.

Im Internet- Verkehr werden selten zusätzliche Verteilkosten erkennbar: e-Mail-Serienbriefe sind in der Regel interne Aktionen, die lediglich den Personalaufwand belasten.

Sachkosten sind auch Personalkosten, wenn diese auf dem freien Markt „geleast werden" – zum Beispiel externes Standpersonal.

Solche Sachkostenpositionen häufen sich bei Messen. Die Planpositionen der Messekosten stellen sich im Muster wie folgt dar:

- Einladungsserienbriefe

- Hinweisanzeigen

- Streuartikel

- Programmdruckschriften/Infozettel

- Planung Standarchitektur

- Raum /Standmiete

- Standbetriebskosten

- Standbau inkl. Beleuchtung

- Infotafeln

- Ausstellungsexponate

- Präsentationstechnik

- Miete externes Personal

- Personalnebenkosten (Schulung, Bekleidung, Bewirtung etc.)

- Transport

- Versicherungen

Manchmal werden zwei Blätter gebraucht. Messen sind komplexe Aktionen.

Bei den Positionen werden natürlich nur solche Kostenfaktoren aufgelistet, die neu zu produzieren sind: Bestehnde Infotafeln gehen nicht in die Kosten mit ein – außer sie müssen repariert oder aktualisiert werden.

Gegebenenfalls werden die einzelnen Positionen unterschiedlichen Kostenarten zugeordnet. In der Checkliste sollte dies vermerkt werden. Da damit im Wesentlichen statistische Vorgaben erfüllt werden, hat dies in der Budgetplanung des einzelnen Projektes keine Bedeutung.

Die Weiterbelastung von Einzelprojekten sollte die Ausnahme sein – zum Beispiel, wenn eine neue Imagebroschüre zur Messe herausgegeben wird. Dann ist die Broschüre im Projektplan der Messe terminiert und gebucht. Sie wird aber im Jahrsbudget unter 110 bzw. 111 auftauchen. Wie hoch dabei das Messeprojekt mit den Produktionskosten belastet wird, ist Ermessenssache. Ein Beispiel: Produziert werden 100 Stück und für die Messe die Hälfte der Auflage benötigt, dann wird das Projekt mit 50 Prozent belastet.

Bei internen Veranstaltungen und Hausmessen sind die Positionen aus dem Messeplan entsprechend zu variieren oder zu streichen – Je nach dem, wer bezahlt.

Sind Unternehmensfremde an dem Projekt beteiligt, erfolgt entsprechend keine interne Verbuchung: Die Beträge werden als Rechnung eingefordert, die Plangenehmigung ist somit eine Auftragserteilung.

5.3 Rechtliche Einschränkungen

Immer wieder wird die Frage gestellt „was darf man eigentlich behaupten?" und „Welche Maßnahmen sind verboten?"

Diese Frage werden im Wettbewerbsrecht behandelt. Manchmal flattert auch ein böser Brief ins Haus, worin irgendjemand behauptet, das diese oder jene Aussage zu unterlassen sei oder zukünftig unmissverständlich und nicht irrführend gedruckt werden müsse. Bei Zuwiderhandlung wäre so und soviel zu bezahlen. Oft kommen diese Schreiben von dubiosen Anwaltsbüros, die im Auftrag eines „Betroffenen" handeln und gleich eine Gebührenrechnung stellen.

Außerdem agieren hier sogenannte „Abmahnvereine" die sich aus den Gebühren der o. g. Abmahnungen finanzieren. Das war früher ein einträgliches Geschäft, heute sind diesen Organisationen einige rechtliche Schranken auferlegt, die Schwarze Schafe weitgehend aussondern.

Ungeachtet dessen werden Abmahnungen aber auch völlig korrekt von Anwälten und Abmahnvereinen gestellt. Die Kunst ist, die schwarzen von den weißen Schafen zu trennen, um richtig reagieren zu können.

Diese Abmahnungen sind üblicherweise rechtlich geregelt – und im Grundsatz darf der Absender einen solchen Brief schicken – unabhängig davon, wer er ist, sofern er sich als Betroffener oder dessen gesetzlichen Vertreter äußert. Die Frage ist dann nur:

Wie reagieren?

Man kann Briefe dieser Art wegwerfen, wenn die Abmahnung deutlich unbegründet ist. Ist der Absender lediglich auf Gebührenzahlung aus, wird er sich nicht mehr melden.

Ist die Rechtslage nicht klar, sollte ein Anwalt eingeschaltet werden. Der wird dann zwar die gleichen Gebühren berechnen wie das abmahnende Büro – aber für die Zukunft ist die Rechtslage geklärt und es entstehen bei einer erneuten Abmahnung mit dem gleichen Sachverhalt keine weiteren Kosten, wenn der Fall ohne Anwalt durch eigene Mitarbeiter bearbeitet werden kann.

Die Werbewirtschaft hat sich darüber hinaus eine Institution geschaffen, die – in Selbstkontrolle – die entsprechenden Mahnungen überprüft und eine außergerichtliche Empfehlung ausspricht: Der Werberat mahnt nach „Anklage" rechts- und sittenwidriger Werbung an – die Werbetreibenden halten sich daran. Die Konsequenzen sind dann lediglich, beispielsweise bei einer bestätigten Abmahnung Texte neu zu formulieren und bereits produziertes Material einzustampfen – ein geringer Schaden im Vergleich zu dem der Kosten eines Gerichtsverfahrens.

Gleich zur Beruhigung – es gilt der Grundsatz:

Wo kein Kläger, da kein Richter

Tatsächlich werden eine Unzahl „rechtswidriger" Aussagen nicht verfolgt, weil sich keiner der Konkurrenten oder anderer Personen daran stört. Es gibt keine öffentliche oder juristische Instanz, die – wie bei Straftatbeständen – von sich aus aktiv wird.

Ein Problem kann sich ergeben, wenn Aussagen oder Slogans verwendet werden, die andere bereits zuvor verwendet haben: Dann sind ggf. Urheberrechte verletzt und eine Klage auf Unterlassung und Schadensersatz droht. Dies gilt aber nur dann, wenn der Slogan wirklich nicht Teil der üblichen Umgangssprache ist: „Partner der ..." ist so langweilig allgemein, das es jeder verwenden kann – und auch viel zu viele es tun.

Slogans können übrigens wie Unternehmenszeichen geschützt werden: Dann besteht eine gewisse Sicherheit, dass niemand „an den Karren fahren kann". Dazu sollte ein Patentanwalt zu Rate gezogen werden (Eine Liste von örtlichen Patenanwälten ist bei der zuständigen Anwaltskammer erhältlich).

Üblicherweise passiert nichts, wenn Akquisiteure von Bauunternehmen folgende Regeln beachten:

Vermeiden von sittenwidriger Werbung

§ 1 UWG: „Wer im geschäftlichen Verkehr zu Zwecken des Wettbewerbs Handlungen vornimmt, die gegen die guten Sitten verstoßen, kann auf Unterlassung und Schadensersatz in Anspruch genommen werden".

Das Ziel des Gesetzes ist, einen fairen Wettbewerb sicherzustellen und die Kunden vor unfairen Methoden zu schützen. Und erreicht wird dies durch die Forderung,

Geschäftspartner in der Werbung und Akquisition nicht

– zu täuschen,

– zu diffamieren oder

– unter Druck zu setzen.

Außerdem soll der Wettbewerb nicht durch „unfaire" Konditionen erschwert oder unterbunden werden.

Übertriebenes Anlocken mit überzogenen Geschenken und Kundefangtricks durch allzu vollmundige Versprechungen mit Nachlässen und Gratisvorteilen sind auch weiterhin als emotionale Beeinflussung verboten.

Damit ist klar, dass Scheckbuch-Akquisition jederzeit strafrechtlich verfolgt werden kann.

Mit der Regel:

„Ich verhalte mich in der Akquise und Werbung so fair, wie ich es auch vom Wettbewerb mir gegenüber wünsche."

gibt es nur selten Schwierigkeiten mit juristischen Konsequenzen..

Für detaillierte Ausführungen sei auf die entsprechende Literatur verwiesen, da sich die Rechtssprechung in diesem Bereich stark auf Einzelentscheidungen stützt und deshalb entsprechende Kommentare in kurzen Abständen immer wieder aktualisiert werden müssen.

Auf der sicheren Seite sind in der Regel die Unternehmen, die folgende Grundsätze einhalten:

Zu vermeiden sind insbesondere folgende Punkte:

Belästigende/aufdringliche Maßnahmen verboten

Zu vermeiden ist alles, was die Individualsphäre stört:

Der Gesetzgeber erwartet, dass zunächst per Brief ein Einverständnis des Adressaten zur Kontaktaufnahme angefragt wird. Nur bei einem konkreten Grund, warum dies nicht erfolgen konnte, kann ein anderer Weg eingeschlagen werden.

So kann via Telefon oder e-Mail ein Ansprechpartner für eine Postsendung angefragt werden. Wenn sich daraus ein Gespräch ergibt, wird der Angerufene wohl keine Anzeige erstatten.

Telefonwerbung ist nur bei ständigen Geschäftsbeziehungen und nur bei ausdrücklichem Einverständnis des Adressaten zulässig.

Telefax-Werbebriefe und e-Mail-Werbung werden wie Telefonanrufe gewertet.

Unerbetende Anrufe/Faxe/e-Mail sind rechtswidrig.

Telefaxwerbebriefe und e-Mail sind deshalb genauso unzulässig wie auch aufgenötigte Verkaufsgespräche, zu denen Sie vom Bedarfsträger nicht aufgefordert wurde, bzw. dessen unmissverständliche Einwilligung nachweisbar vorliegt (hier genügt nicht das formularmäßige Kundeneinverständnis im Kleingedruckten).

Psychologische, insbesondere emotionale Beeinflussung ist verboten

Argumentation mit Mitleid, mit gemeinnützigen Zwecken oder mit Angst-Argumenten. „Ihr Haus wird Ihnen Ärger bereiten ohne qualitätsbewusste Bauleistung – Wir haben unser Qualitätszertifikat" – eine solche Argumentation ist abmahnfähig.

Dabei sind alle Botschaften mit tiefgehender emotionaler Wirkung unzulässig. Das bedeutet auch, dass Ausübung von Druck („... wenn Sie ..... nicht tun, dann haben sie schwere Konsequenzen, Nachteile zu erleiden...") durch Gerichte empfindlich bestraft wird.

Auch die Beeinflussung im persönlichen Gespräch ist unzulässig. Wird der Gewinner eines Preisausschreibens in die Büros des Unternehmens eingeladen und dort Leistungen angeboten, ist dies unzulässig: der Gewinner kann klagen.

Negativ bezugnehmende Werbung ist verboten

Vergleichende Werbung ist solange erlaubt, wie sie den Wettbewerber nicht unbegründet als schlechter darstellt als das eigene Unternehmen. „Ich bin besser als..." sollte nie auftauchen. Nach §14 UWG ist jegliche Argumentation, mit der ein Wettbewerber schlecht gemacht wird, nicht zulässig- weder auf einzelne bezogen noch pauschal.

Wenn nachprüfbare und nachgewiesene Leistungsunterschiede vorhanden sind, dann können diese in der Werbung auch im Vergleich dargestellt werden.

Vergleichen – „Ich bin die Nr.1" – ist dann erlaubt, wenn die Argumentation auf Daten fußen, die nachprüfbar korrekt und von unabhängiger Seite dokumentiert worden sind: Das Bauunternehmen mit der größten Bauleistung am Ort kann diese Eigenschaft ins Feld führen.

Behinderungen des Wettbewerbs sind verboten

Unlautere Behinderungen werden empfindlich geahndet.

Insbesondere sind alle Maßnahmen zu vermeiden, mit denen ein Wettbewerber von einer Vergabe ausgeschlossen wird.

Boykottaufruf an Kunden und Lieferanten sind sittenwidrig, insbesondere, wenn auf die Adressaten Druck ausgeübt werden kann. Ein Boykottaufruf durch Dritte ist nur dann erlaubt, wenn keine Wettbewerbsabsicht besteht.

Also sind Hinweise an ausschreibende Stelle über mögliche Teilnahmebehinderungen vom Wettbewerber einklagbar.

Unter den Aspekt „Behinderung" fällt auch die Verwendung von „kopierten" Firmenzeichen – solche Maßnahmen schädigen das Ansehen des Wettbewerbers.

Anlehnungen an Aussagen oder Auftritten des Wettbewerbs können diesen ärgern – und er schlägt zurück. Wenn dessen Werbung kopiert wird, Fremde sich mit dessen Leistungen schmücken – oder schlichtweg ein Firmenzeichen entwickeln, das dem eines Wettbewerbers ähnelt – dann stehen Probleme an. So müssen im Streitfall bei einem Sieg des Klägers alle Broschüren mit dem neuen Firmenzeichen eingestampft werden. Also: nicht nur von strategischer Seite, auch von rechtlicher Seite her ist eine Abgrenzung des Unternehmens vom Wettbewerb gewünscht.

Unter diesen Punkt fällt auch die Methode, unter Einstandspreis anzubieten und den Gewinn über Mehrung zu erwirtschaften. Entsprechende Angebote können ein Submissionsergebnis gerichtlich anfechtbar machen.

Noch einige weitere Regeln gelten zum Schutz des Wettbewerbs. Für Bauunternehmen ist insbesondere zu beachten:

– Heimliche Prämien sind unzulässig,

– Geschäftsschädigende und ehrverletzende Behauptungen, die nicht nachgewiesen sind, können eingeklagt werden. Nur wer ein geäußertes Gerücht im gleichen Atemzug entkräftet und sich eindeutig vom Inhalt distanziert, bleibt ungeschoren. Vertrauliche Mitteilungen sind nur dann erlaubt, wenn die Pflicht zur Mitteilung besteht oder sich aus den Umständen eindeutig ergibt. Grundsätzlich muss Privates im Geschäftsleben außen vor bleiben.

Zusätzliche Gratifikationen sind möglich.

Der Wegfall der Weg der Zugabeverordnung und dem Rabattgesetz hat im Baubereich weniger Auswirkungen als im Konsumgütermarkt. Hier hat die VOB schon früher die Möglichkeiten stark reglementiert.

Paketpreise für Leistungen unterschiedlicher Art sind zwar möglich. Aber bei welcher Submission ist die Zugabe eines Fahrrades für den Bauherrn sinnvoll?

Besonderes in der Bauwerbung

In der Akquise ist dagegen eines neu möglich, so zum Beispiel die Laienwerbung: Tippgeber erhalten bei der Vermittlung eines Geschäftes eine Prämie.

Dann gilt weiterhin der Schutz des Handwerkes: Nur die erlaubten Leistungen dürfen angeboten werden.

Verboten sind unentgeltliche Zuwendungen, mit denen ein Dankbarkeitsgefühl erzeugt wird (beeinflussende Werbung). Wichtig ist dabei, dass das Dankbarkeitsgefühl zum überwiegenden Motiv der Lieferantenauswahl wird. Wenn der Wettbewerb im gleichen Umfang Leistungen bietet – dann besteht hier Spielraum.

Allerdings ist auch dann darauf zu achten, dass die Zuwendungen nur eine geringe Wertigkeit in Bezug zu den jeweiligen geschäftlichen Leistungen besitzen. Diese Wertigkeit ist darüber hinaus nicht unbedingt nach dem tatsächlichen Geldwert zu beurteilen, sondern nach dem Wert, den es für die Zielgruppe hat.

Alle Formen der Irreführung – auch durch Nichterwähnen eines relevanten Sachverhaltes – kann böse Folgen haben. Eigentlich logisch – Falsche Equipment- Angaben in der Bewerbung führen schnell zum Rechtsstreit – sowohl mit dem Wettbewerb wie mit dem Auftraggeber.

Die weiteren Regelungen zur Täuschung sind in bewährter Manier in der Anwendung der VOB eigentlich ausgeschlossen.

Sonderregelung für Freiberufler

Ein wichtiges Thema betrifft die Architektur- und Ingenieurbüros.

Das ihnen auferlegte Werbeverbot schränkt die möglichen Maßnahmen natürlich erheblich ein: Sie können praktisch keinen Werbung machen – sieht man von Anzeigen zu Betriebsferien etc. ab.

Öffentlichkeitsarbeit ist allerdings nicht verboten: dementsprechend sind Fachaufsätze, Vorträge, Referenzdarstellungen genauso wie Einladungen zu Einweihungen etc erlaubt.

Wenn also der informative Charakter der Darstellungen erhalten bleibt, ist lediglich auf akquisitionsorientierte Maßnahmen aus der Werbung und dem Direktmarketing zu verzichten – der Rest bleibt gleich.

Da die Büros wie auch die Bauunternehmen von den Beziehungen zu Bedarfsträgern leben, bleiben die Kernmaßnahmen aus Abschnitt 1 und 2 sowie 4.2 gültig.

Kennzeichnungspflichten

Nicht nur Produkte müssen gekennzeichnet sein: Auch der Absender einer Werbung muss sich zu erkennen geben – und zwar unter der Einhaltung formaler Regeln.

-   Kosten für Service-Nummern sind in den Nennungen mit anzugeben.

-   Bei jeder Werbung muss der Werbende identifizierbar sein – und ein Kontaktadresse bieten.

Internetrecht ist verschärft

– Gattungsnamen als Domainnamen können unter Umständen als unlauterer Wettbewerb gewertet werden.

– Domainblockaden als

– Druckmittel für Abstandzahlungen, Lizenzgebühren, Werbekonditionen unzulässig, wenn der eigenen Geschäftszweck nicht in Zusammenhang besteht.

– Umleitung durch "Schreibfehler-domains" sind nicht mehr zulässig.

– Auch im Internet gilt das Verbot der Werbetarnung, also verschleierte Werbung auf Webseiten. So sind Links in Redaktionellen Texten verboten (aber nicht bei der eigenen Unternehmensseite).

– Auf der Webseite eines Unternehmens ist wie im Geschäftsbrief der Eigentümer mit Anschrift, Kontaktadresse und Kontakt- e-Mail sowie die Angabe der Nummer des Handelsregister-Eintrages bzw. des entsprechenden Eintrages beim F9inanzamt erforderlich.

Regeln beim Gewinnspiel

Für Preise eines Gewinnspieles gelten die Zuwendungsbestimmungen für Geschenke nicht, wenn bestimmte Punkte eingehalten werden:

– Der Rechtsweg kann im Punkt Wettbewerbsrecht nicht ausgeschlossen werden, auch wenn dies in den Spielregeln vermerkt ist.

– Gewinne sind für den Gewinner steuerpflichtig. Das Unternehmen muss dem Finanzamt den Gewinner auf Verlangen nennen können.

– Zu kurze Laufzeiten von Aktionen behindern die Teilnahme und sind ein Grund möglicher Anfechtung des Ergebnisses.

– Die Teilnahme muss unentgeltliche sein und vom Verkauf abgetrennt sein.

– Auch hier sind Täuschungen zu vermeiden: über Art, Durchführung und Gewinnchancen. (Achtung: der Eindruck, nicht das Kleingedruckte zählt).

– Teilnehmer müssen nicht über das Ergebnis informiert werden.

Redaktionelle Werbung

Zur Vermeidung von Täuschungen sind redaktionelle Teile und Anzeigen in einer Publikation deutlich zu trennen.

Werbung in Redaktionsbeiträgen ist nur möglich, wenn:

– die Berichterstattung neutral, sachlich und ausgewogene bleibt,

– Product Placement (Schleichwerbung) unterbleibt und

– redaktionelle Hinweise nur ohne Reklamehaften Ton oder unkritische Anpreisung zum Beispiel durch Nennung nur eines Anbieters unterbleibt.

Auch die Leistung neben einer Anzeige redaktionell zu bewerben, ist ein Verstoß

Angaben zur rechtlichen Situation sind immer eine Momentaufnahme und können sich schnell ändern. Deshalb kann hier keine Garantie auf Richtigkeit gegeben und muss nochmals auf die Pflicht hingewiesen werden, die aktuelle Rechtsprechung zu beachten.

5.4 Lieferantenbriefing

Mit der Einschaltung einer Agentur oder freien Mitarbeitern kann eine Vielzahl von Leistungen nach außen gegeben werden:

Maßnahmen für Werbung/Öffentlichkeitsarbeit und Messen werden von Fachleuten bearbeitet, die diesen Job täglich tun – und nicht nur nebenher.

Allerdings – eine Agentur oder Lieferant kann nur so gut sein wie die Informationen, die sie erhalten. Genauso wie der Architekt die Wünsche und Rahmenbedingungen des Bauwerks kennen muss, bevor er planen kann.

Für die Auftragsvergabe müssen deshalb die wesentlichsten Informationen zusammengetragen werden, die für die jeweiligen Maßnahmen relevant sind. Fehlen Daten, kann die Agentur zwar helfen, die Daten zu beschaffen – aber die Möglichkeit eines Preisvergleiches verschiedener Lieferanten ist verscherzt.

Das angegebene Briefing-Vorblatt orientiert sich nur ansatzweise an den üblichen, konsummarktorientierten Modellgliederungen für Briefings: Bevor Agenturen anfangen zu arbeiten, werden die Auftraggeber nach den Punkten befragt werden, wie sie im abgebildeten Deckblatt beschrieben sind.

In das Blatt werden die Informationen in Stichworten eingetragen. Sie sind mit weiteren Unterlagen zu ergänzen, beispielsweise mit Hinweisen zu den Gestaltungsvorgaben etc.

Die Angaben zum Markt, Zielgruppen und Wettbewerb ergeben sich Sie aus den Überlegungen zum Strategischen Dreieck.

Die Angaben zum Ziel, Vorgaben für den Inhalt und Maßnahmen sind weitgehend bereits in den Budgetplanungen „vorgedacht" und können daraus übernommen werden.

Vorhanden Unterlagen sind immer zu benennen: Neu zu fertigende Materialien sind ein immenser Kostenfaktor. Fertige Texte, Fotos etc. verringern den Produktionsaufwand und die Produktionszeit.

Außerdem benötigt die Agentur die Projektrahmendaten.

Zunächst die Zeitdaten: Projektbeginn, verfügbare Produktionswert, Liefertermine für die Unterlagen an die Agentur, Wann die Materialien fertig sein müssen – und wann das Projekt abgerechnet und damit beendet werden soll.

Neben den Zeitdaten ist der Agentur einen Budgetrahmen zu nennen: Üblicherweise sind den Produktionskosten nach oben keine Grenzen gesetzt, also ist eine Obergrenze zu nennen – und am besten einen Wunschwert. In der Planung hilft dabei das Projektplanungsformular.

Schließlich ist der Agentur ein Ansprechpartner im Haus zu nennen: Er muss während der Projektlaufzeit ggf. kurzfristig für Entscheidungen und Freigaben zur Verfügung stehen. Änderungen können notwendig werden – und Änderungen kosten Geld. Die Agentur wird nicht weiterarbeiten, bis der Projektleiter eine Entscheidung getroffen hat. Verzögerungen bedeuten damit auch Verzögerungen des Gesamtprojektes.

Schließlich wird auch die Anschrift des Projektleiters benötigt und – später – auch ggf. davon abweichende Rechnungsanschriften.

Briefing	
Projektbezeichnung:	
Angaben zum Markt:	
Zielgruppenbeschreibung:	
Projektziel:	
Festgelegte Maßnahmen:	
Vorgaben für den Inhalt:	
Unterlagen an die Agentur (Fotos, Grafiken etc.):	
Gestaltungsrichtlinien:	
Manuskripte:	
Projektbeginn:	Vorbereitung:
Vorlauf:	Einsatzstart:
Projektende:	
Plan Budget:	
Projektleiter:	
Anschrift Auftraggeber:	
Abrechnungsanschrift:	

Abb. 5.3: Briefing-Vorblatt

6 Literatur und Dienstleister

6.1 Weiterführende Literatur

Die Inhalte in diesem Buch sind Modelle und Tipps, die der Autor für die praktische Arbeit einer Marketing-Service-Abteilung eines Bauunternehmens entwickelte. Da zu dem Thema „Bauunternehmens-Marketing" praktisch keine Fachliteratur existiert, sind die klassischen Unterrichtsbücher zu Marketing und Werbung ein wichtiger Teil der Grundlagen. Speziell zum Marketing für Bauunternehmen wurden in der Vorbereitung der praktischen Tätigkeit zwei wissenschaftliche Arbeiten zum Baumarketing genutzt. Alle Bücher aber haben den Nachteil, dass sie sich entweder im Schwerpunkt auf Unternehmensplanung – oder auf die Ausführung von Werbemaßnahmen im Produktbereich konzentrieren. Deshalb ist die Literatur im Wesentlichen als Nachschlagewerke empfohlen, um angesprochene Themen und Problemfelder inhaltlich zu vertiefen. Vor allem für die Arbeit an den in diesem Buch weitgehend ausgesparten Fragestellungen sind folgende Bücher zu empfehlen.

– Marhold, Knut:
  Marketing-Management für mittelständische Bauunternehmen
  Dissertation, Wuppertal 1992

– Körner, Rolf D.:
  Marketing in der Bauindustrie
  Diplomarbeit, Essen 1977

Während die Dissertation wesentlich Marketingaspekte wissenschaftlich beleuchtet und Lösungswege auszeichnet, ist die Diplomarbeit von Körner wesentlich mehr an der Praxis orientiert. Körner stellt die wesentlichsten Fragen, die Sie sich für Ihre Unternehmenspolitik selbst stellen müssen.

Beide Arbeiten sind einzusehen in der Bibliothek des betriebswirtschaftlichen Instituts der Bauindustrie, Düsseldorf.

Dort ist auch eine Liste der wichtigsten Veröffentlichungen zum Thema Bauleistungsmarketing erhältlich – ebenso wie unter der Webseite www.marhold.de.

Als „Nachschlagewerke" für die Tagesarbeit empfehlen sich die folgenden Publikationen, die im Buchhandel erhältlich sind:

– Philipp Kotler / Friedhelm Bliemel
  Marketing-Management

Eines der Standardwerke für das Betriebswirtschaftsstudium. Auf der Suche nach Informationen zu beliebigen branchenübergreifenden Marketing-Fragen – hier findet sich meistens eine Antwort.

– Dieter Pflaum/Ferdinand Bäuerle (Hrsg.)
  Lexikon der Werbung
  Verlag moderne Industrie

Wenn zu bestimmten Marketing-Fachthemen Informationen gesucht werden – hier finden sich
Antworten und Hinweise auf weiterführende Literatur. Insofern ist es eine Alternative zu Kotler
/Bliemel für „Eilige".

– Poth et al.
  Praktisches Lehrbuch der Werbung
  Verlag moderne Industrie

Die Fragen der Werbeplanung und Werbeproduktion werden ausführlich beschrieben – insofern ist dieses Buch besonders geeignet für die Mitarbeiter, die mit der Umsetzung von Maßnahmen betraut sind -Einkäufer etc. Außerdem enthält es eine Liste der Korrekturzeichen – also
wie man in einem Manuskript Fehler, Textergänzungen und -Streichungen zur Korrektur markiert.

– Grünwald, Helmut
  Marketing: Kunden finden – Kunden behalten
  Renningen-Malmsheim 1995

Falls etwas mehr Marketing im Unternehmen verwirklicht werden soll: Dieses Buch ist ein
klassisches Lehrbuch zum Selbststudium und ein gutes Nachschlagewerk – allerdings Schwerpunkt Gütermarketing.

Ein paralleler Markt – und doch mit vielen Unterscheiden ist das Marketing von Ingenieur- und
Architekturbüros. Einen zielgruppenorientierten Einstieg bietet

– Adolf-W. Sommer
  Auftragsbeschaffung für Architekten und Ingenieure
  Verlag Rudolf Müller, Köln

Hilfen analog zu dem vorliegenden Buch bietet die

– Rationalisierung-Gemeinschaft „Bauwesen (RG-Bau) im RKW mit der

– Checkliste „Möglichkeiten aktiven Marktverhaltens des Bauunternehmens"

Eine schöne Checkliste als Einstieg in das Thema Baumarketing – gut für eine Bestandsauf-
nahme zum Marketing eines Bauunternehmens, gut für weiterführende Studien mit dem umfangreichen Literaturverzeichnis. Leider ist die Arbeit für die Praxis zu kurz. Diese Checkliste
war einer der Beweggründe, dieses Buch zu schreiben.

– Beger, Rudolf et. al.
  Unternehmens-Kommunikation
  Frankfurter Allgemeine, Frankfurt 1989

Diese Buch ist für eine wichtige Quelle für Richtlinien und Regeln zur Öffentlichkeitsarbeit . Besonders empfehlenswert sind die Tipps für Krisenmanagement – auch wenn die Beispiele aus dem Industriebereich stammen.

– Geffroy, Edgar K.
  Das einzige was stört ist der Kunde
     sowie
  Das einzige was immer noch stört, ist der Kunde
  Verlag Moderne Industrie

Zwei leicht leserliche Bücher, die die „philosophischen" Grundlagen der Betrachtungsweise des Autors widerspiegelt – Beziehungsmanagement und Chaostheoretisch orientierte Kommunikation

Die folgenden Publikationen helfen, andere baukalkulatorische Bereiche auszuarbeiten, die in der Akquisition von Bedeutung sind.

– Prange, Herbert
  Baukalkulation unter Berücksichtigung der KLR Bau und der VOB
  Wiesbaden, Dresden 1995 (9.Aufl.)

Dieses Werk war der Einstieg in das Verständnis der VOB – und es ist eine gute Darstellung, die – konsequent angewendet – die Akquisitionsarbeit durch gute Kalkulationen zum Erfolg führen kann.

Sehr hilfreich sind die

– Sortimentsmappen für Bau- und Installateurformulare
     oder

– Bauformulare nach VOB
  im Forum-Verlag Herkert, Mering

Als Losblattsammlungen finden sich dort Formulare auch nach VOB-Richtlinen auf dem aktuellsten Stand.

Im gleichen Verlag – sind unter anderem – für Bauunternehmen nützlichen Veröffentlichungen eine relativ aktuell gehaltene Kommentarsammlung zur VOB sowie eine gute Übersicht zur variablen Vergütung erschienen, die in der Aktualisierung des vorliegenden Buches wertvolle Anregungen gaben – auch wenn sie nicht zum Zitieren genügten.

– Hedfeld, Klaus-Peter
  Aufbau und Ablauf einer praktikablen Kosten- und Leistungsrechnung
  Bd2 der Schriftenreihe „Die erfolgreiche Bauunternehmensführung" des RG Bau
  Eschborn 1994

Eine gute Darstellung, wenn die Kontenpläne zu überarbeiten sind. Allerdings wurde auch hier die Kommunikation etwas unter Wert berücksichtigt.

Und – last but not least – das Handbuch für erfolgreiche Akquisiteure – regelmäßig aktualisiert:

– Deutsches Institut für Normung e.V.
  Verdingungsordnung für Bauleistungen VOB
  Berlin, Köln, Beuth

An Adressbüchern stehen zahlreiche klassiche und neue Werke zur Verfügung.

Genannt seien zwei Werke aus dem Hoppenstedt -Verlag:

– Handbuch der Behörden, Verbände und Organisationen

Über die angegebenen Adressen gelangt man zu ziemlich umfangreichen Adresslisten: Verbandsmitglieder etc.. Darüber hinaus sind viele der gelisteten Adressen Multiplikatoren – oder ggf. selbst Bauherren.

– Handbuch der Großunternehmen bzw. Handbuch der mittelständischen Unternehmen.

Beide Bücher sind wertvolle Hilfestellungen zu Erstinformationen über bislang unbekannte Unternehmen – und die Unternehmensleitung ist persönlich genannt – so dass hier die Bedarfsträger schnell zu ermitteln sind.

– Letzlich sei noch auf die eigene Website „www. vom-berg.de" des Autoren verwiesen, auf der aktuelle Konzepte, Forschungsergebnisse und Checklisten zum „Downloaden" angeboten werden und auf weitere Literatur verwiesen wird.

6.2 Marketing- Dienstleister für die Baubranche

Normalerweise hat Werbung in einem Fachbuch nicht viel verloren. Für die Realisation der Maßnahmen werden die Leser dieses Buches jedoch auf die Hilfe von unterschiedlichen Lieferanten zurückgreifen. Deshalb sind die Selbstdarstellungen von Agenturen und Beratern ein gutes Anschauungsmaterial für interessante Werbung: Gute „Handwerker-Grafiker" und Drucker – finden sich im Telefonbuch. Auch die Anschriften von örtlichen Agenturen finden sich dort – aber welche soll man nutzen?

Kommunikationsprojekte zeigen in vielem Parallelen zum Bau. Man muss dem Lieferanten vertrauen können – schließlich weiß man nie genau, was bei der Fertigstellung „rauskommmt".

Und die Inserenten kennen sich immerhin schon aus mit dem Thema „Bauleistungsmarkt"....

Sachwortverzeichnis

A

Abendveranstaltung 233
Absatzmittler 11, 55
Adressbuch 202
Adressverzeichnis 52
Agentur 77, 205 f., 218, 263
Akquisition 9, 23
Akquisitionserfolg 41
Akquisitionskosten 74
Akquisitionsstrategie 64
Akquisitionsunterstützung 66
Akquisitionszeitanteile 75
Allianz, intern 72
Amtsblatt 54
Anführer 97
Angebot 18
Antwortkarte 161
Anzeige 206, 247
Anzeigenformat 209, 210
Anzeigen-Gestaltung 208
Anzeigeninhalt 206
Anzeigen-Wirkung 211
Arbeitskreis 86, 90
Archivdatenbank 128
ARGE 68, 69
Argumente 34, 118
Auftraggeber 10
Auftragschance 54
Auftragsmittler 10
Auftragsvermittlereigenschaft 55
Auftritt 63
Ausbilder 40
Ausführungsleistung 71
Ausschreibung 20
Ausschreibungsakquisition 67 f.
Ausschreibungsphase 25

B

Bank 247
Basismedium 155
Baufortschritt 17
Bauhof 9
Baukran 115
Bauleiter 237
Baustelle 15
Baustelleneinführungsbesprechung 20
Baustelleneinrichtung 17
Baustellengestaltung 115
Baustellenkontakt 68
Baustellenordnung 17
Baustellenplan 17
Baustellenschild 20
Baustellenveranstaltung 220, 239
Bedarfsfeststellung 76
Bedarfsinteresse 200
Bedarfspyramide 12, 62, 91, 118, 138, 140, 149, 193
Bedarfsträger 11, 39, 43, 52
Bedarfsträgerdatei 63
Beeinflussung 259
Behinderungen des Wettbewerbs 260
Beispiele von formulierten Leitlinien 88
Beschränkte Ausschreibung 21
Beschriftung 114
Besprechungsrapport 147
Betreuungsdaten 44
Betriebsrat 83
Betroffenheit 198
Beziehungsakquisition 67
Beziehungsnetzwerken 70
Bindung 84, 91, 92
Botschaft 37
Branchenfremde 49
Branchenschlüssel 45
Briefing 263
Broschüren 133
Budget 52, 103, 205
Budgetplan 100, 214

C

Callcenter 165
CD-Rahmenrichtlinie 103
Controlling 247
Corporate Design 99
Corporate Identity 91
Corporate Sound 111

D

Datenbankprogramm 42
Dialog 157
DIN ISO 9000:2000 19
direkte Akquisition 67
Direktmarketing 39, 63, 65, 157
Distanz 143
Distanzregel 114
Dokumentation 63
Dokumentationsmittel 132
Druckschrift 108

E

Effizienz 198
Einheitspreisvertrag 28
Einkauf 77
e-Mail 158
e-Mail-Werbung 259
Empfänger 37
Entscheider 40
Entscheidungsprozess 73
Entstehungsprozesse 86
Event 54

F

Fachaufsatz 133
Fachinteresse 200
Fachmesse 223
Fachpressearbeit 173
Fachreferate 134
Fachvortrag 233, 242
Fachzeitschrift 201
Firmenverzeichnis 52
Firmen-website 53
Firmenzeichen 104 f.
Firmenzeitung 154
Firmierungsgrundsätze 103
Formular 111
Fortbildungsveranstaltung 93
Fotoarchiv 110
Fotokonzept 109
Fototechnik 109
Freiberufler 261
Freie Vergabe 62
Freihändige Vergabe 21
Führungskraft 89

G

Gemeinschaftsbildung 63
Gemeinschaftsgefühl 65
Gemeinschaftsstand 232
Gemeinschaftswerbung 218
Genehmigung 237
Geschäftspapier 111
Geschenkartikel 247
Gesetz gegen Wettbewerbsbeschränkungen
  20
Gesprächseröffnung 144
Gesprächsführung 142
Gesprächsgliederung 144
Gesprächsnotiz 146
Gesprächssteuerung 140
Gesprächsvorbereitung 137
Gestaltungsgrundsatz 209
Gestaltungsleistung 79
Gestaltungsrichtlinie 99
Gewährleistung 32
Gewicht 47
Gewinn 15
Gewinnspiel 262
Gratifikation 63, 65, 92, 260
Grundlagen 9

H

Hauptaussage 208
Hauptkonten 247
Hausbank 54
Hausfarbe 106
Hausmesse 220
Hausschrift 107

I

Identifikation 63 f., 98
Illustrierte 201
Image 35, 38
Imagebildung 208
Image-Personalwerbung 215
Impressum 151
Information 63
Informationsakquisition 67
Informationspolitik 94
Informationsquelle 153
Informationsveranstaltungen 217

Infotafel 134, 235
Infrastruktur 63
Inhalt 118
Inhouse-ARGE 73
Interesse 200
Internet 96, 112, 148, 196, 262
Internet-Auftritt 149
Internet-Kommunikation 63
Internetkonzept 66
Internetpräsentation 66, 154
Internetrecht 262
Interview 183 f.
Intuitive Akquisition 9
Investition 48, 74
Involvement 198 f.
Irreführung 261

J

Jahresplanung 203
Journalist 40, 233

K

Kalender 117
Kapazitäten 9
Kapazitätsprüfung 75
Kapitalressource 63
Kartographie der Bauakquisition 49
Kennzeichnungspflicht 261
Kernmaßnahme 62
Key-Account-Management 73
Klasse 48, 55
Kleidung 115
Kommunikationsdrehscheiben 221
Kommunikationsnetzwerk 39
Kommunikator 37
Kongress 53, 220, 224, 242
Kongressteilnahme 244
Kontakt, persönlich 63
Kontaktbörse 53
Kontakthistorie 44
Kontenplan 247
Kooperation 68, 72
Kooperationsnetzwerk 69
Kooperationspartner 57
Korrespondenzschrift 108
Kostenplan 162
Kostenschätzung 224
Krisenarbeit 185

Krisenfall 185
Krisenmanagement 186
Krisenszenarien 186
Krisenteam 187
Kultur 63
Kunde 10 f.
Kunden-Bedürfnisse 14
Kundendatei 42
Kundeninforamtionssystem 42, 63
Kundenorientierung 88
Kundenzeitschrift 193

L

Layout 196
Leistung 13
Leistungsart 45, 51, 127
Leistungsgruppe 45
Leitlinine 63, 82, 90
Lieferantenbriefing 263
Lieferantenvergleich 80
Logo 104
Logoschilder 114
Luftblase 121

M

Mailing 161
Mängelbeseitigung 32
Marke 104
Marktforschung 63, 66
Maßnahmenhaus 63
Media-Rahmenplan 205
Mediadaten 203
Medianutzung 204
Medienauswahl 203
Meinungsbildner 40
Messe 53, 220, 224
Messebeteiligung 225
Messekatalog 233
Messekontakte 53
Messeplanung 227
Messeteilnahme 98, 222
Me-To-Zwang 222
Mitarbeiter 19, 82, 89, 212
Mitarbeiterbeteiligung 93
Mitarbeiterbrief 95
Mitarbeitergespräch 92
Mitarbeiterinfomation 94, 112
Mitarbeitermotivation 63 f., 91

Mitarbeiterpolitik 87
Mitarbeiterzeitschrift 95 f.
Multimedia 133
Multimedia-Präsentation 132
Multiplikator 40, 169

N

Nachbetreuung 29
Nachtrag 29 f.
Namensschilder 161
Notfallplan 186
Notwendige und hinreichende Argumente
  36

Ö

Öffentliches Verfahren 20
Öffentlichkeit 40, 41, 212
Öffentlichkeitsarbeit 39, 54, 63, 65, 168,
  197
Ordnung 18
– auf der Baustelle 16
Organisation 63, 71
Orientierungsphase 24
Outsourcing 77
Outsourcingplanung 77

P

Paketpreis 260
Papierkonzept 111
Partner 57
Partner-Akquise 70
Patenschaft 192
Pauschalvertrag 27
Personalgespräch 98
Personalkosten 74
Personalprüfung 76
Personalressource 63, 66
Personalwerbung 197
Personendaten 44
Planer 71
Planung 73, 253
Planungsleistung 71
Position 62, 73, 119, 121
Postleitzone 59
Prämie 93, 95
Präqualifikation 19, 24
Präqualifikationsunterlage 65
Präsentation 235

Präsentationsgrafik 113
Präsentationsschrift 108
Präsentationssystem 235
Präsentationstafel 235
Preis 13
Preisvergleich 263
Presse 169
Pressearbeit 185
Pressearchiv 134
Pressefotografie 177
Pressekonferenz 178
Pressemitteilung 134, 174 f.
Presseverantwortlicher 238
Prestige 15
Produktion 77
Produktionssteuerung 77
Professor 40
Profitcenter 73
Projektchance 48
Projektplanung 253, 254

Q

Qualität 18, 89
Qualitätsbewusstsein 99
Qualitätseinschätzung 32
Qualitätsmanagement 19
Qualitätssicherungssystem 18

R

Rahmenprogramm 233
Rangliste 51
Ranglistenbeurteilung 50
Rapport 147
Rating 247
Redaktionelle Werbung 262
Redaktionsplan 195
Redestil 143
Referenzanzeige 133
Referenzdatenbank 127
Referenz 121
Referenzliste 123, 129
Regionalmesse 223
Reichweite
– absolut 201
– relativ 201
Relative Reichweite 200
Repräsentationskosten 247
Rezipient 37

S

Sauberkeit 90
Schilder 114
Schleichwerbung 262
Seitenaufbau 112
Selbstbild 82
Selbstdarstellung 118
Selbstkostenerstattungsvertrag 28
Selektion 53
Selektionsdaten 44
Seminar 220
Sendesperrfrist 182
Sensitivitätsgrundsatz 199
Serienbrief 158
Sicherheit 15
Slogan 105
Solo-Akquise 70
Sonderbeilage 174, 202
Sonderthema 87
Sperrfrist 177
Spielregel 83
Sponsoring 211
Sprachstil 123
Stabsabteilung 73
Stabsstelle 72
Stammdaten 44
Stärken/Schwächen-Matrix 58
Stärken/Schwächen-Analyse 60, 86
Strategisches Dreieck 33 f., 138, 140, 149,
    193, 200, 215, 263
strategischer Wettbewerbsvorteil 208, 236
Streuartikel 117
Streuverlust 201
Stundenlohnvertrag 27
Submissionsergebnis 260

T

Tabellenkalkulation 42
Tageszeitung 54, 201
Tariftreue-Erklärung 55
Technische Blätter 132
Teilkontenrahmen 247
Telefax-Werbebrief 259
Telefonakquisition 68
Telefonbuch-Test 50
Telefongespräch 116

Telefonmarketing 165
Telefonvoranfragen 165
Telefonwerbung 259
Terminbestätigung 135
Terminwahl 141
Tippgeber 261
Tonalities 123
Torhüter 40

U

Umweltschutz 88
Unternehmensstruktur 66
Unternehmensziel 84, 87

V

Veranstaltung 53
Veranstaltungskosten 238
Verbesserungsvorschlag 93
Vergabe 26
Vergütung 64
Versandplan 160
Vertragsverhandlung 27
Vertrauen 14, 185
Vertrauensverhältnis 69
Video 133
VIP (Very Important Person) 42, 169 f.,
    189, 212, 233, 238
VIP-Arbeit 190
Visualisierung 123
VOB 20, 22, 62, 140
Vorfeldakquisition 67
Vorkontakt 23
Vortragsvorbereitung 138

W

Wahrnehmung 37
Wahrnehmungsbereitschaft 199
Web-Auftritt 149
Webseiten-Gliederung 151
weicher Faktoren 15
Werbeartikel 116
Werbekosten 247
Werbeleiter 77
Werbemedien 198
Werbeproduktion 79
Werbesachkosten 74

Werbung 39, 63, 65, 197, 259
Wertbeurteilung 221
Wertpyramide 221
Wettbewerb 54 f.
Wettbewerberdatei 55
Wettbewerbervergleich 59
Wettbewerbsvorteil 36, 62
Wiedererkennung 19, 99
Wirksamkeit 64
Wochenzeitschrift 201

Z

Zeitprüfung 75
Zielfestlegung 86
Zielformulierung 84
Zielgruppe 40, 201
Zielgruppenrelevanz 201
Zielgruppenschlüssel 45
Zielvereinbarung 92
Zugriffsrecht 153
Zuhörer 38